新工科建设·计算机类教材

Linux 系统管理与服务器配置

——基于 CentOS 7（第 2 版）

高志君　主　编

贾　宁　孙清闻　副主编

电子工业出版社

Publishing House of Electronics Industry

北京·BEIJING

内 容 简 介

本书以 CentOS Linux 7 为例，由浅入深、全面系统地介绍 Linux 系统管理及服务器配置的相关内容。本书强调实践能力的培养，以项目为导引展开知识点介绍。全书共 16 章，分为基础管理篇和服务器配置篇。基础管理篇包括：CentOS Linux 7 系统的安装与介绍、文件系统、用户与用户组、权限管理、服务与进程、软件安装与包管理工具、网络连接、Shell 编程入门；服务器配置篇包括：DNS 服务器、DHCP 服务器、Web 服务器、MySQL 服务器、FTP 服务器、NFS 服务器、Samba 服务器、时间服务器。为便于复习和自学，每章后配备丰富的习题和上机实践。同时为便于教师的讲授，本书配备电子课件、电子教案、学案及习题答案。

本书可作为高等院校计算机相关专业的教材，也可作为有关专业技术人员的培训教材，同时可供广大 Linux 爱好者及从事网络管理的网络爱好者参考。

图书在版编目（CIP）数据

Linux 系统管理与服务器配置：基于 CentOS 7/高志君主编. —2 版. —北京：电子工业出版社，2023.1
ISBN 978-7-121-44057-1

Ⅰ．①L… Ⅱ．①高… Ⅲ．①Linux 操作系统－网络服务器－系统管理 Ⅳ．①TP316.85

中国版本图书馆 CIP 数据核字（2022）第 134139 号

责任编辑：凌　毅
印　　刷：三河市鑫金马印装有限公司
装　　订：三河市鑫金马印装有限公司
出版发行：电子工业出版社
　　　　　北京市海淀区万寿路 173 信箱　邮编　100036
开　　本：787×1 092　1/16　印张：17.25　字数：464 千字
版　　次：2018 年 4 月第 1 版
　　　　　2023 年 1 月第 2 版
印　　次：2023 年 3 月第 2 次印刷
定　　价：56.00 元

凡所购买电子工业出版社图书有缺损问题，请向购买书店调换。若书店售缺，请与本社发行部联系，联系及邮购电话：(010) 88254888，88258888。

质量投诉请发邮件至 zlts@phei.com.cn，盗版侵权举报请发邮件至 dbqq@phei.com.cn。

本书咨询联系方式：(010) 88254528，lingyi@phei.com.cn。

前　言

本书是学习 Linux 系统的入门教材，从 Linux 系统的起源、安装开始，逐步讲述 Linux 系统的基本操作与管理。全书立足于实践与工程能力的培养，以项目为导引展开全书内容。通过"做中学"与"学中做"相结合的实践过程，从【项目描述】开始，进而进行【项目分析】，总结项目涉及的知识点并给出相关章节，最后给出【操作过程】。

本书采用 CentOS Linux 7 版本，由讲授 Linux 相关课程、经验丰富的一线教师编写。全书按照初学者学习思路编排，内容循序渐进、条理性强，语言通俗，容易理解。在章节安排上，本书分为基础管理篇和服务器配置篇，共 16 章。基础管理篇包括：CentOS Linux 7 系统的安装与介绍、文件系统、用户与用户组、权限管理、服务与进程、软件安装与包管理工具、网络连接、Shell 编程入门；服务器配置篇包括：DNS 服务器、DHCP 服务器、Web 服务器、MySQL服务器、FTP 服务器、NFS 服务器、Samba 服务器、时间服务器。为便于复习和自学，每章均配备丰富的习题和上机实践。同时为便于教师的讲授，本书配备电子课件、电子教案、学案及习题答案。本书可作为高等院校计算机相关专业的教材，也可作为有关专业技术人员的培训教材，同时也可供广大 Linux 系统爱好者及从事网络管理的网络爱好者参考。

本书由高志君担任主编并统稿。具体编写分工如下：第 2、4、6、8、9、12、13、16 章由高志君编写，第 1、5、7、10、11、14、15 章由贾宁编写，第 3 章由孙清闻编写。另外，何宗刚、张晓芳、滕英岩对本书的编写工作提出了大量的宝贵意见。

在本书编写过程中，参考了很多国内外的著作和文献，在此对著作者致以由衷的谢意。同时得到了很多人的帮助和支持，在此感谢我的合作者们辛勤、严谨的劳动，感谢我的同事及学生对本书的意见和建议。

本书配有电子课件、电子教案、学案、源程序、习题答案等，读者可以登录华信教育资源网（www.hxedu.com.cn），注册后免费下载。

限于业务水平，书中错误和缺点在所难免，欢迎广大读者提出宝贵意见和建议，我们不胜感激。

高志君

2022 年 7 月

目　　录

第一篇 基础管理篇

第 1 章　CentOS Linux 7 系统的安装与介绍

Linux 是一套免费使用和自由传播的类 UNIX 操作系统，是一个基于 POSIX 和 UNIX 的多用户、多任务、支持多线程和多 CPU 的操作系统，具有稳定可靠、功能完善的特点，是目前最常用的服务器操作系统。本章将以 CentOS Linux 7 为例介绍 Linux 系统的安装配置过程及简单的基本操作。主要包括以下知识点：

- Linux 系统的起源；
- CentOS Linux 7 系统的安装方法（重点）；
- Linux 系统的版本与组成（难点）；
- Linux 系统的基本操作（重点）。

1.1　项目一：CentOS Linux 7 系统的安装

【项目描述】

W 公司的高级网络服务器管理员根据公司办公和业务需求，计划在 Linux 环境下配置一系列服务器，来满足员工访问网络、资源共享等需求。为此，管理员首先需要安装合适版本的 Linux 操作系统。

【项目分析】

本项目将采用 CentOS Linux 7 作为操作系统安装版本。CentOS Linux 7 的安装方式有很多种，比如本地光盘安装、硬盘安装、网络安装等。为了方便学习使用 CentOS Linux 7 系统，在本项目中，将首先使用 VMware 虚拟机软件创建一个虚拟计算机硬件环境，然后在此虚拟硬件环境下安装 CentOS Linux 7 操作系统，相关知识点见表 1.1。

表 1.1　相关知识点

序号	知识点	详见章节
1	了解 Linux 系统的起源与发展	1.1.1 节
2	了解 Linux 系统的组成与版本	1.1.2 节
3	掌握 Linux 系统的安装	1.1.3 节

【操作过程】

参照 1.1.3 节 Linux 系统的安装。

1.1.1　Linux 系统的起源与发展

1. UNIX 系统简介

在介绍 Linux 操作系统之前，需要先了解 UNIX 操作系统。最早的 UNIX 是由美国 AT&T 公司的贝尔实验室在 20 世纪 60 年代编写的一个系统，主要为程序员提供一个开发平台。AT&T 的 UNIX 版本称为 System V UNIX，最初被免费分发到美国的各个大学使用，其中包括加利福尼亚大学伯克利分校。伯克利分校在 AT&T 的 UNIX 版本上进一步自主开发出 Berkeley System Division（BSD）系统。从这个时期开始，UNIX 出现了 System V 和 BSD 两个版本。后来由于商业的需要，AT&T 公司把源程序卖给了一些硬件厂商，如 IBM、HP、SUN、SCO 等一些商业性质的公司，让他们自己开发适合自己的 UNIX 版本，后来就出现了 IBM 的 AIX UNIX、HP 的 HP-UNIX、SCO 的 SCO UNIX 和 SUN 的 Solaries 等不同版本的系统。这些系统大多比较昂贵，并且需要专用的硬件，所以一般应用于政府部门。

用户界面、文件管理、程序管理是所有操作系统共同的特征。UNIX 系统在此基础之上增加了两个特性：多用户、多任务。多用户是指同一时间可以有多个用户同时登录系统，使用系统中的所有资源，而互不干扰；多任务是指用户可以请求系统同时执行多个任务。

2．Linux 系统简介

Linux 是当前流行的一种操作系统，因为它在操作及结构上都非常像 UNIX 操作系统，所以也称为类 UNIX 系统。只是 UNIX 系统最初都是由各个硬件厂商自行开发的，所以 UNIX 系统都运行在特定的硬件平台上，要学习掌握 UNIX 系统，就需要特定的硬件设备。而 Linux 系统实际上是 UNIX 系统的重写。这一切起源于芬兰人 Linus Torvalds。当他还是一名大学生时，为了深入理解操作系统原理课程中的一些概念，希望将它们在一个类 UNIX 的单机系统上实现。后来，他在网络环境中实现了 Linux 系统。所以 Linux 系统的基本操作都与 UNIX 系统一样，但是又不局限于某一种硬件平台，可以在从 PC 到大型机的很多硬件平台上运行。人们可以通过 Linux 平台的操作学习，掌握 UNIX 平台下的基本操作。可以说，Linux 来源于 UNIX，而又优于 UNIX。

当今流行的软件按其提供的方式和是否盈利可以划分为 3 类，即商业软件（Commercial Software）、共享软件（Shareware）和自由软件（Freeware）。

商业软件由开发者出售拷贝并提供软件技术服务，用户只有使用权，但不能进行非法复制、扩散和修改；共享软件由开发者提供软件试用程序拷贝授权，用户在使用该程序拷贝一段时间以后，必须向开发者交纳使用费用，开发者则提供相应的升级和技术服务；而自由软件则由开发者提供软件的全部源代码，任何用户都有权使用、复制、扩散、修改该软件，同时也有义务将自己修改过的源代码公开。

自由软件的自由有两种含义：第一，可以免费提供给任何用户使用；第二，源代码可以公开并可自由修改。所谓可自由修改，是指用户可以对公开的源代码进行修改，使自由软件更加完善，还可以在对自由软件进行修改的基础之上开发上层软件。

Linux 系统就是这样一款自由软件，可以免费、自由地提供给用户使用。它开发的初衷是建立一个不受任何商品化软件版权限制的、全世界都能使用的 UNIX 兼容产品。

3．Linux 系统的特点

（1）开放的系统

Linux 系统遵循世界标准规范，特别是遵循开放系统互连（Open System Interconnection，OSI）国际标准。凡是按照国际标准所开发的硬件和软件，都能彼此兼容，可以很便捷地实现互连。另外，由于代码开源，用户可以很方便地获得 Linux 系统，并可以建立自定义系统，节约成本。

（2）多用户、多任务的系统

多用户：是指系统资源可以被不同用户各自拥有，即每个用户对自己的资源（如文件、设备）有特定的权限，互不影响。

多任务：是指计算机同一时间可以执行多个用户任务，而且各个任务的执行互相独立。

Linux 系统的调度程序使每一个进程都平等地访问微处理器。例如，用户甲在使用系统中的文本编辑器编辑文件，而用户乙在使用系统中的打印机。两个用户可以分别完成自己的任务，而彼此之间并不互相影响。

（3）具有出色稳定性和速度性能的系统

Linux 可以连续运行很长一段时间而不需要重新启动，与 Windows NT 等系统经常死机相比，稳定的性能优势非常明显。

Linux 对 CPU 的速度性能并没有特殊的要求，它能够把 CPU 的性能发挥到极限。在 Linux 系统中，影响系统性能的因素主要是总线和磁盘的 I/O 性能。

（4）具有可靠安全性的系统

Linux 采取了许多安全技术措施，包括对读/写文件系统进行权限的限制、核心程序、关键操作的授权等。这些安全措施为多网络、多用户环境下的用户提供了安全保障。

（5）提供丰富网络功能的系统

由于 Linux 基于 UNIX 诞生，基于互联网发展，因此 Linux 系统中有完善的内置网络服务。例如，NFS、DNS、Samba、DHCP 等。完善的网络服务是 Linux 系统优于其他操作系统的一大特点。

（6）具有标准兼容性和可移植性的系统

Linux 是一个与可移植操作系统接口（Portable Operating System Interface of UNIX，POSIX）相兼容的操作系统，它所构成的子系统支持所有相关的字符编码、国际标准化组织（International Organization for Standardization，ISO）和万维网联盟（World Wide Web Consortium，W3C）业界标准。而且为了使 UNIX 系统中的程序能直接在 Linux 上运行，Linux 还增加了部分 UNIX 的系统接口，成为一个完善的 UNIX 程序开发系统。

可移植性是指操作系统从一个平台转移到另一个平台仍然能按其自身的方式运行的能力。Linux 是一种具有很好的可移植性的操作系统，能够在从个人 PC 到 IBM 大型计算机的任何环境中和任何平台上运行。

（7）提供良好用户界面的系统

Linux 系统提供了很好的图形用户界面，而且除图形界面外，还提供了用户命令界面和系统调用界面。

1.1.2 Linux 系统的组成与版本

1. Linux 系统的组成

Linux 系统由 4 个主要部分组成，分别是内核、Shell、文件系统和应用程序。这 4 个主要部分使得用户可以运行程序，进行文件系统的管理，有效地使用系统资源。

（1）内核

内核是 Linux 系统的核心部分，包括基本的系统启动核心信息、对各种硬件的驱动程序等。内核从应用层接收命令，根据调度算法调度进程使用系统资源，使进程顺利执行。

（2）Shell

Shell 是 Linux 系统的用户界面，是应用程序与内核进行交互操作的接口。Shell 接收用户输入的命令，并将用户输入的命令传送到内核去调用系统命令来执行。因此，Shell 实质是命令解释器。

（3）文件系统

文件系统是文件数据在磁盘等存储介质上的存储规则。系统只有规定了文件系统，也就是数据的存储组织方式，数据的存储读/写才能够正常进行。目前 Linux 支持多种文件系统，如 xfs、ext2、ext3、fat、vfat、mfs 等。

（4）应用程序

标准的 Linux 系统除系统核心程序外，都会有一套应用程序，以方便用户的使用。应用程序包括文本编辑器、图形处理器、办公套件等。

2．内核版本与发行版本

Linux 的版本分为内核（Kernel）版本和发行版本。

（1）Linux 内核版本

Linux 内核使用 3 种不同的版本编号方式。

第 1 种方式用于 1.0 版本之前（包括 1.0）。第 1 个版本是 0.01，紧接着是 0.02、0.03、0.10、0.11、0.12、0.95、0.96、0.97、0.98、0.99 和之后的 1.0。

第 2 种方式用于 1.0 之后到 2.6，版本由 3 部分 "A.B.C" 构成，A 代表主版本号，B 代表次版本号，C 代表修订号。只有在内核发生很大变化时 A 才变化。B 代表该版本是否稳定，偶数代表稳定版，奇数代表测试版。C 代表一些 bug 修复、安全更新、添加新特性和驱动的次数。以版本 2.4.0 为例，2 代表主版本号，4 代表次版本号，0 代表修订号，其中版本的第 2 位为偶数表明这是一个可以使用的稳定版本。而版本号 2.3.5 的第 2 位为奇数，表示此版本有一些新的东西加入，是一个不太稳定的测试版本。

第 3 种方式从 2004 年的 2.6.0 版本开始，使用 "time-based" 的方式表示。3.0 版本之前是 "A.B.C.D" 的格式，前两个数字 A.B 即 "2.6" 保持不变，C 随着新版本的发布而增加，D 代表一些 bug 修复、安全更新、添加新特性和驱动的次数。3.0 版本之后是 "A.B.C" 格式，B 随着新版本的发布而增加，C 代表一些 bug 修复、安全更新、新特性和驱动的次数。第 3 种方式中不再使用偶数代表稳定版、奇数代表测试版这样的命名方式。

（2）Linux 发行版本

所谓发行版本，是一些厂家或组织者将 Linux 系统的内核与应用程序和文档包装起来，并增加软件的安装界面和系统维护工具的一个软件包集合。在短短十几年内，已经出现了几百种不同的发行版本。相较于内核版本而言，Linux 发行版本是由发行厂商自定义的，因发行厂商的不同而不同，与系统的内核版本号没有直接关系。

下面介绍一些比较常见的 Linux 发行版本。

CentOS（社区企业操作系统）来自 Red Hat Enterprise Linux，依照开放源代码规定的源代码编译而成。由于出自同样的源代码，因此有些要求稳定性高的服务器以 CentOS 替代商业版的 Red Hat Enterprise Linux。两者的不同在于 CentOS 并不包含封闭源代码。

Red Hat Linux 是目前最流行的 Linux 版本，具有良好的用户界面和很好的可扩展性，在易用性和扩展性方面实现了完美结合。无论工作，还是学习、娱乐，Red Hat Linux 都有很好的市场占有率。

SuSE Linux 是来自德国 Novell 公司的发行版本，其性能稳定、用户界面非常友好清晰。SuSE Linux 像 Windows 一样，分有不同的版本：Professional、Desktop、Enterprise Server，不同的版本针对不同的使用环境，安装不同的应用软件包。例如，Desktop 版本侧重于日常使用，会安装 Openoffice 等软件；Enterprise Server 版本则侧重于服务，会提供网络服务需要的软件包，如 Samba、NFS 等。SuSE Linux 在欧美市场上有不错的占有率，在我国也有广泛的应用。

Debian Linux 是由自由软件基金会发行的，完全由网络上的 Linux 爱好者负责维护的发行套件，软件极丰富，升级容易，软件间联系强，安全性较佳。不过该发行套件更新太过频繁，不易把握，在中国较难取得，可以说是最纯粹的 Linux 系统。

红旗 Linux 是由北京中科红旗技术有限公司开发的，是国内最重要的 Linux 版本，多应用于政府机关。

Ubuntu 是一个以桌面应用为主的 Linux 系统，基于 Debian GNU/Linux，是由全球化的专业开发团队（Canonical Ltd.）打造的开源 GNU/Linux 系统，为桌面虚拟化提供支持平台。Ubuntu 对 GNU/Linux 的普及特别是桌面普及作出了巨大贡献，由此使更多人共享开源的成果。

1.1.3 Linux 系统的安装

1．安装之前的准备

（1）安装介质的准备

以 CentOS Linux 7 为例，首先准备安装需要的软件介质，目前有两种方法：

① 购买系统安装光盘，同时可以获得详细的使用手册和附加的应用软件光盘；

② 从 CentOS 的官方网站或者镜像站点下载安装光盘映像的 ISO 文件。

（2）硬件的准备

安装 CentOS Linux 7 的最低要求如下。

CPU：至少是 Pentium 系列，安装文本模式需要主频 200MHz 或更高，安装图形模式需要 400MHz 或更高。

硬盘空间（存放用户数据需要更多空间）：只安装服务器需要 1.5GB，全部安装需要 5.0GB。

内存：安装文本模式最少需要 512MB，安装图形模式最少需要 1GB。

（3）其他事项

如果用户希望在自己的计算机上安装多个操作系统，例如同时安装 Windows 和 Linux 系统，需要在原来的磁盘空间上预留一些空间来安装 Linux 系统。用户可以在 Windows 下使用分区工具进行分区调整。

Linux 系统支持多重引导，即在同一台计算机上可以安装包括 Linux 在内的多个操作系统，启动时系统引导程序可以让用户选择启动的操作系统。目前，系统引导程序主要有 GRUB 和 LILO 两种类型，在 Linux 系统安装的过程中，可以选择安装 GRUB 或 LILO。目前在 Linux 系统安装中都会默认安装 GRUB。

2．CentOS Linux 7 系统的安装过程

首先打开虚拟机 VMware Workstation，进入主页面，如图 1.1 所示。单击【创建新的虚拟机】，开始创建新的虚拟裸机。

图 1.1 主页面

进入新建虚拟机向导界面，可以看到【典型】和【自定义】两个选项。选择【典型】选项，会在安装过程中自动选择一些比较常用的选项，因此一般推荐使用【典型】安装，如图 1.2 所示。

图 1.2　新建虚拟机向导界面

单击【下一步】按钮后，选择虚拟机操作系统的安装方式。在 VMware Workstation 中，提供了光盘安装和光盘映像文件安装两种方式。这里采用第二种方式，利用事先准备好的 ISO 文件进行安装。如图 1.3 所示，将安装程序光盘映像文件放入虚拟光驱中。

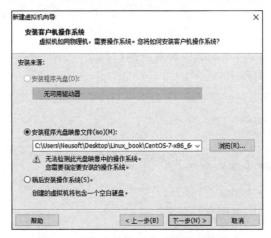

图 1.3　选择虚拟机操作系统的安装方式

单击【下一步】按钮后，选择客户机操作系统的类型。首先选择【Linux】，然后选择具体的 Linux 系统版本，如图 1.4 所示。在选择版本时，应选择【CentOS 64 位】。

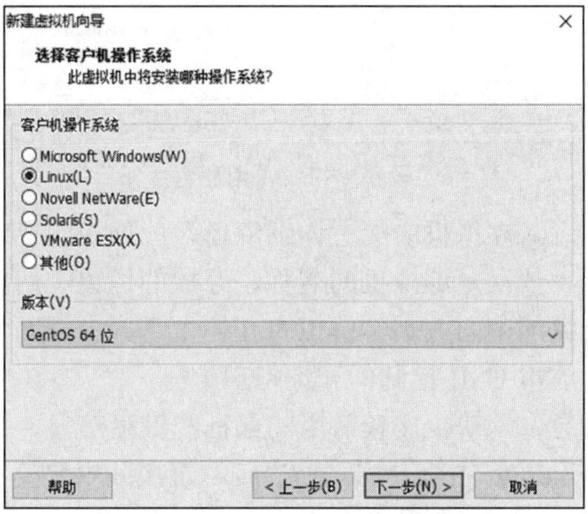

图 1.4　选择客户机操作系统的类型

单击【下一步】按钮后，对新建的虚拟机进行基本设置，如图1.5所示，具体包括【虚拟机名称】和【位置】。

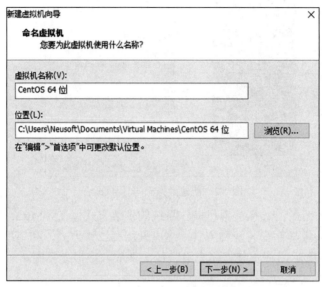

图1.5　新建的虚拟机的基本设置

完成虚拟机的基本设置后，还要继续设置虚拟机的一些详细参数。首先要设置它所占用的磁盘空间，默认是20GB，如图1.6所示。

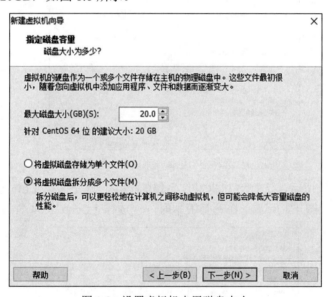

图1.6　设置虚拟机占用磁盘大小

单击【下一步】按钮，进入虚拟机的配置详细清单，此处说明了新建虚拟机的配置情况。具体配置信息如图1.7所示，依次是虚拟机的名称、存放的位置、所用虚拟机软件的版本、使用的操作系统名称、虚拟硬盘的空间大小、虚拟内存的大小、虚拟网卡的类型及一系列的其他虚拟设备，包括虚拟光驱、虚拟USB控制器和虚拟声卡等。

在新建虚拟机的配置信息中，缺少比较常用的鼠标和键盘信息。这是因为鼠标和键盘并不需要进行虚拟化，可以与Windows主机公用。使用时，直接利用快捷键就可以进行切换，具体操作会在后续章节进行介绍。

图 1.7　虚拟机的配置信息

确认了新建虚拟机的配置信息后，单击【完成】按钮，进入虚拟机中 CentOS Linux 7 系统的安装界面，如图 1.8 所示。

图 1.8　CentOS Linux 7 系统的安装界面

在此界面选择【Install CentOS Linux 7】，片刻后进入系统自检环节，如图 1.9 所示。

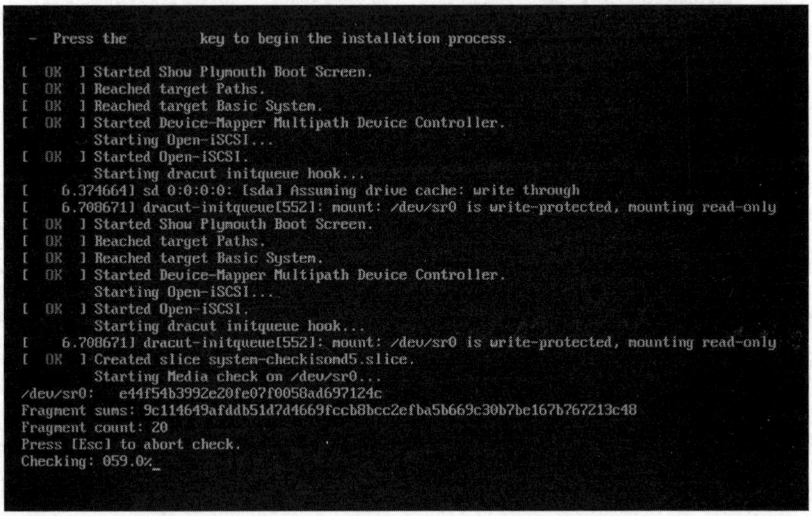

图 1.9　CentOS Linux 7 系统的自检环节

自检完毕后，系统自动进入安装时语言种类选择界面，单击【中文】→【简体中文（中国）】，然后单击【继续】按钮，如图 1.10 所示。

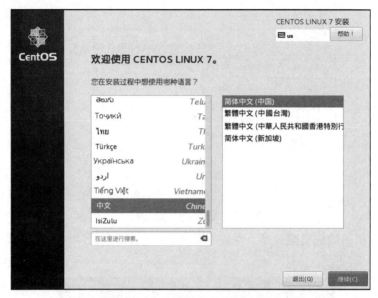

图 1.10　安装时语言种类选择界面

进入如图 1.11 所示的安装信息摘要界面，此时，发现【安装位置】带有警告标记，需先解决此标记中的问题，再进行下一步。基于此，选择系统中的【安装位置】。

图 1.11　安装信息摘要界面

进入如图 1.12 所示界面，确认安装目标位置，并选择【自动配置分区】，单击【完成】按钮返回上一级界面。

返回后，警告标记已经消除，如图 1.13 所示。此时，默认的设置已经确定完毕，若用户拟自定义设置，可选择日期和时间、键盘、语言支持、安装源、软件选择、KDUMP、网络和主机名、SECURITY POLICY 等内容。

为了确保后期的服务器管理顺利完成，此处选择【软件选择】，选择相应的服务器进行安装。

在软件选择界面，选择【带 GUI 的服务器】，在右侧的附加选项中，选择后期计划使用的服务器和图形界面。如图 1.14 所示。

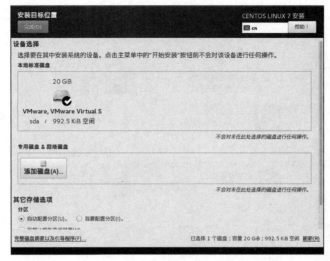

图 1.12 安装目标位置选择

图 1.13 无警告标记的安装信息摘要界面

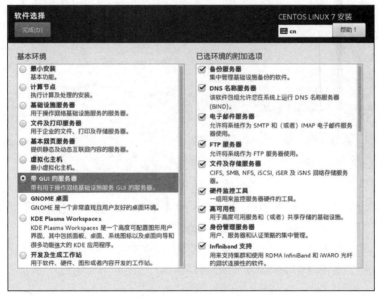

图 1.14 软件选择界面

软件选择完成后，返回图 1.15 所示界面，单击【开始安装】按钮进入下一步。

图 1.15　软件选择完成后的安装信息摘要界面

接下来需要设置管理员登录密码。在 Linux 系统中，系统管理员的账号是系统统一设定的，账号为"ROOT"。如图 1.16 所示。

图 1.16　用户配置界面

在此处，可以设定系统管理员的密码。输入的【Root 密码】和【确认】密码要匹配，如图 1.17 所示。单击【完成】按钮，进入系统安装阶段。

安装完成后，会出现如图 1.18 所示界面，提示安装完毕，单击【重启】按钮，重启计算机。至此，CentOS Linux 7 系统安装完成。

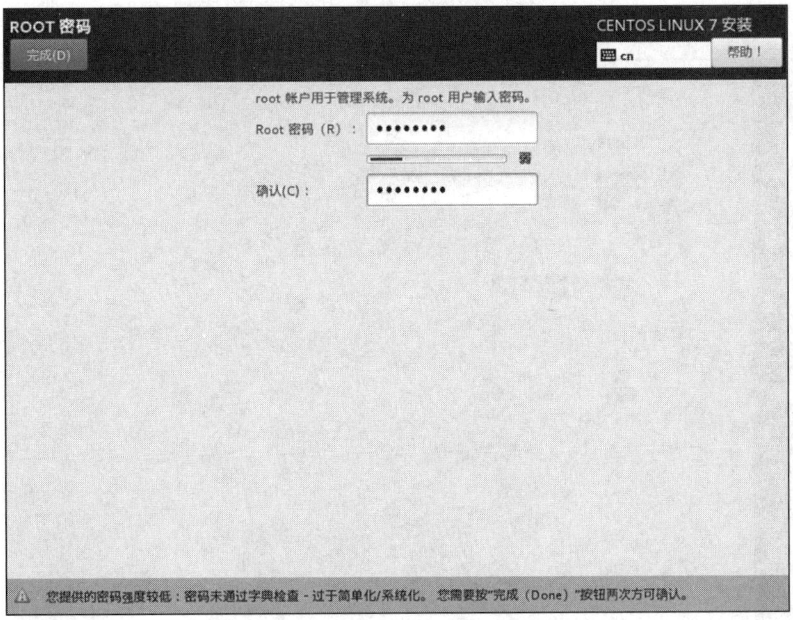

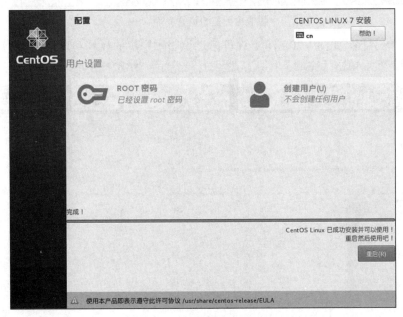

图 1.17 ROOT 密码设置界面

图 1.18 安装结束界面

1.2 项目二：首次启动 CentOS Linux 7 系统的配置

【项目描述】

在成功安装了 CentOS Linux 7 系统后，需要对系统进行重新启动。在首次启动 Linux 系统时，需要对系统进行一系列的初始化配置工作，才能开始使用系统。

【操作过程】

第一次启动 CentOS Linux 7 系统，默认进入图形界面，要求用户进行一些初始化的配置工作。如图 1.19 所示是初始设置界面，引导用户进行 CentOS Linux 7 系统的基本配置。此时用户还未接受使用许可证，因此在此界面中，选择【LICENSE INFORMATION】。

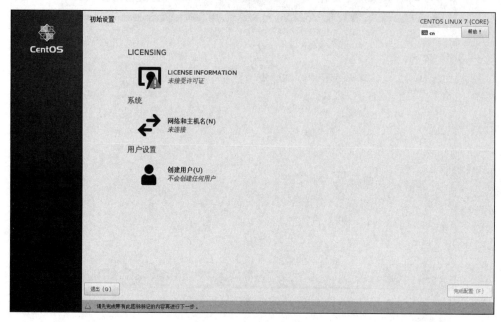

图 1.19　初始设置界面

进入许可信息界面，如图 1.20 所示。许可信息说明了用户的权利和责任，阅读后，勾选【我同意许可协议】。然后单击【完成】按钮，返回上一界面，如图 1.21 所示。

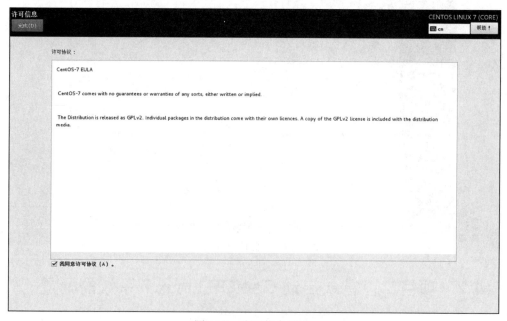

图 1.20　许可信息界面

在图 1.21 中，单击【完成配置】按钮，实现基本的许可配置。

之后进入欢迎界面，选择默认的【汉语】，如图 1.22 所示，单击【前进】按钮。

图 1.23 所示的输入界面用于设置键盘布局或其他输入方式，一般选择默认的【汉语】，单击【前进】按钮。进入时区界面，利用搜索栏检索中国的城市，即可获得时区的信息，单击【前进】按钮。

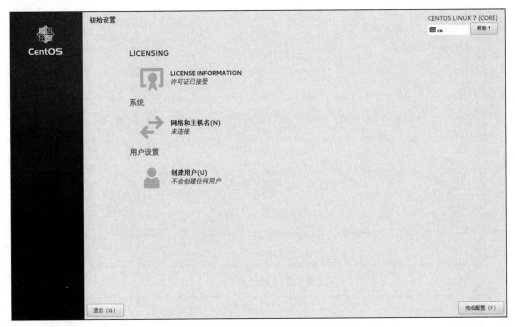

图 1.21　许可证已接受的初始设置界面

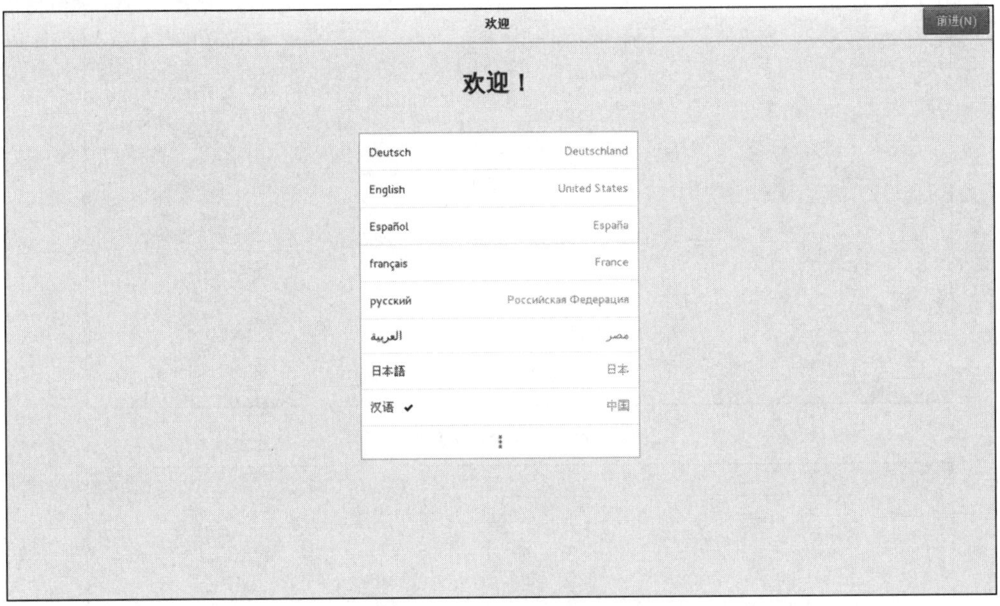

图 1.22　欢迎界面

　　之后进入在线账号界面，用户可以选择性地输入邮箱、联系人等账号信息。如果没有这些账号，可以单击【跳过】按钮，如图 1.24 所示。

　　在图 1.25 中可以为系统创建普通用户。在创建用户时，要求一次性输入用户名、用户全名、用户密码并二次确认用户密码。需要注意的是，在安装系统过程中，设置的是系统管理员的密码，也就是 root 用户的密码，所以不需要输入用户名，而直接输入密码。这里创建的是普通用户，所以需要输入完整的用户名和密码。系统将自动为此时创建的普通用户生成一个同名的主目录，而普通用户也将获得这个主目录内的所有权限。同时，普通用户也可以登录 CentOS Linux 7 系统，在这里创建 teacher 账号。图 1.25 和图 1.26 中分别设置了 teacher 账号及其密码，然后单击【前进】按钮。

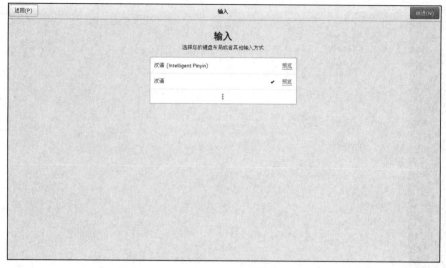

图 1.23　输入界面

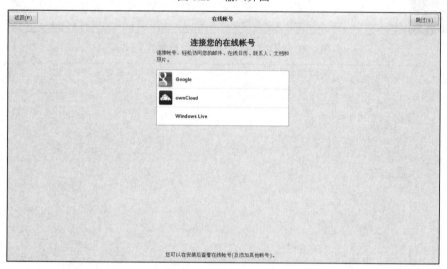

图 1.24　在线账号界面

图 1.25　创建系统普通用户

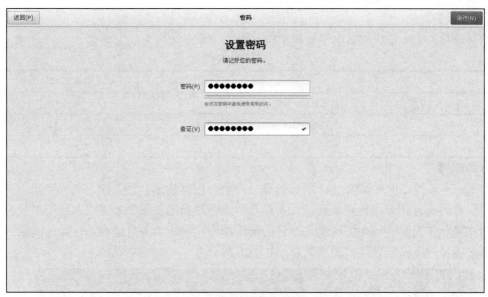

图 1.26　设置用户密码

　　最后，一切已经准备就绪，如图 1.27 所示，单击【开始使用 CentOS Linux】按钮，系统开始正式启动。

图 1.27　系统就绪界面

1.3　项目三：Linux 系统基本操作

【项目描述】

　　系统安装成功后，可以开始正常使用 Linux 系统。在起步阶段，需要熟悉 Linux 系统并掌握其一些常规的操作方法，如系统登录、控制台切换、关机等。具体操作过程为：首先登录 Linux 系统，观察系统的图形界面和文本界面，然后了解控制台的操作，在文本界面下进行文本控制台切换操作，最后关机，离开 Linux 系统。

本项目是对 Linux 系统的基本了解和操作，相关知识点见表 1.2。

表 1.2　相关知识点

序号	知识点	详见章节
1	掌握登录、注销用户方法	1.3.3 节、1.3.4 节
2	了解图形界面和文本界面	1.3.1 节、1.3.2 节
3	掌握关机方法	1.3.5 节

【操作过程】

启动 Linux 系统，出现如图 1.28 所示的登录界面。根据提示，输入用户名和密码。需要注意的是，只有用 root 用户身份登录系统，才具有系统管理员的权限。如果用普通用户身份登录系统，则权限非常有限，比如创建文件，只能在普通用户对应的主目录内进行操作。输入用户名和密码之后，进入系统默认的图形界面，如图 1.29 所示。

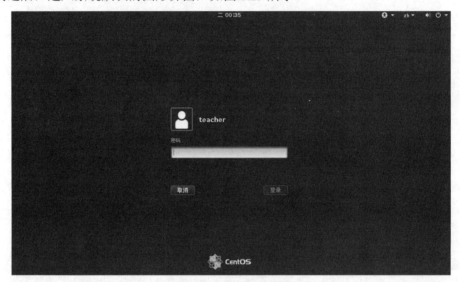

图 1.28　用户登录界面

图 1.29　图形界面

进入图形界面后，可以按组合键 Ctrl+Alt+F2，切换到如图 1.30 所示的文本界面。需要注意的是，虽然在图形界面下已经登录了 Linux 系统，但切换到文本界面之后，还需要重新登录一次。在登录时，需要依次输入用户名和密码。与其他大多数系统不同，在 Linux 的文本界面中输入密码时并没有任何回显标识，看起来好像没有做输入操作，而实际上系统已经开始读取。进入文本界面之后，可以按组合键 Ctrl+Alt+F1 切换回到图形界面。

Linux 系统通常提供很多个虚拟文本控制台，每个控制台相互独立，互不影响。CentOS Linux 7 系统在安装后自动生成 5 个虚拟文本控制台（tty1~tty5）。通过组合键 Alt+F2~ Alt+F6，可以进行多个控制台之间的切换。

图 1.30　文本界面

如果用 root 用户身份登录 Linux 系统，则在登录文本界面之后，会出现"#"命令提示符；如果用普通用户身份登录 Linux 系统，则出现"$"命令提示符。如图 1.31 所示，在提示符"#"的后面，输入关机命令"shutdown -h now"，则系统自动关机。

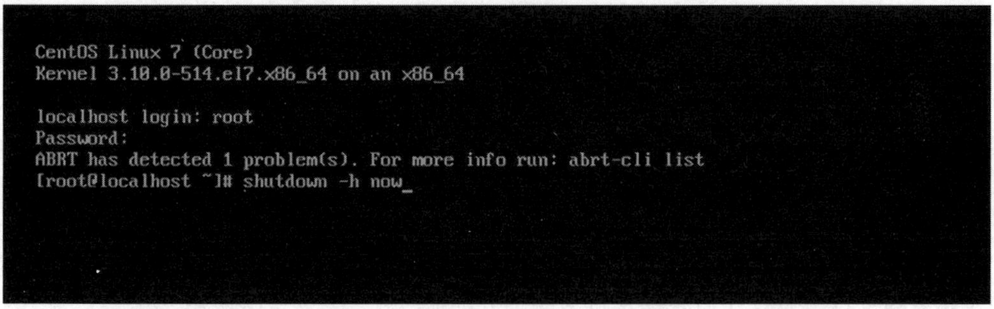

图 1.31　在命令提示符后输入命令

1.3.1　虚拟文本控制台

虚拟文本控制台又称虚拟终端（tty）、终端控制台。为了充分使用计算机提供的计算资源，早期很多计算机会连接若干终端控制台，这些终端控制台硬件构造很简单，只包括键盘和显示器，不执行计算任务，只简单地把用户输入的任务发送到计算机进行处理，然后把计算结果返回给用户。从软件使用上看，终端控制台只给用户提供一个使用命令行的字符界面，用于接收用户的输入和显示计算的反馈结果，对于计算机而言，一个终端控制台就是一个用户。现在计算机的功能已经有了巨大的提升，通过多任务的操作系统，计算机本身就可以利用自己的硬件模拟出很多类似终端控制台的命令行字符界面。Windows 下的命令行状态，Linux、UNIX 下的字符终端程序，都称为虚拟文本控制台。

1.3.2　Shell 简介

Shell 是命令解释器，对用户输入的命令进行适当的解释，然后提交给内核去执行，并将内核执行的结果显示给用户。Shell 还有自己的语言，允许用户编写由 Shell 命令组成的程序，每个 Linux 用户都可以拥有自己的用户界面和 Shell。Shell 有多种版本，目前主要有以下 4 种。

- BASH：GNU 的 Bourne Again Shell，是 GNU 操作系统上默认的 Shell。
- Bourne Shell：贝尔实验室开发的 Shell。
- Korn Shell：对 Bourne Again Shell 的发展，大部分内容与 Bourne Again Shell 兼容。
- C Shell：Sun 公司 Shell 的 BSD 版本。

当启动 Linux 系统并登录后，当前用户的 Shell 程序就开始执行，等待用户输入命令，并对这些命令进行解释执行。

由于 Shell 是用户和 Linux 系统沟通的桥梁，因此在使用 Shell 命令之前，需要先了解 Shell 命令的格式：

> 命令名　　　[选项]　　　[参数 1]　　　[参数 2] …

【说明】

命令名：需要提交给系统执行的命令，这些命令是可执行文件或 Shell 脚本文件。

选项：对命令的特别定义，以短线（-）开始。在 Linux 系统中，如果一个命令有多个选项，可以使用短线（-）将所有选项连接起来，也可以分开输入。同一个命令可以通过不同的选项来实现不同的功能。

参数：提供给命令运行的信息或命令执行过程中所使用的文件名。

一个简单的 Shell 命令可以只有命令名，复杂一些的可以通过不同的选项和参数来实现。命令名、选项及参数之间通过空格（Space）键来分隔。如果有多个命令要执行，可将这些命令输入在一行中，各命令之间用分号（;）进行分隔。命令的执行顺序与输入的顺序相同。

1.3.3　命令提示符

登录 Linux 系统的文本界面后，会出现以 "#" 或者 "$" 结束的命令提示行。如下所示：

> [root　　　@ localhost　　　root　　　]#
> 当前用户名　Linux 主机名　当前目录名　命令提示符

其中，"#" 是系统管理员的命令提示符，"$" 是普通用户的命令提示符。命令提示符用于指示用户输入命令的位置，只有在命令提示符后面输入的命令，系统才会解析执行。

1.3.4　注销用户

在虚拟文本控制台界面下，若要注销当前用户，可在命令提示符后输入 logout 或 exit 命令。

1.3.5　重启和关机

在虚拟文本控制台界面下，若要重新启动 Linux 系统，则可输入命令：

> #reboot

或者

> #shutdown　-r　now

若要关机退出，则可输入命令：

> #halt

或者

```
#shutdown  -h  now
```

1.4 知 识 扩 展

1.4.1 查看系统信息的命令

Linux 系统提供了一些命令用于查看系统的相关信息,包括查看内核版本、磁盘使用情况、系统运行情况、内存使用情况、用户登录情况等。

① 查看 Linux 内核版本的命令:uname -r 或 uname -a。

② 查看文件系统的磁盘空间大小和剩余空间大小的命令:df。

③ 显示系统已经运行了多长时间的命令:uptime。将依次显示:现在时间,系统已经运行了多长时间,目前有多少登录用户,系统在过去的 1 分钟、5 分钟和 15 分钟内的平均负载。

④ 查看当前系统内存使用情况的命令:free。包括系统中剩余和已用的物理内存和交换内存情况,以及共享内存和被内核使用的缓冲区大小等。

命令格式:

```
free  [选项]
```

常见选项如下:

-b,表示以字节为单位显示;

-k,表示以 KB 为单位显示;

-m,表示以 MB 为单位显示。

⑤ 查询有关 CPU 的详细硬件信息命令:cat /proc/cpuinfo。

⑥ 查看 CPU 的使用情况和正在运行的进程情况的命令:top。所显示内容将自动周期性刷新,按 Q 键退出。

⑦ 查看登录日志信息的命令:last。

⑧ 查看登录用户信息的命令:w [用户名]。

⑨ 显示月历或年历的命令:cal。

命令格式:

```
cal  //显示当月月历
cal  [4 位年号] //显示某一年的年历
```

⑩ 显示或设置系统当前日期和时间的命令:date。

命令格式:

```
date  -s 日期(mm/dd/yy)或 时间(hh:mm:ss)
```

可用 clock -w 命令将修改后的日期或时间信息进行保存。

1.4.2 远程访问主机

Linux 是一个多用户的系统,在使用过程中,有些用户会在本地访问系统,而有些用户会通过远程连接来访问系统。

本地连接指用户直接在安装 Linux 系统的机器上操作访问,使用系统中的资源。

远程连接指用户使用一些远程的客户端工具通过远程登录的方式连接到安装了 Linux 系统的机器上进行相关操作。远程连接可以方便用户对服务器资源的使用,而不受地域限制。例如,系统管理员回家以后可以通过 SSH 远程连接来管理公司的服务器。

1. SSH 远程访问

安全外壳协议（Secure Shell，SSH）支持通过网络登录其他机器。通过 SSH 程序，可以在远端的服务器上执行命令，也可以实现不同机器之间文件的复制或者移动。SSH 具有强大的验证机制、安全的信息交流通道、良好的安全特性，替代了远程登录（Remote Login，RLogin）、远程 Shell（Remote Shell，RSH）、远程文件复制（Remote Copy，RCP）等服务。

SSH 可以保护网络免于 IP 欺骗、路由及 DNS 服务欺骗等网络陷阱，其加密的连接方式保证了网络黑客无法在连接过程中进行攻击。在使用 SSH 进行安全连接的过程中，信息的传输都是通过加密方式进行的，因而网络外部的人很难中途截获密码等信息。

想要使用 SSH 来远程管理 Linux 系统，则需要配置 sshd 服务。sshd 是基于 SSH 开发的一款远程管理服务程序，不仅使用起来方便快捷，而且能够提供两种安全验证的方法：

● 基于口令的验证——用账户和密码来验证登录；

● 基于密钥的验证——需要在本地生成密钥对，然后把密钥对中的公钥上传至服务器，并与服务器中的公钥进行比较。

（1）基于口令验证的登录

在 CentOS Linux 7 系统中，已经默认安装并启用了 sshd 服务。接下来使用 ssh 命令进行远程连接，命令格式：

> ssh　[参数]　[用户名@] 主机 IP 地址

省略用户名表示以 root 用户登录，要退出登录则执行 exit 命令，如图 1.32 所示。

```
[ root@localhost ~]# ssh 192.168.137.128
The authenticity of host '192.168.137.128 (192.168.137.128)' can't be established.
ECDSA key fingerprint is 0e:1d:83:ba:d6:43:a0:f2:ec:02:9a:0f:7a:97:06:d9.
Are you sure you want to continue connecting (yes/no)? yes
Warning: Permanently added '192.168.137.128' (ECDSA) to the list of known hosts.
root@192.168.137.128's password:  此处输入远程主机root管理员的密码
Last login: Tue Mar  8 12:03:42 2022
[ root@localhost ~]# exit
登出
Connection to 192.168.137.128 closed.
```

图 1.32　SSH 远程连接

在 Linux 服务器端 sshd 服务的配置信息保存在/etc/ssh/sshd_config 文件中。运维人员一般会把保存着最主要配置信息的文件称为主配置文件。配置文件中有许多以 "#" 开头的注释行，要想让这些配置参数生效，需要在修改参数后去掉前面的 "#"。

sshd 服务配置文件中包含的重要参数及说明见表 1.3。

表 1.3　sshd 服务配置文件中包含的重要参数及说明

参　　数	说　　明
Port 22	默认的 sshd 服务端口
ListenAddress 0.0.0.0	设定 sshd 服务器监听的 IP 地址
Protocol 2	SSH 协议的版本号
HostKey /etc/ssh/ssh_host_key	SSH 协议版本为 1 时，DES 私钥存放的位置
HostKey /etc/ssh/ssh_host_rsa_key	SSH 协议版本为 2 时，RSA 私钥存放的位置
HostKey /etc/ssh/ssh_host_dsa_key	SSH 协议版本为 2 时，DSA 私钥存放的位置
PermitRootLogin	设定是否允许 root 管理员直接登录

续表

参　　数	说　　明
StrictModes yes	当远程用户的私钥改变时直接拒绝连接
MaxAuthTries 6	最大密码尝试次数
MaxSessions 10	最大终端数
PasswordAuthentication	是否允许密码验证
PermitEmptyPasswords	是否允许空密码登录（很不安全）

如果禁止以 root 管理员的身份远程登录到服务器，则可以大大降低被黑客暴力破解密码的概率。下面进行相应配置。首先在 SSH 服务器端的 Linux 系统中使用 vim 文本编辑器打开 sshd 服务的主配置文件，然后把第 49 行#PermitRootLogin yes 参数前的“#”去掉，并把参数值 yes 改成 no，这样就不再允许 root 管理员远程登录。

一般的服务程序并不会在配置文件修改之后立即获得最新的参数。如果想让新配置文件生效，则需要手动重启相应的服务程序。最好将这个服务程序加入开机启动项中，这样系统在下一次启动时，该服务程序便会自动运行，并为用户提供服务。执行下面的命令重启 sshd 服务：

```
#systemctl restart sshd
```

这样一来，当 root 管理员再来尝试访问 sshd 服务时，系统给出不可访问的提示，如图 1.33 所示。

```
[root@localhost ~]# ssh 192.168.137.128
root@192.168.137.128's password:
Permission denied, please try again.
```

图 1.33　拒绝 root 管理员远程登录

（2）基于密钥验证的登录

加密是对信息进行编码和解码的技术，它通过一定的算法（密钥）将原本可以直接阅读的明文信息转换成密文形式。密钥即密文的钥匙，有私钥和公钥之分。在传输数据时，如果担心被他人监听或截获，可以在传输前先使用公钥对数据进行加密处理，然后传送。这样，只有掌握私钥的用户才能解密这段数据，除此之外的其他人即便截获了数据，一般也很难将其破译为明文信息。因此，基于密钥验证的登录使得 sshd 服务更加安全，步骤如下。

第 1 步：在客户端主机中生成“密钥对”，如图 1.34 所示。

```
[root@localhost ~]# ssh-keygen
Generating public/private rsa key pair.
Enter file in which to save the key (/root/.ssh/id_rsa): 按回车或者设置密钥的存储路径
Enter passphrase (empty for no passphrase): 按回车或者设置密钥的密码
Enter same passphrase again:        按回车或者重复输入密钥的密码
Your identification has been saved in /root/.ssh/id_rsa.
Your public key has been saved in /root/.ssh/id_rsa.pub.
The key fingerprint is:
68:14:2f:92:3d:b4:fe:b5:96:a8:c4:47:5a:77:5c:07 root@localhost.localdomain
The key's randomart image is:
+--[ RSA 2048]----+
|       o       E |
|      + +      . |
|     o * .    . .|
|      + +   . . .|
|       + S o o   |
|      o = + +    |
|       + + +     |
|      . o .      |
|       .         |
+-----------------+
```

图 1.34　生成“密钥对”

第 2 步：把客户端主机中生成的公钥文件传送至远程主机，如图 1.35 所示。

```
[root@localhost ~]# ssh-copy-id 192.168.137.128
/bin/ssh-copy-id: INFO: attempting to log in with the new key(s), to filter out any that
are already installed
/bin/ssh-copy-id: INFO: 1 key(s) remain to be installed -- if you are prompted now it is
to install the new keys
root@192.168.137.128's password:

Number of key(s) added: 1

Now try logging into the machine, with:    "ssh '192.168.137.128'"
and check to make sure that only the key(s) you wanted were added.
```

图 1.35　将公钥文件传送至远程主机

第 3 步：在服务器端主机中进行设置，使其只允许密钥验证，拒绝口令验证方式，重启 sshd 服务，使修改的配置生效。

编辑 vim /ete/ssh/sshd_config 文件，修改第 79 行配置 "PasswordAuthentication no"，使用 "systemctl restart sshd" 重启 sshd 服务。

第 4 步：在客户端尝试登录到服务器，此时无须输入密码也可成功登录，如图 1.36 所示。

```
[root@localhost ~]# ssh 192.168.137.128
Last login: Wed Mar  9 10:26:26 2022 from 192.168.137.5
```

图 1.36　无密码登录

（3）远程传输命令

scp（secure copy 的缩写）是一个基于 SSH 协议在网络之间进行安全传输的命令，命令格式：

scp　[参数] 本地文件 远程账户@远程 IP 地址:远程目录

scp 命令能够通过网络传送数据，而且所有的数据都将进行加密处理。例如，如果想把一些文件通过网络从一台主机传递到其他主机，这两台主机又恰巧都是 Linux 系统，这时使用 scp 命令就可以轻松完成文件的传送了。

scp 命令中可用的参数及说明见表 1.4。

表 1.4　scp 命令中可用的参数及说明

参　　数	说　　明
-V	显示详细的连接进度
-P	指定远程主机的 sshd 服务端口号
-6	用于传送文件夹
-r	使用 IPv6 协议

在使用 scp 命令把本地文件传送到远程主机时，首先需要以绝对路径的形式写清本地文件的存放位置。如果要传送整个文件夹内的所有数据，还需要额外添加参数-r 进行递归操作。其次，写上要传送到的远程主机的 IP 地址，此时远程服务器便会要求进行身份验证。当前用户名为 root，而密码则为远程服务器的密码。如果想使用指定用户的身份进行验证，可使用 "用户名@主机地址" 的参数格式。最后，需要在远程主机的 IP 地址后面添加冒号，并在后面写上要传送到远程主机的哪个文件夹中。只要参数正确并且成功验证了用户身份，即可开始传送工作。由于 scp 命令是基于 SSH 协议进行文件传送的，而上面内容又设置好了密钥验证，因此在传送文件时，并不需要账户和密码。

【例 1.1】在客户端创建 readme 文件并上传到远程主机的/root 目录下。

操作过程如图 1.37 所示。

```
[root@localhost ~]# echo "Hello,this is client." > readme
[root@localhost ~]# scp /root/readme  192.168.137.128:/root
readme                                  100%    22       0.0KB/s   00:00
```

图 1.37　例 1.1 操作过程

此外，还可以使用 scp 命令把远程主机上的文件下载到本地主机，命令格式：

> scp　[参数]　远程用户@远程 IP 地址:远程文件　本地目录

【例 1.2】将远程主机上的系统版本信息文件下载到客户端。

操作过程如图 1.38 所示。

```
[root@localhost ~]# scp 192.168.137.128:/etc/redhat-release /root
redhat-release                          100%    38       0.0KB/s   00:00
```

图 1.38　例 1.2 操作过程

2．通过第三方工具远程访问

现在有很多第三方客户端软件提供远程登录功能。例如，一款较常见的绿色客户端软件 PuTTY，可以在 Windows 或 UNIX 平台下提供基于 Telnet 或者 SSH 协议的远程登录。

该软件的下载网址：https://www.chiark.greenend.org.uk/~sgtatham/putty/。

PuTTY 软件的运行界面如图 1.39 所示。

图 1.39　PuTTY 软件的运行界面

从图 1.39 中可以看到，PuTTY 支持的协议很多，有 Telnet、Rlogin、SSH 等。在【Host Name(or IP address)】文本框中输入服务器的 IP 地址，默认使用 SSH 服务连接远程服务器。

当然，第三方软件有很多种，用户可以根据自己的特定情况予以选择。

本 章 小 结

本章通过 3 个项目分别详细介绍了 Linux 系统的起源、组成和安装过程，CentOS Linux 7 系统的首次配置方法，Linux 系统的基本操作方法，并且在知识扩展中介绍了查看系统信息的命令及远程访问的方法。

在 Linux 系统的起源、组成和安装中，介绍了 Linux 系统的由来、特点、组成和版本等内容，并详细介绍了 CentOS Linux 7 系统的安装流程与方法。

CentOS Linux 7 系统的首次配置是为系统的使用做准备的，主要包括许可证、语言、时区、密码等配置。

Linux 系统的基本操作主要介绍了虚拟文本控制台、Shell、命令提示符、注销、关机和重启等相关内容及命令。

知识扩展中主要介绍了查看系统信息的命令和 SSH 远程访问的相关内容，涉及的命令有 uname、df、uptime、free、cat /proc/cpuinfo、top、last、w、cal、date 等。

习　题　1

1．选择题

（1）Linux 系统的标志图案是（　　）。

A．羊　　　　　　　　B．骆驼　　　　　　　C．角马　　　　　　　D．企鹅

（2）Linux 系统最早由（　　）开发。

A．Linus Torvalds　　B．Rob Pick　　　　　C．Richard Petersen　　D．Linux Sarwar

（3）下列选项中，（　　）不是 Linux 系统的特点。

A．单用户　　　　　　B．开放性　　　　　　C．多用户　　　　　　D．多任务

（4）初次启动 CentOS Linux 7 系统时，一般需要添加一个用户账号，此用户属于（　　）类型的用户。

A．超级用户　　　　　B．系统用户　　　　　C．普通用户　　　　　D．管理员用户

（5）Linux 系统默认的系统管理员账号是（　　）。

A．administrator　　　B．root　　　　　　　C．centos　　　　　　D．admin

（6）Linux 和 UNIX 的关系是（　　）。

A．没有关系　　　　　　　　　　　　　　　B．UNIX 是一种类 Linux 的操作系统

C．Linux 是一种类 UNIX 的操作系统　　　　D．Linux 和 UNIX 是一回事

（7）以下关于 Linux 内核版本的说法，错误的是（　　）。

A．表示形式为"主版本号.次版本号.修正次数"　　B．1.2.2 表示稳定的版本

C．2.2.6 表示对内核 2.2 的第 6 次修正　　　　　D．1.3.2 表示稳定的版本

（8）以下（　　）内核版本属于测试版本。

A．2.0.0　　　　　　B．1.2.25　　　　　　C．2.3.4　　　　　　D．3.0.13

（9）在 Linux 系统的组成中，Shell 表示（　　），它是用户和内核之间的接口。

A．命令行　　　　　B．命令解释器　　　　C．命令提示符　　　　D．用户权限

（10）下面关于 Shell 的说法，不正确的是（　　）。

A．操作系统的外壳　　　　　　　　　　　　B．用户与 Linux 内核之间的接口程序

C．一个命令语言解释器　　　　　　　　　　D．一种和 C 语言类似的程序设计语言

（11）Shell 的命令格式中，不包含的内容有（　　）。

A．命令　　　　　　B．选项　　　　　　　C．命令提示符　　　　D．参数

（12）在 Linux 系统的命令行中，可以使用（　　）来自动补全命令。

A．Alt　　　　　　　B．Tab　　　　　　　C．Ctrl　　　　　　　D．Shift

（13）以下命令可以完成关机功能的是（　　）。

A．shutdown　-h　now　　　　　　　　　　B．shutdown　-r　now

C．reboot　　　　　　　　　　　　　　　　D．init 3

（14）以下命令可以完成重启功能的是（　　　）。

A．shutdown -h now　　B．shutdown -r now　　　　C．halt　　　　　　　D．init 3

2．判断题

（1）在 Windows 系统中，利用 VMware Workstation 虚拟机软件只能安装一个 Linux 系统。（　　）

（2）在 Linux 系统中，命令必须区分大小写，选项参数无须区分大小写。（　　）

（3）在 Linux 系统中，命令与选项之间必须用空格间隔。（　　）

（4）在 Linux 系统中，所有命令后面必须加上选项或者参数才能正常执行。（　　）

3．填空题

（1）Linux 管理员登录成功后，其命令提示符是_____。

（2）Linux 普通用户登录成功后，其命令提示符是_____。

（3）命令提示行[root @ host dev]中的 host 表示_____。

（4）命令提示行[root @ host dev]中的 dev 表示_____。

（5）命令提示行[root @ host dev]中的 root 表示_____。

4．简答题

（1）简述 Linux 系统的特点。

（2）简述 Linux 系统的组成。

（3）如何区分 Linux 系统的内核版本和发行版本？

（4）sshd 服务的口令验证与密钥验证方式，哪个更安全？

（5）想要把本地文件/root/out 传送到地址为 192.168.10.20 的远程主机的/home 目录下，且本地主机与远程主机均为 Linux 系统，最为简便的传送方式是什么？

上机实践 1

1．安装 Linux 系统。在 VMware Workstation 中新建一台虚拟机，用于安装 CentOS Linux 7 系统。规划使用的硬盘空间为 30GB，分配内存空间为 2GB。使用 CentOS Linux 7 系统的 DVD 映像文件，在虚拟机中使用图形界面安装 CentOS Linux 7 系统。采用自动分区的方式在新硬盘中建立默认的 Linux 分区结构。安装完成后，对 CentOS Linux 7 系统进行初始化配置，在初始化过程中创建 test 用户。启动 CentOS Linux 7 系统后，熟悉其图形界面中的各项操作（例如，可尝试打开网页浏览器、打开目录、查看系统预安装的程序等）。

2．完成 CentOS Linux 7 系统的安装后，请根据下面要求完成相关操作：在图形界面熟悉操作系统的环境；将系统切换至 tty4 下，注册登录，练习控制台的切换方法；使用不同的方法对系统执行重启操作；正常关机，退出 Linux 系统。

3．使用 shutdown 命令设置在 15 分钟以后自动重启系统，同时通知已登录到主机中的各用户"The system will be rebooted！！"。

第 2 章 文 件 系 统

Linux 文件系统是用户使用 Linux 系统的接口。作为开源的操作系统，Linux 支持多种文件系统类型。了解文件系统的基本概念和掌握常用的文件操作命令是学习 Linux 系统的基础。本章将介绍 Linux 文件系统的相关内容，主要包括以下知识点：

● Linux 文件系统概念（重点）；
● 文件管理命令（重点）；
● vim 编辑器使用（重点）；
● 硬盘空间的扩充（难点）。

2.1 项目一：Linux 下文件操作实践

【项目描述】

新进 W 公司的网络部实习生被安排使用 guestuser1 账号访问 Linux 系统，尽快熟悉 Linux 系统的相关操作以便胜任相关工作。作为 Linux 系统的初学者，为了理解 Linux 系统中目录及文件的概念，掌握 Linux 系统下目录及文件的相关命令，具体进行了如下操作：

（1）创建目录/home/guestuser1/work1，/home/guestuser1/work2；
（2）将当前目录切换到/home/guestuser1/work1；
（3）显示当前路径；
（4）在/home/guestuser1/work1 目录下生成文件 file1；
（5）显示当前目录下的所有内容（包括隐藏文件），以确认是否生成文件 file1；
（6）将文件 file1 复制到目录/home/guestuser1/work2 下；
（7）查看/home/guestuser1/work2 目录下是否有 file1 文件，以确认复制操作是否成功；
（8）删除/home/guestuser1/work1 目录下的 file1 文件；
（9）删除空目录/home/guestuser1/work1；
（10）将 file1 文件改名为 file2；
（11）查找当前目录下所有以"file"开头的文件。

【项目分析】

该项目中涉及大量与文件操作相关的命令，在掌握命令之前需要对文件系统的概念及系统中目录和文件的特点做简单了解，相关知识点见表 2.1。

表 2.1 相关知识点

序号	知识点	详见章节
1	了解 Linux 文件系统	2.1.1 节
2	了解 Linux 的目录结构	2.1.2 节
3	掌握文件操作的相关命令	2.1.3 节

【操作过程】

（1）根据项目描述，要求在/home/guestuser1/目录下分别创建 work1 和 work2 两个子目录，由于已经明确所要生成目录的绝对路径，因此可以通过 mkdir 命令直接生成指定的目录，执行命令：

```
$mkdir   /home/guestuser1/work1
$mkdir   /home/guestuser1/work2
```

需要注意的是，在生成目录时，可以使用绝对路径，也可以使用相对路径。如果只写出一个目录的名字，则新的目录将会被创建在当前目录中。

（2）要进入指定的路径，可以直接用 cd 命令加绝对路径的方式进行操作，执行命令：

```
$cd   /home/guestuser1/work1
```

（3）显示当前路径可以验证上一步操作的正确性，执行命令：

```
$pwd
```

（4）由于是在当前位置创建文件 file1，可以使用相对路径的操作方法来实现，执行命令：

```
$touch   file1
```

（5）由于要求显示包括隐藏文件在内的所有文件，因此需要添加选项-a，执行命令：

```
$ls   -a
```

（6）由于要求将当前目录下的文件复制到另一个目录中，因此不需要写源文件的绝对路径，只需要写出被复制的对象名 file1 就可以，执行命令：

```
$cp   file1   /home/guestuser1/work2
```

（7）为了验证 file1 文件是否复制成功，查看/home/guestuser1/work2 目录下的内容，执行命令：

```
$ls   /home/guestuser1/work2
```

（8）由于用户的当前路径是/home/guestuser1/work1，所以删除目录/home/guestuser1/work1中的 file1 文件，执行命令：

```
$rm   file1
```

（9）删除目录/home/guestuser1/work1，首先要切换出当前位置，执行命令：

```
$cd   ..
$rm   -r   /home/guestuser1/work1
```

（10）由于需要将文件 file1 改名成 file2，并不涉及对文件的备份问题，因此直接进行 mv 操作，执行命令：

```
$cd   /home/guestuser1/work2
$mv   file1   file2
```

（11）需要查找的范围是当前目录，所以不需要指明查找目录的路径。而查找所有以"file"开头的文件，则查找的依据是文件的名称，所以条件选项选择-name，执行命令：

```
$find   -name   file*
```

需要注意的是，查找结果是文件存放的相对路径。例如"./file2"，代表的是当前目录下的文件 file2。也就是说，"."代表当前目录。另外，".."代表上层目录。如果指定从根目录下开始查找，则查找结果是文件存放的绝对路径。

2.1.1 文件系统概述

1. 文件系统的基本概念

操作系统中负责管理和存储文件信息的软件称为文件管理系统，简称文件系统。它规定了文件的存储方式及文件索引方式等信息。文件系统主要由 3 部分组成，分别是与文件管理相关的软件、被管理的文件和实施文件管理所需的数据结构。

在 Linux 系统中使用的文件系统，一般会在安装系统时创建完成。在遇到需要调整现有分区大小或者创建新的文件系统的情况下，可以遵循以下步骤来实现对文件系统的调整：

① 在新的存储设备（硬盘）上创建分区，使用 fdisk 命令。

② 在分区上创建文件系统，类似于在 Windows 系统下对分区进行格式化操作，使用 mkfs 命令。

③ 挂载文件系统到现行系统中。在新的分区中创建文件系统后，将该文件系统挂载到相应目录下即可使用，挂载文件系统使用命令 mount。如果希望文件系统在系统启动时被自动挂载，则需要在/etc/fstab 文件中添加该文件系统的信息。

④ 文件系统使用完毕以后，可以根据需要进行卸载。类似于移动硬盘这样的存储设备上的文件系统被使用完毕以后，应先使用 umount 命令进行文件系统的卸载，再取走设备。

在 Linux 的树形目录结构中，只有一个根目录位于根分区，其他目录、文件及外部设备（包括硬盘、光驱、调制解调器等）文件都是以根目录为起点，挂载在根目录下面的，即整个 Linux 的文件系统都是以根目录为起点的，其他所有分区都被挂载到了目录树的某个目录中。通过访问挂载点目录，即可实现对这些分区的访问。

2. 文件系统类型

目前 Linux 系统支持多种常见的文件系统类型，不仅可以使用 Linux 系统自身的文件系统类型，还可以使用微软、IBM 等其他操作系统下的文件系统类型。下面介绍 Linux 系统中常见的文件系统类型。

xfs 是 CentOS Linux 7 系统默认的文件系统类型。它是一种高性能的日志文件系统，擅长处理大文件，同时提供平滑的数据传输。它的日志功能保障了磁盘出现故障时可以迅速恢复磁盘数据。xfs 文件系统采用优化算法，查询与分配存储空间性能高。全 64 位的文件系统可以支持上百万 TB 的存储空间，可以支持特大文件及小尺寸文件。

ext2 是 Linux 系统自身的文件系统类型，Linux 在早期的发行版本中使用 ext2 作为默认文件系统类型。

ext3 是在 ext2 的基础之上发展演变而来的，二者的区别在于 ext3 文件系统带有日志功能，它会跟踪对于磁盘的写入操作并记录于日志中，这样可以在需要时回溯查找。比如，系统出现意外掉电重新启动后，只需要根据日志中记录的信息，直接定位到系统出现意外以前的部分对文件系统进行处理即可，而不需要像 ext2 文件系统那样对整个文件系统进行一番从头到尾的查找，以便检测文件系统的一致性。系统恢复需要的时间短，而且更加安全可靠。

Reiserfs 是 SuSE Linux 系统默认的文件系统类型。在小文件和大数量的文件处理方面有比较强的能力，可以节约存储空间、提高访问执行效率。它优于其他文件系统的方面是可以根据需要动态分配 inode 节点，而不是在创建文件系统之初就分配完成，因此该文件系统的可扩展性比较好，同时支持平衡树的访问原则，所以不论文件系统中的文件有多少，访问查找时间都不会有太大的变化。

swap 文件系统在 Linux 系统中作为交换分区的文件系统使用。交换分区是在硬盘上分配出来的一块存储空间，系统访问该空间的时间比较短，用来弥补物理内存空间的不足。交换分区由操作系统自动管理。因为 Linux 系统有提前读和延后写的操作机制，所以在安装 Linux 系统的过程中，交换分区是必须分配的，其文件系统类型是 swap。

网络文件系统（Network File System，NFS）是在类 UNIX 系统之间进行文件共享时使用的一种文件系统类型。Windows 系统中文件的共享通过简单设置就可以实现，而 Linux 系统中进行文件共享需要进行特殊的共享操作设置。首先需要设置 NFS 服务器，将需要共享的文件目录设置为共享。普通用户可以把网络中 NFS 服务器提供的共享目录挂载到本地目录中，然后像操作本地文件系统一样操作 NFS 文件系统中的内容。

ISO9660 是光盘文件使用的标准文件系统，在 Linux 系统中对光盘的支持通过该文件系统实现。该文件系统不仅支持读取操作，也支持写入操作。

2.1.2 Linux 的树形目录结构

Linux 系统中目录的概念，类似于 Windows 系统中的文件夹概念。Linux 系统只有一个根目录 "/"，采用树形目录结构来组织和管理文件，每个文件都有文件名，并编排在相应目录下。Linux 系统中，目录也是文件。所有的文件采取分级、分层的方式组织在一起，从而形成了一个树形的层次结构，如图 2.1 所示。

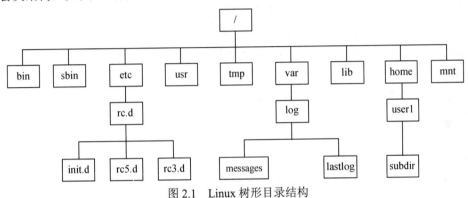

图 2.1　Linux 树形目录结构

1. 常用目录介绍

/bin：存放系统常用命令，这个目录中的文件都是可执行的、普通用户可以使用的命令。

/dev：设备文件（比如声卡、磁盘文件）存储目录。

/boot：存放 Linux 内核及引导系统程序文件。

/etc：存放系统配置文件，某些服务器的配置文件也存放于此。

/home：普通用户主目录的默认存放位置。

/lib：库文件存放目录。

/tmp：临时文件目录。程序运行产生的临时文件存放于此。这个目录和/var/tmp 目录相似。

/usr：系统存放程序的目录。当安装一个 Linux 发行版本官方提供的软件包时，大多安装在这里。如果有涉及服务器配置文件的，会把配置文件安装在/etc 目录中。/usr 目录下包括设计字体目录/usr/share/fonts，帮助目录/usr/share/man 和/usr/share/doc，普通用户可执行文件目录/usr/bin 或/usr/local/bin，超级权限用户 root 可执行命令存放目录/usr/sbin 或/usr/local/sbin 等，以及程序的头文件存放目录/usr/include 等。

/var：此目录的内容经常变动，/var/log 目录用来存放系统日志文件。

/etc/init.d：用来存放系统或服务器启动的脚本。

/usr/bin：存放可执行文件的目录，普通用户有权限执行；当从系统自带的软件包安装一个程序时，其可执行文件大多会存放在这个目录中。

/usr/sbin：存放可执行命令的目录，只有 root 权限才能执行。

/usr/local：存放用户自编译安装软件，一般是通过源码包安装的软件，如果没有特别指定安装目录，一般安装在这个目录中。

表 2.2 特殊目录

符号	意义
.	当前工作目录
..	父目录
~	用户主目录
-	前一个工作目录

/usr/share：存放系统公用文件的目录。

/usr/src：存放内核源码的目录。

2．特殊目录

有一些特殊的用缩写表示的目录，见表 2.2。

3．文件的命名

Linux 支持长文件名，最长可以达到 256 字节。Linux 的文件名中不能含有空格和以下特殊字符：

! @ # ¥ % ~ & × ( ) [ ] { } ' " \ / | ; < > << >>

Linux 中的文件名和命令都需要区分大小写。

4．绝对路径和相对路径

在计算机上要找到需要的文件或目录，就必须知道文件或目录的位置，而表示文件或目录位置的方式就是路径。表示路径的方法有绝对路径和相对路径两种。

（1）绝对路径

绝对路径是以根目录为起点，完整地表示到目标文件或目录的路径。

（2）相对路径

相对路径是以当前目录为起点，完整地表示到目标文件或目录的路径。

2.1.3 文件操作命令

1．用 mkdir 命令创建目录

mkdir（make directory 的缩写）命令用于创建新的目录，一次可以创建一个或多个目录。

命令格式：

```
mkdir   [选项]  目录名称
```

选项：可根据命令要完成的功能进行选择。mkdir 命令的常用选项及功能说明见表 2.3。

表 2.3 mkdir 命令的常用选项及功能说明

选项	功能说明
-m	在创建目录时设定权限模式
-p	创建目录结构中指定的每一个目录，如果目录不存在，则创建目录；如果目录已存在，也不会被覆盖
-v 或--verbose	每次创建新目录都显示信息

【例 2.1】在当前位置创建目录 web。

```
#mkdir   web
```

【例 2.2】在/home 下创建目录 web，假设目前位于系统的根目录中。

方法一：

```
#mkdir   home/web    //相对路径方法
```

方法二：

```
#mkdir   /home/web    //绝对路径方法
```

方法三：

```
#cd   home
#mkdir   web
```

【例 2.3】在 root 用户主目录中创建目录 work1 和 work2，在/tmp 目录下创建 www 目录，假设目前位于 root 用户主目录中。

```
#mkdir   work1   work2   /tmp/www
```

【例 2.4】在 root 用户主目录中创建目录树 web1/web2/web3/web4，假设目前位于 root 用户主目录中。

```
#mkdir   -p   web1/web2/web3/web4
```

2. 用 cd 命令切换目录

cd（change directory 的缩写）命令用于改变当前目录，使用户进入指定的目录，并使该指定目录成为当前目录。

命令格式：

```
cd   [目录名称]
```

需要注意的是，如果 cd 命令后加绝对路径，则可以直接进入指定的目录。如果加的是相对路径，则进入的是当前目录的子目录。

【例 2.5】切换当前位置为/home。

```
#cd   /home
```

【例 2.6】目前位于系统的根目录，创建/home/student 目录，并进入 student 目录。

```
#mkdir   home/student
#cd   home/student
```

【例 2.7】切换到当前目录的父目录。

```
#cd   ..
```

【例 2.8】返回当前用户的主目录。

方法一：

```
#cd
```

方法二：

```
#cd ~        //~表示主目录
```

3. 用 pwd 命令查看当前路径

pwd（print working directory 的缩写）命令用于显示当前目录的绝对路径。

命令格式：

```
pwd
```

4. 用 ls 命令查看当前目录下的信息

ls 命令用于列出一个或多个目录下的内容（目录或文件）。这是一个应用非常广泛的命令，支持很多选项，以实现更详细的功能。

命令格式：

```
ls   [选项]   [目录名称]
```

ls 命令的常用选项及功能说明见表 2.4。

表 2.4　ls 命令的常用选项及功能说明

选项	功能说明
-a	列出目录下的所有文件，包括以.开头的隐含文件（all）
-d	将目录像文件一样显示，而不是显示其下的文件（directory）
-i	输出文件 i 节点的索引信息（inode）
-l	列出文件的详细信息（long）
-m	横向输出文件名，并以"，"作为分隔符
-x	按列输出，横向排序

选项	功能说明
-R	列出所有子目录下的文件
-S	以文件大小排序（size）
-1	一行只输出一个文件
--help	显示帮助信息

【例2.9】查看当前目录下的所有文件（含隐藏文件）。

```
#ls   -a
```

【例2.10】以长格式方式查看/home目录下的所有文件信息。

方法一：

```
#ls   -l   -a   /home
```

方法二：

```
#ll   -a   /home
```

5. 用touch命令创建/更新文件

该命令用于创建一个新的空文本文件。

命令格式：

```
touch   文件名
```

如果命令后面接的是绝对路径，则以指定的文件名在指定路径下创建一个空文件。如果命令后面只接了新的文件名，则在当前路径下生成一个空文件。

如果指定的文件已经存在，则 touch 命令可以用来更新指定文件，使该文件被访问和修改的时间更新为系统当前的日期和时间。

【例2.11】在当前位置创建文件file1和file2。

```
#touch   file1   file2
```

6. 用cp命令复制文件及目录

cp（copy的缩写）命令可用于目录或文件的复制。

命令格式：

```
cp   [选项]   源文件   目标文件
```

cp命令的常用选项及功能说明见表2.5。

表2.5 cp命令的常用选项及功能说明

选项	功能说明
-a	保留链接、文件属性，复制目录时可递归地复制目录
-f	如果目标文件或目录已经存在，则将其覆盖，并不进行提示（force）
-i	如果目标文件或目录已经存在，则对用户进行提示，可以用字母y确认，其他字母都是否认
-r	复制目录，实现将源目录下的文件和子目录一起复制到目标目录中

【例2.12】将文件file1复制到/home目录下并重命名为file2。

```
#cp   file1   /home/file2
```

【例2.13】将文件file1复制到/home目录下并重命名为file2，如果/home下已经存在file2文件，则备份原file2文件。

```
#cp   -b   file1   /home/file2
```

【例 2.14】将 work1 目录复制到/home 目录下。

```
#cp  -r  work1  /home
```

7. 用 mv 命令移动/重命名文件或目录

mv（move 的缩写）命令用于移动或重命名文件或目录。Linux 系统中没有单独的重命名命令，因此，可利用该命令来间接实现。

命令格式：

```
mv  [选项]  源文件  目标文件
```

使用该命令可将文件移动到另一个目录之下，若目标文件已经存在，可以使用选项-b，则在覆盖已经存在的文件前，系统会自动创建一个原文件的备份，备份文件名为原名称后附加一个"~"符号。

【例 2.15】将文件 file1 重命名为 file2。

```
#mv  file1  file2
```

【例 2.16】将文件 file2 移动到/tmp 目录下并重命名为 file3，如果/tmp 下已经存在 file3 文件，则备份原 file3 文件。

```
#mv  -b  file2  /tmp/file3
```

【例 2.17】将目录 work2 移动到/tmp 目录下。

```
#mv  work2  /tmp
```

【例 2.18】将文件 file2 移动到/tmp 目录下并重命名为 file3。

```
#mv  file2  /tmp/file3
```

8. 用 rm 命令删除文件或目录

rm（remove 的缩写）命令用来删除文件或目录。可以删除一个或多个文件或目录，也可以将某个目录及其下的所有文件及子目录均删除。对于链接文件，只是断开链接，源文件保持不变。

命令格式：

```
rm  [选项]  目标文件
```

rm 命令的常用选项及功能说明见表 2.6。

表 2.6　rm 命令的常用选项及功能说明

选项	功能说明
-f	强制删除文件或目录（force）
-i	对用户进行提示（inform），可以用字母 y 确认，其他字母都是否认
-r	删除目录，将指定目录下的所有文件及其子目录一并删除

【例 2.19】删除文件 file。

```
#rm  file
```

【例 2.20】删除目录 work。

```
#rm  -r  work
```

【例 2.21】强制删除目录 work。

```
#rm  -rf  work
```

9. 用 rmdir 命令删除目录

rmdir（remove directory 的缩写）命令的删除对象必须是空目录，且必须在上级目录下进行删除操作。

命令格式：

```
rmdir  [选项]  目录名
```

rmdir 命令的常用选项及功能说明见表 2.7。

表 2.7 rmdir 命令的常用选项及功能说明

选项	功能说明
-p	删除指定的目录树
-v 或--verbose	删除目录过程中输出诊断信息
--help	显示命令帮助信息

10．用 find 命令查找文件

该命令用于在相应路径下查找满足条件的文件。

命令格式：

```
find  查找目录的路径  查找条件选项  对查找条件的设定
```

其中，"查找目录的路径"指查找的范围。"查找条件选项"指进行查找的依据，比如利用文件名、用户名、文件类型等条件进行查找。"对查找条件的设定"指的是将查找条件具体化，比如利用文件名进行查找时，文件名应满足怎样的条件才是查找的对象。查找文件时，经常使用的查找条件选项及功能说明见表 2.8。

表 2.8 查找条件选项及功能说明

选项	功能说明
-name	通过文件名查找文件
-user	通过用户名查找文件
-type	通过文件类型查找文件
-size	通过文件大小查找文件
-atime	通过文件的最后访问日期查找文件（单位：天）
-mtime	通过文件的最后修改日期查找文件（单位：天）
-newer	查找比指定文件更新的文件
-amin	查找在指定时间内曾被存取过的文件（单位：分钟）
-cmin	查找在指定时间内被更改过的文件（单位：分钟）
-perm	查找符合指定权限数值的文件

【例 2.22】在/root 目录下，查找文件所有者是 root 的文件。

```
#find  /root  -user  root
```

【例 2.23】查找/etc 目录下所有以 pass 字符串开头的文件。

```
#find  /etc  -name  pass*
```

11．获取帮助

Linux 系统中命令数量众多，涉及的命令选项更是数不胜数，同时系统也提供了大量的管理工具。作为系统管理员，记住全部的命令要耗费大量的精力，而且不经常使用的命令也没有记住的必要。在这种情况下，Linux 系统从设计初始就为几乎所有的程序、工具、命令、系统调用、配置文档等编制了多种帮助文档，可以让用户在用到该命令或操作时随时获得帮助信息。

（1）在文本界面下常使用 man 命令获得帮助

在命令行下，通过输入 man cmd，即可获得该命令的所有信息。

例如，输入#man ls 命令，可看到如图 2.2 所示信息。

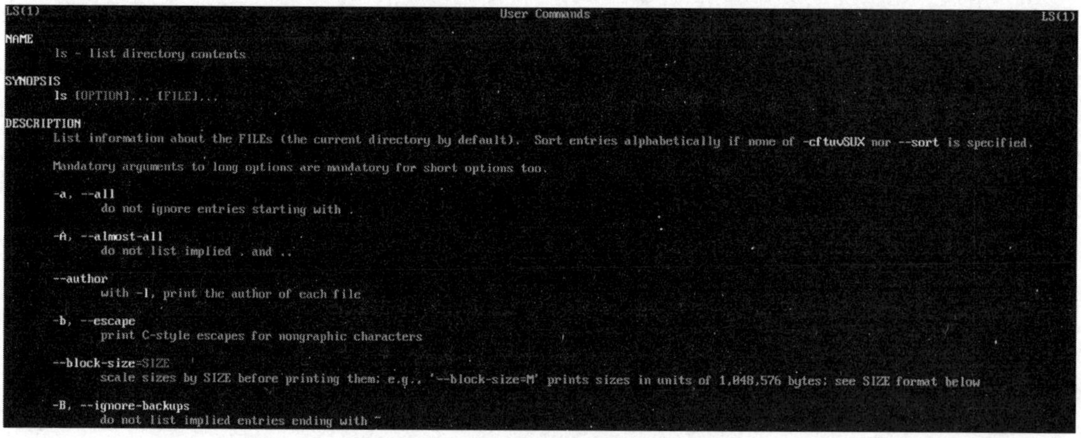

图 2.2　使用 man 命令获取帮助信息

在 man 帮助文档中，可以看到关于命令的详细介绍。用户可以通过上、下箭头（↑、↓）进行查询阅读，按 Q 键退出帮助文档。

一般情况下，man 帮助文档中包含表 2.9 所示的常规信息。

表 2.9　man 帮助文档的常规信息

组成部分	说　明
NAME	命令名称含义的解释
SYNOPSIS	命令使用的基本语法规则
DESCRIPTION	对命令和每个选项的详细解释
Author	命令程序编写者的信息
Files	和该命令有关的文件信息
Reporting Bugs	发现问题以后的报告地址
Diagnostics	运行该命令可能的错误信息
Copyright	版权信息
See also	和该命令有关系的其他命令信息清单
Example	该命令的示例
Bugs	程序中发现的问题

man 帮助文档根据内容的不同分为不同类型。不同类型用不同的数字标识，各类型含义见表 2.10。通常情况下，man 帮助文档存放在/usr/share/man 下。

表 2.10　man 帮助文档的类型

类型	说　明
man1	可执行程序和普通用户权限可执行的 Shell 命令说明
man2	系统调用、内核命令说明
man3	子程序、库函数说明
man4	设备文件的参考说明
man5	配置文件格式说明，/etc 下配置文件的格式描述
man6	游戏说明

类型	说　明
man7	宏包的相关信息
man8	系统管理工具，只有超级权限用户 root 才可以使用
man9	其他（Linux 特定的），用来存放内核例行程序的文档

在 man 帮助文档中有一系列的操作命令，见表 2.11。

表 2.11　man 帮助文档的操作命令

命　令	说　明
Space（空格）	下翻一页
b	上翻一页
PageDown	下翻一页
PageUp	上翻一页
Enter	下翻一行
Down-arrow	下翻一行
Up-arrow	上翻一行
End	到帮助页的结尾页
Home	回到帮助页的开始页
/expression	在帮助文档中查找字符串，从当前位置开始向后查找，匹配到的第一个结果在屏幕的第一行显示
?expression	在帮助文档中查找字符串，从当前位置开始向前查找，匹配到的第一个结果在屏幕的第一行显示
n	查找字符串过程中向后查找下一个匹配项
N	查找字符串过程中向前查找下一个匹配项
q	结束帮助文档的显示，退出

（2）在命令行下使用 info 获取帮助

随着开源的发展，有相当数量的 GNU 程序不再提供手册式的帮助文档，取而代之出现了信息文件，可以通过 info 命令来查看相关帮助信息。输入命令#info　cmd，结果如图 2.3 所示。

帮助信息文件通常在目录/usr/share/info 下。info 常用命令见表 2.12。

表 2.12　info 常用命令

命　令	说　明
Space 和 PageDown	下翻一页
BackSpace 和 PageUp	上翻一页
b	光标回到当前信息页开头
e	光标移动到当前信息页结尾
Tab	光标移动到下一个引用
Enter	跟在引用之后
n	移动到同一层的下一个信息页
p	移动到同一层的上一个信息页
u	移动到上一级
?	列出命令的概要
q	退出帮助信息

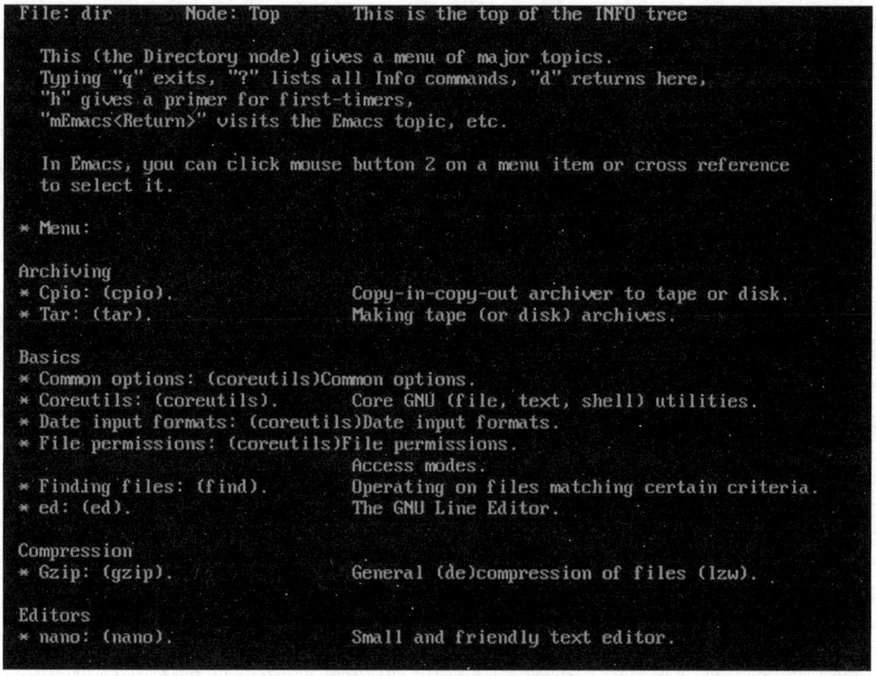

图 2.3 info 帮助信息页

2.2 项目二：使用 vim 编辑文档

【项目描述】

guestuser1 用户在 tty1 控制台使用 vim 编辑器制定自己今天的学习计划，内容如下：

Data access:8a.m.

Reading program:10a.m.

Project design:13p.m.

Discussion items:15p.m.

计划制定完成后，guestuser1 对文件的内容进行了浏览和确认，最后将内容输出给在 tty2 控制台的用户参考。

【项目分析】

本项目主要涉及文档内容的编辑、查看、输出重定向等知识点。文档的编辑可以采用 vim 编辑器完成，因此需要掌握 vim 编辑器的使用方法。文档查看的命令有很多，各有优势，可以根据具体情况进行选择使用。输出重定向可以帮助用户改变命令的输出位置，本项目需要输出到其他控制台，方便信息共享。相关知识点见表 2.13。

表 2.13 相关知识点

序号	知识点	详见章节
1	掌握 vim 编辑器的使用方法	2.2.1 节
2	理解查看文件内容的方法	2.2.2 节
3	了解输出重定向	2.2.3 节

【操作过程】

$cd   //切换至 guestuser1 用户主目录

```
$vim guestuser1.plan        //vim 命令新建 guestuser1.plan 文件并打开
```

输入"i"切换到输入模式，输入：

```
Data access:8a.m.

Reading program:10p.m.

Project design:13a.m.

Discussion items:15p.m.
```

输入完成后，使用":"切换至末行模式，保存退出。

```
$less    guestuser1.plan        //查看确认 guestuser1.plan 的内容
$less    guestuser1.plan    >>    /dev/tty2 //将 guestuser1.plan 的内容输出到/dev/tty2 终端
```

2.2.1　vim 编辑器

vim 编辑器是 Linux 系统中功能最为强大的全屏幕文本编辑器。它可以完成输出、删除、查找、替换、块操作等文本操作，而且用户可以根据自己的需要对其进行定制，这是其他编辑器所没有的。但是 vim 不是一个排版程序，它不能像 Word 或 WPS 那样可以对字体、格式、段落等属性进行编排，它只是一个文本编辑程序。

在使用时，在命令提示符后面直接输入 vim 或者 vim 加文件名，就可以启动 vim 编辑器。vim 命令后若指定了文件名，则打开或创建该文件（如果指定的文件不存在）；如果没有指定文件名，则创建一个未命名的新文件。

vim 编辑器有 3 种工作模式，分别是命令模式、输入模式和末行模式，相互之间的转换关系如图 2.4 所示。

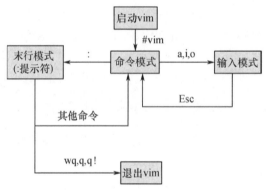

图 2.4　vim 编辑器的工作模式转换

1．命令模式

无论用户当前处于何种模式，只要按 Esc 键，则立即进入命令模式。在命令模式下，允许输入 vim 的命令，以对文件进行管理，输入的 vim 命令通常都是单个或多个字母并且输入的命令都不回显，若输入的不是合法的 vim 命令，系统则会发出蜂鸣声进行提示。命令模式下的常用命令见表 2.14。

表 2.14　命令模式下的常用命令

命　　令		说　　　　明
光标的定位	g	跳到文件最后一行，光标停于行首
	0	移动光标到当前行的行首
	$	移动光标到当前行的行尾

命 令		说 明
字符检索	/str	正向查找，从当前页开始向后搜索字符串 str
	?str	反向查找，从当前页开始向前搜索字符串 str
	n	往相同的方向移动到下一个被搜索字符串所在的位置
	N	往相反的方向移动到下一个被搜索字符串所在的位置
文本的复制、粘贴和删除	dd	删除当前光标所在行
	ndd	删除从光标所在行开始的 n 行
	yy	复制光标所在当前行的文本信息到缓冲区
	P	将缓冲区中的内容粘贴到当前光标所在行的下一行
	nyy	将当前开始的 n 行内容复制到缓冲区
	x	删除当前光标所在位置的一个字符
	nx	删除从光标所在位置开始向右的 n 个字符
撤销和重复	u	撤销刚刚发生的误操作或者不适合的操作对文件造成的影响，恢复文件到操作之前的状态
	.	重新执行一遍刚刚执行完的操作
保存和退出	ZZ	存盘退出
	ZQ	不保存此次关于文本的修改，退出 vim 编辑器

在命令模式下，控制光标移动的命令见表 2.15。

2．输入模式

也称插入模式或编辑模式。在该模式下，用户输入的内容称为文件正文，并显示在屏幕上。在命令模式下，输入 i、a、o 命令都可以进入输入模式，实现对文件内容的输入或修改。进入输入模式的命令见表 2.16。

表 2.15 控制光标移动的命令

移 动	命 令
←，↓，↑，→	h, j, k, l
到下一行的首字符	+
到上一行的首字符	−
到单词的尾部	e 或 E
按单词前移	w 或 W
按单词后移	b 或 B
到行尾	$
到行首	0

表 2.16 进入输入模式的命令

编 辑 行 为	命 令
在当前位置插入文本	i
在行首插入文本	I
在当前位置追加文本	a
在行尾追加文本	A
在光标所在行的上面新建一行，等待输入	O
在光标所在行的下面新建一行，等待输入	o

3．末行模式

虽然在命令模式下可以实现大部分的文件操作功能，但是由于命令模式下输入的命令不回显，因此当操作命令的表达比较复杂、需要回显确认输入时，就要用到末行模式。

在命令模式下按 Shift+"："组合键，即可切换到末行模式。此时，在编辑器屏幕的最后一行将显示"："提示符，在此行中输入命令，按回车键后即可开始执行。命令执行结束后，自动切换到命令模式。末行模式的常用命令见表 2.17。

表 2.17　末行模式的常用命令

命　令		说　明
字符串检索、替换	/str/	从当前光标开始向后移动到被搜索字符串 str 的位置
	?str?	从当前光标开始向前移动到被搜索字符串 str 的位置
	:/str/ w file	将包含 str 的行都写到文件 file 中
	:/str1/,/str2/w file	将从 str1 开始到 str2 结束的内容都写到文件 file 中
	:s/str1/str2/g	将所有 str1 替换成 str2
光标的定位	:n	输入要移动的行号，光标即可到达目标行
文件相关	:w	将当前标记的内容存盘
	:w file	将当前编辑的内容写到文件 file 中
	:n1,n2 w file	将从 n1 开始到 n2 结束的信息写到文件 file 中
文本的复制、粘贴和删除	:d	删除当前光标所在行
	:nd	删除从光标所在行开始的 n 行
	:n1,n2 co n3	将从 n1 开始到 n2 结束的所有内容复制到 n3 后面
	:n1,n2 m n3	将从 n1 开始到 n2 结束的所有内容移动到 n3 后面
	:n1,n2 d	删除从 n1 开始到 n2 结束的所有内容
	:.,$d	删除从当前行到结尾的所有内容
	:/str1/,/str2/d	删除从 str1 开始到 str2 为止的所有内容
保存和退出	:wq	存盘退出
	:q!	不保存此次关于文本的修改并退出 vim 编辑器
	:q	退出 vim

【例 2.24】使用 vim 编辑器创建并编辑文件 hello.c。

```
#vim    hello.c
```

直接在命令提示符后输入：vim　hello.c，执行后自动生成文件 hello.c，并以全屏的方式打开该文件，进入命令模式。然后可以使用 i 命令切换到输入模式，对文件的内容进行编辑。进入输入模式后，光标停在第一行第一个字符的位置上，其他每一行都有一个 "~" 符号，表明其是空行。最后一行是状态行，显示当前正在编辑的文件名及文件的状态。如果被编辑文件已经存在，则在屏幕上显示文件的内容，光标停在第一行的行首，在状态行除可以看到文件的名字外，还可以看到文件的行数、字数，如图 2.5 所示。

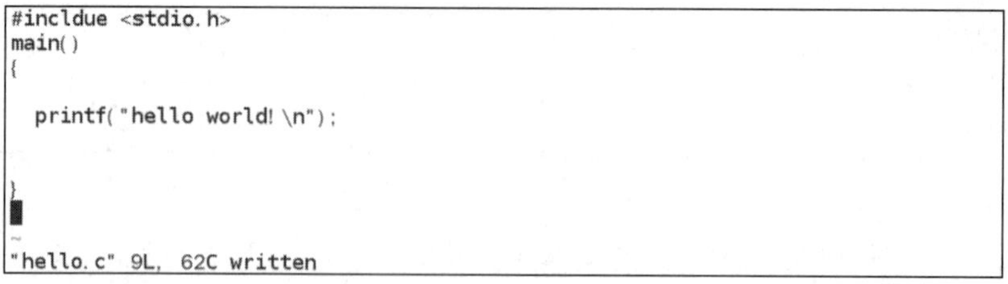

```
#incldue <stdio.h>
main()
{
  printf("hello world! \n");


}

"hello.c" 9L, 62C written
```

图 2.5　vim 编辑文件 hello.c

完成了对文件的编辑之后，进入末行模式，保存文件并退出 vim 编辑器。需要注意的是，vim 编辑器不能从输入模式直接切换到末行模式。因此，需要先按 Esc 键，进入命令模式，然后按 Shift+ "："组合键，切换到末行模式。进入末行模式之后，输入 wq 命令，对文件进行保存，并退出 vim 编辑器。执行结果如图 2.6 所示。

```
#incldue <stdio.h>
main()
{

  printf("hello world! \n");



}

~
: wq
```

图 2.6　保存文件 hello.c

2.2.2　查看文件内容的命令

1. 用 more/less 命令浏览文件的全部内容

当文件内容过多时，可以用 more 或 less 命令来查看。

命令格式：

> more　文件名
>
> less　文件名

使用 more 命令可以查看文件第一屏的内容。同时在屏幕左下角出现一个百分比，它表示当前显示的内容占整个文件内容的百分比。按空格键，系统会自动显示下一屏的内容，到达文件末尾后，命令执行结束。

less 命令比 more 命令的功能更强大。在查看文件内容时，按 Z 键，可以向下翻页，显示下一屏的内容。按 W 键，可以向上翻页，显示上一屏的内容。到达文件尾部时，会出现提示符"End"。结束浏览时，直接按 Q 键退出。同时支持光标键和翻页键。

【例 2.25】使用 vim 编辑器创建并编辑文件 info，文件内容不少于 30 行，使用 more 和 less 命令分别查看文件内容。

> #vim　info　　　　//输入不少于 30 行
>
> #more　info　　　　//注意底部的百分比显示
>
> #less　info　　　　//注意退出使用 Q 键

2. 用 cat 命令查看文件内容

该命令用于将文件的内容打印输出到显示器或终端窗口上。

命令格式：

> cat　[选项]　文件名

如果文件的内容超过一屏，则只显示最后一屏的内容，因此常用于查看内容不太多的文件。如果被查看的文件内容过多，则会因滚动太快而无法阅读。cat 命令的常用选项见表 2.18。

表 2.18　cat 命令的常用选项

选项	说　　　明
-n	从 1 开始对所有输出的行进行编号
-b	从 1 开始对所有输出的非空白行进行编号
-s	当遇到连续两行以上的空白行时，用一个空白行代替

3. 用 head/tail 命令显示文件头部/尾部信息

head 命令用来查看文件前若干行信息，tail 命令用来查看文件后若干行信息。

命令格式：

> head　[选项]　文件名
>
> tail　[选项]　文件名

默认情况下，查看 10 行的内容，可以通过对选项的设置来决定要查看的行数。

【例 2.26】查看文件 hello.c 文件第一行的内容和后两行的内容。

```
#head   -1   hello.c
#tail   -2   hello.c
```

4. 用 grep 命令查询字符串

grep 命令可以在指定文本文件中匹配字符串，输出匹配字符串所在行的全部内容。

命令格式：

```
grep   关键字   查找范围
```

【例 2.27】在当前目录下的 myfile 文件中查找字符串 this。

```
#grep   this   myfile
```

2.2.3 管道与重定向命令

1. 管道命令

在操作 Linux 命令时，有时需要将一个命令的执行结果作为另一个命令的输入，这时就需要用到管道命令。

管道命令是"|"。管道命令可以将多个命令连接在一起，每一个命令独立运行，每一个命令的运行结果作为下一个命令的输入。管道的单向性决定了命令处理的单向性。

命令格式：

```
cmd1 | cmd2 | cmd3 |…|cmd(n)
```

管道命令可以实现将一个命令的输出当作另一个命令的输入，后者的输出又可作为第三个命令的输入，以此类推，这样，管道命令行中最后一个命令的输出才会显示在屏幕上。因此，可以利用管道操作将多个相关的命令连接起来。在使用时，第一个命令正常写，后面的命令都只写操作，不写操作的对象，因为操作的对象就是前一个命令的输出结果。

【例 2.28】查看/etc 目录下的内容。

```
#ls   /etc|less
```

本例中，如果执行#ls   /etc 命令，会发现由于/etc 目录下内容比较多，因此无法看到全部的内容，一种解决方案就是使用|命令，将 ls   /etc 的执行结果作为 less 命令的输入，实现分页显示 ls   /etc 内容的功能。

【例 2.29】显示/etc 目录中文件名以 pass 开头的文件。

```
#ls   /etc | grep pass
```

2. 重定向

Linux 命令在执行时，常规下都会有输入，命令处理完成后会有结果的输出。输入通常使用标准输入设备端口，输出通常使用标准输出设备端口和标准错误设备端口。

stdin 表示标准输入设备端口，命令的输入都从其获取。默认是键盘。

stdout 表示标准输出设备端口，命令执行的结果都向其输出。默认是控制台的显示屏。

stderr 表示标准错误设备端口，命令执行过程中出现的错误信息都向其输出。默认是控制台的显示屏。

所谓重定向，指不使用系统的标准输入/输出/错误设备端口进行信息的获取或输出，而是通过重新指定，让命令从非默认的输入/输出设备端口获取或输出信息。所以，重定向分为输入重定向、输出重定向和错误重定向。

重定向功能是通过重定向符号来实现的。当 Shell 执行命令时，通过检查命令行中是否含有重定向符号来决定本次命令的执行是否需要重定向。表 2.19 列出了重定向的常用符号。

表 2.19　重定向的常用符号

命令	说　　明
>	输出重定向。如果原来目标文件存在，则新的内容会覆盖文件中原有的内容
>>	输出重定向。如果原来目标文件存在，则新的内容会追加在原有内容的后面，不覆盖文件中的原有内容
<	输入重定向，即命令的输入不通过键盘来完成，而通过其他的方式
2>	错误重定向
&>	输出重定向和错误重定向同时实现

【例 2.30】将 ls　/命令的执行结果记录到 list 文件中。

```
#ls　/ > list
```

执行后在本目录下会新建一个 list 文件，文件内容为 ls　/命令的执行结果。

【例 2.31】如果命令 useradd　lolo 在执行时发生错误，则将错误信息保存到当前目录下的 errlog 文件中。

```
#useradd lolo　2>errlog
```

如果命令执行正常，没有错误出现，则该错误重定向操作不会被执行。只有在命令执行出现错误的情况下，该错误重定向才会被执行。错误重定向经常用于对程序的调试。

【例 2.32】将程序 hello 的执行结果和错误信息全部都重定向输出到/tmp 目录下的 outfile 文件中。

```
#./hello　&> /tmp/outfile
```

2.3　项目三：使用 U 盘备份文件

【项目描述】

guestuser1 用户将自己在 Linux 系统中编辑的文档 tfile 备份到 U 盘中。

【项目分析】

本项目要求完成 Linux 系统下对 U 盘的访问。首先需要让 Linux 系统识别到 U 盘，然后进行挂载，挂载成功后对 U 盘进行操作，操作完成后，要进行正确的卸载操作，最后拔出 U 盘。相关知识点见表 2.20。

表 2.20　相关知识点

序号	知识点	详见章节
1	使用 mkdir 命令创建挂载点	2.3.1 节
2	查询系统分配给 U 盘的设备名	2.3.2 节
3	使用 mount 命令进行挂载	2.3.3 节
4	使用 umount 命令卸载 U 盘	2.3.4 节

【操作过程】

（1）如图 2.7 所示，单击 VMware Workstation 工具栏的【虚拟机】→【可移动设备】→【Alcor Micro Mass Storage（U 盘型号）】→【连接（断开与主机的连接）】，使 U 盘与虚拟机中的 Linux 系统连接起来。

（2）为了能挂载使用 U 盘，需要设置一个挂载点。这里创建目录/home/guestuser1/usb 作为挂载点。然后查询系统为 U 盘分配的设备名，最后使用 mount 命令来完成挂载，实现的命令为：

$mkdir /home/guestuser1/usb	//创建目录/home/guestuser1/usb 作为挂载点
$fdisk -l	//查询系统为 U 盘分配的设备名
$mount /dev/sdb1 /home/guestuser1/usb	//使用 mount 命令来完成挂载，这里假设系统为 U 盘分配的设备名为/dev/sdb1

挂载成功后，进入对应挂载点/home/guestuser1/usb，就可以使用 U 盘中的文件。

图 2.7　U 盘与虚拟机中的 Linux 系统连接

（3）根据项目描述中的要求，需要对 tfile 文件进行备份，然后卸载 U 盘，实现的命令为：

$cd /home/guestuser1/usb	//切换目录
$cp /home/guestuser1/tfile .	//复制文件 tfile 到 U 盘进行备份
$cd	//退出挂载点
$umount /dev/sdb1	//卸载/dev/sdb1 设备

注意：卸载时先要退出挂载点。

2.3.1　挂载点

由于 Linux 系统只有一个根目录，因此当向系统中添加新的存储设备时，不会像 Windows 系统那样出现一个新的根目录。因此，在 Linux 系统下访问新存储设备时需要首先创建挂载点。

所谓的挂载点就是文件系统中存在的一个目录。通常情况下，挂载点创建在/mnt 目录下，挂载成功后，访问挂载点就是访问新的存储设备。

挂载点应该是空目录，否则原来该挂载点中存在的文件将被隐藏。而且，挂载点在实施挂载操作之前就应该存在。

2.3.2　查询设备名

在 Linux 系统中，挂载设备之前需要使用 fdisk   -l 命令查看系统自动分配的设备名，如图 2.8 所示。

```
[ root@localhost ~]# fdisk -l

Disk /dev/sda: 21.5 GB, 21474836480 bytes, 41943040 sectors
Units = sectors of 1 * 512 = 512 bytes
Sector size (logical/physical): 512 bytes / 512 bytes
I/O size (minimum/optimal): 512 bytes / 512 bytes
Disk label type: dos
Disk identifier: 0x000c7290

   Device Boot      Start         End      Blocks   Id  System
/dev/sda1   *        2048     2099199     1048576   83  Linux
/dev/sda2         2099200    41943039    19921920   8e  Linux LVM
Disk /dev/sdb: 2055 MB, 2055208960 bytes, 4014080 sectors
Units = sectors of 1 * 512 = 512 bytes
Sector size (logical/physical): 512 bytes / 512 bytes
I/O size (minimum/optimal): 512 bytes / 512 bytes
Disk label type: dos
Disk identifier: 0xb4240188

   Device Boot      Start         End      Blocks   Id  System
/dev/sdb1            2544     4014079     2005768    6  FAT16
```

图 2.8　fdisk   -l 命令的执行结果

可以看到，现在系统中有两块硬盘/dev/sda 和/dev/sdb，第二块硬盘/dev/sdb 大概 2GB，设备名为/dev/sdb1。通常情况下，由于 U 盘只有一个分区，是即插即用设备，因此系统可以直接分配设备名。如果挂载的是硬盘，那么执行 fdisk -l 命令后将会发现出现的新硬盘由于没有分区而不能显示设备名，因此需要先分区再创建文件系统，然后才可以挂载，详见 2.4 节。

2.3.3 挂载文件系统

挂载由 mount 命令来完成，该命令可以灵活地挂载各种类型的文件系统。
命令格式：

> mount [选项] [设备名] [挂载点]

mount 命令的常用选项及功能说明见表 2.21。

表 2.21 mount 命令的常用选项及功能说明

选项	功能说明
-t fstype	指定要挂载的文件系统类型，如果不清楚，可以使用-t auto 让系统自己选择最合适的文件系统类型进行挂载
-r	以只读的方式挂载文件系统
-w	以读/写的方式挂载文件系统，默认选项
-o	设置挂载属性
-a	挂载/etc/fstab 文件中记录的设备

使用 mount 命令，不带任何选项，可以列出当前系统中所有已经挂载的文件系统，如图 2.9 所示。图 2.9 显示每个磁盘分区在系统中的挂载点、文件系统的类型及挂载权限。例如，/dev/sda1 在文件系统中的挂载点是/boot，文件系统类型是 xfs，挂载权限是可读/写。

```
[ root@localhost ~] # mount
sysfs on /sys type sysfs ( rw, nosuid, nodev, noexec, relatime, seclabel)
proc on /proc type proc ( rw, nosuid, nodev, noexec, relatime)
devtmpfs on /dev type devtmpfs ( rw, nosuid, seclabel, size=488280k, nr_inodes=122070
, mode=755)
securityfs on /sys/kernel/security type securityfs ( rw, nosuid, nodev, noexec, relat
ime)
tmpfs on /dev/shm type tmpfs ( rw, nosuid, nodev, seclabel)
devpts on /dev/pts type devpts ( rw, nosuid, noexec, relatime, seclabel, gid=5, mode=62
0, ptmxmode=000)
tmpfs on /run type tmpfs ( rw, nosuid, nodev, seclabel, mode=755)
tmpfs on /sys/fs/cgroup type tmpfs ( ro, nosuid, nodev, noexec, seclabel, mode=755)
cgroup on /sys/fs/cgroup/systemd type cgroup ( rw, nosuid, nodev, noexec, relatime, xa
ttr, release_agent=/usr/lib/systemd/systemd- cgroups- agent, name=systemd)
pstore on /sys/fs/pstore type pstore ( rw, nosuid, nodev, noexec, relatime)
debugfs on /sys/kernel/debug type debugfs ( rw, relatime)
mqueue on /dev/mqueue type mqueue ( rw, relatime, seclabel)
hugetlbfs on /dev/hugepages type hugetlbfs ( rw, relatime, seclabel)
sunrpc on /var/lib/nfs/rpc_pipefs type rpc_pipefs ( rw, relatime)
nfsd on /proc/fs/nfsd type nfsd ( rw, relatime)
/dev/sda1 on /boot type xfs ( rw, relatime, seclabel, attr2, inode64, noquota)
tmpfs on /run/user/1000 type tmpfs ( rw, nosuid, nodev, relatime, seclabel, size=10084
0k, mode=700, uid=1000, gid=1000)
fusectl on /sys/fs/fuse/connections type fusectl ( rw, relatime)
gvfsd- fuse on /run/user/1000/gvfs type fuse. gvfsd- fuse ( rw, nosuid, nodev, relatime
, user_id=1000, group_id=1000)
```

图 2.9 mount 命令的执行结果

2.3.4 卸载文件系统

文件系统可以被挂载，在不使用时就可以被卸载。卸载文件系统的命令是 umount，这个命令可以把文件系统从 Linux 系统中的挂载点分离，将原来建立的文件系统和挂载点的连接断掉。

命令格式：

> umount　[设备名或者挂载点]

在卸载一个文件系统时，需要指定要卸载的文件系统的挂载点或者设备名。例如：

> #umount　/dev/sdb1　　　　//指定设备名卸载
>
> #umount　/mnt/sdb1　　　　//指定挂载点卸载

均可以将设备/dev/sdb1 卸载。

但是，当文件系统处于"busy"状态，即在被使用时，不能进行卸载操作。

文件系统的"busy"状态可能是：文件系统中的缓冲文件被使用、文件系统中有文件被打开、文件系统中有目录被使用。此时，可以使用 fuser 命令查看正在使用该文件系统的用户信息。

命令格式：

> fuser　[选项]　文件系统名或者文件名

fuser 命令的常用选项及功能说明见表 2.22。

表 2.22　fuser 命令的常用选项及功能说明

选项	功能说明
-a	显示所有在命令行中指定的文件系统信息。默认情况下，至少被一个进程访问的文件才会被显示
-k	"杀死"访问文件的进程
-i	在"杀死"使用文件的用户进程之前，提示确认
-u	显示使用文件系统的进程的所有者信息
-v	按进程查看命令 ps 的显示模式，显示文件的使用者信息，包括 PID、USER、COMMAND 等

【例 2.33】查看哪个进程打开了当前目录下的 myfile 文件。

> #fuser　myfile
>
> myfile:943

结果显示访问 myfile 文件的进程 PID 为 943。

如果要"杀死"在/usr 分区上打开文件的进程，则命令如下：

> #fuser　-km　/usr

所以，当一个文件系统处于"busy"状态时，可以先"杀死"所有在该文件系统中打开文件的进程，然后卸载文件系统。

2.4　项目四：系统硬盘空间的扩充

【项目描述】

管理员 root 发现 Linux 系统硬盘资源不足，因此在服务器上新增加了一块硬盘，想在 Linux 系统下使用它。

【项目分析】

在 Linux 系统的安装过程中，会自动创建分区的文件系统，但是如果硬盘不够用了，就需要向系统添加新的硬盘来扩充硬盘的可用空间。通常遵循以下步骤：

① 向系统中添加一块硬盘；

② 由系统识别硬盘名；

③ 对新硬盘进行分区；

④ 创建文件系统；

⑤ 挂载使用。

【操作过程】

（1）向系统中添加一块硬盘

如果是真实的 Linux 系统，则直接向系统添加一块新硬盘即可。如果是在虚拟机中，则需要进行以下操作：

在虚拟机关机的前提下，打开虚拟机设置界面，选择【硬盘(SCSI)】，如图 2.10 所示。

单击图 2.10 中的【添加】按钮，弹出如图 2.11 所示界面。

图 2.10 虚拟机设置界面

图 2.11 选择添加硬盘

在图 2.11 中选择【硬盘】，单击【下一步】按钮，弹出如图 2.12 所示界面。

在图 2.12 中选择【SCSI】，单击【下一步】按钮，弹出如图 2.13 所示界面。

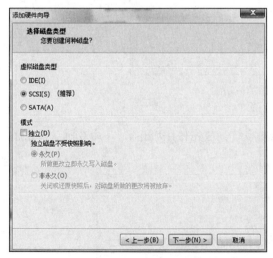

图 2.12 创建 SCSI 硬盘

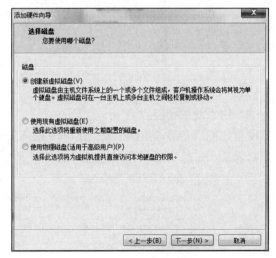

图 2.13 创建新虚拟磁盘

在图 2.13 中选择【创建新虚拟磁盘】，单击【下一步】按钮，弹出如图 2.14 所示界面。

在图 2.14 中设置新磁盘的容量，单击【下一步】按钮，弹出如图 2.15 所示界面。

在图 2.15 中设置磁盘文件的存储位置，单击【完成】按钮，完成新硬盘的添加，如图 2.16 所示。

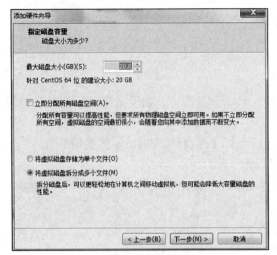

图 2.14 设置磁盘容量

图 2.15 设置磁盘文件的存储位置

图 2.16 新硬盘添加成功

（2）由系统识别硬盘名

硬盘添加成功后，重新启动计算机，进入 Linux 系统。首先使用#fdisk -l 命令确认添加的第二块硬盘在系统中已经被识别，如图 2.17 所示。

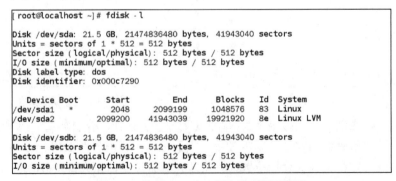

图 2.17 使用 fdisk -l 命令查看硬盘情况

可以看到，现在系统中有两块硬盘/dev/sda 和/dev/sdb，其中第一块硬盘/dev/sda 的容量 21.5GB 是目前正在使用的硬盘，划分了两个分区，分别是/dev/sda1 和/dev/sda2。第二块硬盘 /dev/sdb 的容量为 21.5GB，是刚添加的新硬盘，目前还没有磁盘分区表，无法使用。

（3）对新硬盘进行分区

第 1 步：进行分区操作。

新的存储设备使用之前，需要进行存储设备的分区操作，可以使用磁盘分区工具 fdisk 完成。在 Linux 系统中，每一个硬件设备都映射到一个系统文件，对硬盘、光驱等 IDE 设备或 SCSI 设备也不例外。Linux 给 IDE 设备分配由 hd 前缀组成的文件；而对于 SCSI 设备，则分配由 sd 前缀组成的文件。例如，第一个 IDE 设备定义为 had，第二个 IDE 设备定义为 hdb，以此类推。而 SCSI 设备则依次定义为 sda、sdb、sdc 等。

目前新添加的硬盘为/dev/sdb，分区使用 fdisk 命令，在后面直接加上要分区的硬盘作为选项，如图 2.18 所示。

```
[ root@localhost ~]# fdisk /dev/sdb
Welcome to fdisk (util-linux 2.23.2).

Changes will remain in memory only, until you decide to write them.
Be careful before using the write command.

Device does not contain a recognized partition table
Building a new DOS disklabel with disk identifier 0x2b9559ee.

Command (m for help):
```

图 2.18　分区操作第 1 步

Command 后面输入"n"命令，可以对硬盘进行分区操作；输入"m"命令，可以列出所有可供选择的子命令，见表 2.23。

表 2.23　fdisk 命令的子命令

命令	说　明
a	调整硬盘启动分区
d	删除一个硬盘分区
n	创建新的硬盘分区
l	列出所有分区类型
m	列出所有命令
p	列出硬盘分区表
t	更改分区类型
u	切换分区的显示单元
w	将所有的修改写入硬盘分区表，退出 fdisk
q	不保存更改，退出 fdisk
x	列出额外选项

第 2 步：创建新分区。

根据提示依次输入"n""p""1""2048""+8G"，如图 2.19 所示。

说明：

n——创建新分区。

p——创建主分区。

1——创建分区号为 1 的第一个分区。

First sector——分区的起始位置，默认不修改。

```
Command (m for help): n
Partition type:
   p    primary (0 primary, 0 extended, 4 free)
   e    extended
Select (default p): p
Partition number (1-4, default 1): 1
First sector (2048-41943039, default 2048): 2048
Last sector, +sectors or +size{K, M, G} (2048-41943039, default 41943039): +8G
Partition 1 of type Linux and of size 8 GiB is set
```

图 2.19　创建第一个主分区

Last sector——分区的结束位置，可以指定所要创建新分区的大小。+8G 表示创建主分区的容量是 8GB。

创建完成，会重新回到命令行下。可以通过"p"命令查看分区表，如图 2.20 所示。

```
Command (m for help): p

Disk /dev/sdb: 21.5 GB, 21474836480 bytes, 41943040 sectors
Units = sectors of 1 * 512 = 512 bytes
Sector size (logical/physical): 512 bytes / 512 bytes
I/O size (minimum/optimal): 512 bytes / 512 bytes
Disk label type: dos
Disk identifier: 0x04636ed3

   Device Boot      Start         End      Blocks   Id  System
/dev/sdb1            2048    16779263     8388608   83  Linux
```

图 2.20　创建第一个主分区后的分区表

第 3 步：重复第 2 步操作，创建第二个主分区，如图 2.21 所示。

```
Command (m for help): n
Partition type:
   p    primary (1 primary, 0 extended, 3 free)
   e    extended
Select (default p): p
Partition number (2-4, default 2): 2
First sector (16779264-41943039, default 16779264):
Using default value 16779264
Last sector, +sectors or +size{K, M, G} (16779264-41943039, default 41943039):
Using default value 41943039
Partition 2 of type Linux and of size 12 GiB is set
```

图 2.21　创建第二个主分区

分区结束以后，输入"p"命令查看分区情况，然后输入"w"命令，将分区信息写入分区表并退出 fdisk，如图 2.22 所示。

```
Command (m for help): p

Disk /dev/sdb: 21.5 GB, 21474836480 bytes, 41943040 sectors
Units = sectors of 1 * 512 = 512 bytes
Sector size (logical/physical): 512 bytes / 512 bytes
I/O size (minimum/optimal): 512 bytes / 512 bytes
Disk label type: dos
Disk identifier: 0x04636ed3

   Device Boot      Start         End      Blocks   Id  System
/dev/sdb1            2048    16779263     8388608   83  Linux
/dev/sdb2        16779264    41943039    12581888   83  Linux

Command (m for help): w
The partition table has been altered!

Calling ioctl() to re-read partition table.
Syncing disks.
```

图 2.22　查看并保存分区表

第 4 步：查看目前系统的分区情况，如图 2.23 所示。

```
[ root@localhost ~]# fdisk - l

Disk /dev/sda: 21.5 GB, 21474836480 bytes, 41943040 sectors
Units = sectors of 1 * 512 = 512 bytes
Sector size ( logical/physical): 512 bytes / 512 bytes
I/O size ( minimum/optimal): 512 bytes / 512 bytes
Disk label type: dos
Disk identifier: 0x000c7290

   Device Boot      Start         End      Blocks   Id  System
/dev/sda1    *        2048     2099199     1048576   83  Linux
/dev/sda2          2099200    41943039    19921920   8e  Linux LVM

Disk /dev/sdb: 21.5 GB, 21474836480 bytes, 41943040 sectors
Units = sectors of 1 * 512 = 512 bytes
Sector size ( logical/physical): 512 bytes / 512 bytes
I/O size ( minimum/optimal): 512 bytes / 512 bytes
Disk label type: dos
Disk identifier: 0x04636ed3

   Device Boot      Start         End      Blocks   Id  System
/dev/sdb1            2048    16779263     8388608   83  Linux
/dev/sdb2        16779264    41943039    12581888   83  Linux
```

图 2.23　系统分区情况

至此可以看到第二块硬盘上已经存在两个分区，分别为/dev/sdb1 和/dev/sdb2。

（4）创建文件系统

完成分区后，要在分区上创建文件系统，该分区才可以被使用。由于刚才创建了两个分区，因此要依次创建文件系统。

在第一个分区上创建 xfs 类型的文件系统，如图 2.24 所示。

```
[ root@localhost ~]# mkfs - t xfs /dev/sdb1
meta- data =/dev/sdb1              isize=512      agcount=4, agsize=524288 blks
         =                        sectsz=512     attr=2, projid32bit=1
         =                        crc=1          finobt=0, sparse=0
data     =                        bsize=4096     blocks=2097152, imaxpct=25
         =                        sunit=0        swidth=0 blks
naming   =version 2               bsize=4096     ascii- ci=0 ftype=1
log      =internal log            bsize=4096     blocks=2560, version=2
         =                        sectsz=512     sunit=0 blks, lazy- count=1
realtime =none                    extsz=4096     blocks=0, rtextents=0
```

图 2.24　在/dev/sdb1 上创建 xfs 文件系统

在通过 mkfs 创建文件系统的操作中，用户可以指明创建何种文件系统类型。如果不指定文件系统类型，mkfs 默认以 ext2 的文件系统类型格式化指定的分区。

在第二个分区上创建 xfs 类型的文件系统，如图 2.25 所示。

```
[ root@localhost ~]# mkfs - t xfs /dev/sdb2
meta- data =/dev/sdb2              isize=512      agcount=4, agsize=786368 blks
         =                        sectsz=512     attr=2, projid32bit=1
         =                        crc=1          finobt=0, sparse=0
data     =                        bsize=4096     blocks=3145472, imaxpct=25
         =                        sunit=0        swidth=0 blks
naming   =version 2               bsize=4096     ascii- ci=0 ftype=1
log      =internal log            bsize=4096     blocks=2560, version=2
         =                        sectsz=512     sunit=0 blks, lazy- count=1
realtime =none                    extsz=4096     blocks=0, rtextents=0
```

图 2.25　在/dev/sdb2 上创建 xfs 文件系统

（5）挂载使用

首先创建挂载点，命令如下：

```
#mkdir   /mnt/sdb1
#mkdir   /mnt/sdb2
```

创建两个挂载点，每个文件系统一个，然后挂载文件系统，命令如下：

```
#mount   /dev/sdb1   /mnt/sdb1
#mount   /dev/sdb2   /mnt/sdb2
```

完成挂载后，输入#mount 命令查看已经挂载的文件系统信息的最后两行，如图 2.26 所示。

```
/dev/sdb1 on /mnt/sdb1 type xfs (rw,relatime,seclabel,attr2,inode64,noquota)
/dev/sdb2 on /mnt/sdb2 type xfs (rw,relatime,seclabel,attr2,inode64,noquota)
```

图 2.26　已经挂载的文件系统信息

可见，两个新分区已经挂载成功，均是 xfs 文件系统类型。

使用 df 命令查看磁盘空间占用情况，如图 2.27 所示。

```
[root@localhost ~]# df
Filesystem          1K-blocks     Used  Available  Use% Mounted on
/dev/mapper/cl-root  17811456  3837920   13973536   22% /
devtmpfs               488280        0     488280    0% /dev
tmpfs                  504196      156     504040    1% /dev/shm
tmpfs                  504196     7236     496960    2% /run
tmpfs                  504196        0     504196    0% /sys/fs/cgroup
/dev/sda1             1038336   176824     861512   18% /boot
tmpfs                  100840       16     100824    1% /run/user/1000
/dev/sdb1             8378368    32944    8345424    1% /mnt/sdb1
/dev/sdb2            12571648    32944   12538704    1% /mnt/sdb2
```

图 2.27　查看磁盘空间占用情况

最后可以切换至新的硬盘下，执行应用操作，例如编辑文件 hello.c：

```
#cd   /mnt/sdb1
#vim   hello.c
```

这样在/mnt/sdb1 中的操作就是在新硬盘中的操作。至此，已经向系统中增加了一块新的硬盘，并且可以正常使用。

需要注意使用 mount 命令挂载的文件会随着系统重启或关机而失效，自动挂载内容参见 2.5.2 节。

2.5　知 识 扩 展

2.5.1　命令行下提高工作效率的方法

通常，在执行一个命令时，需要在命令提示符下完整地输入该命令。在命令或者操作对象名字很复杂的情况下，输入操作会占用大量的时间并且容易出错。Linux 系统提供了几种既可以简化操作，又可以使操作的准确度提高的方法，从而提高工作效率，节省时间。

1. Linux 下 Shell 命令补全功能

命令补全是指在当前目录下，当用户在命令行输入的字符足以确定操作目录下的一个唯一文件时，只需要按 Tab 键，Shell 就会自动实现命令的补全操作，把命令的剩余部分自动补齐。

例如，当前目录下的文件如图 2.28 所示。

```
err    hello         hello.java   j2sdk-1_4_2_04-Linux-i586-rpm.bin  list
file   hello.class   hello.sh     jakarta                            passwd
```

图 2.28　当前目录下的文件

如果想查看文件 list 的内容，可以输入完整命令：

```
#more   list
```

也可使用命令自动补全功能，因为 list 是当前目录中唯一以字母 l 开头的文件，Shell 在用户输入 l 后就能判断用户要操作哪个文件：

```
#more   l
```

在输入 l 后，唯一的可能就是 list 文件。想让 Shell 自动补全，按 Tab 键。

```
#more   l<tab>
```

当按 Tab 键时，Shell 将帮助补全命令并显示在屏幕上。但命令的执行需要按回车键来实现，在命令执行前，Shell 会让用户确认自动补全的命令是否正确。

同样情况，执行程序 j2sdk-1_4_2_04-Linux-i586-rpm.bin，只需要输入：

```
$./j2<tab>
```

用户输入命令时，不论何种情况下按 Tab 键，Shell 都会尽力去补全命令，如果不成功，Shell 会发出提示声，提示用户需要输入更多的信息，再按 Tab 键重新实现命令的补全。上例中，执行命令时，当前目录下 j 开头的文件多于一个，所以只输入 j<tab>，Shell 会提示输入更多信息，如图 2.29 所示。

```
[root@localhost test]# ./ j
j2sdk-1_4_2_04-Linux-i586-rpm.bin   jakarta
```

图 2.29   按 Tab 键的执行结果

输入 j2<tab>即可完整补全命令并执行。

2．命令别名 alias

命令别名通常情况下是其他一系列长命令的缩写，用来减少用户的输入。同时通过命令别名，用户可以为命令取一个适合自己的且习惯使用的名字。

命令格式：

```
alias alias_name='original_command'
```

alias_name 是用户给命令取的别名，original_command 是原始命令。

说明：

① 在定义别名的语法中，注意"="左右两边不允许留空格。

② 原始命令包含在''（单引号）中。

③ 在 Linux 系统中，命令行定义的别名只在当前 Shell 下生效，在用户下次登录时就会失效。因此，如果想长久使用别名，需要用户在其主目录下的.bashrc 文件中添加相关别名的定义。

如果用户在命令行输入 alias 而不带任何参数，则会显示系统当前所有已经定义的别名信息，包括每个命令的原始命令含义，执行结果如图 2.30 所示。

```
[root@localhost ~]# alias
alias cp='cp - i'
alias egrep='egrep - - color=auto'
alias fgrep='fgrep - - color=auto'
alias grep='grep - - color=auto'
alias l.='ls - d .* - - color=auto'
alias ll='ls - l - - color=auto'
alias ls='ls - - color=auto'
alias mv='mv - i'
alias rm='rm - i'
alias which='alias | /usr/bin/which - - tty- only - - read- alias - - show- dot - - show- ti
lde'
```

图 2.30   alias 命令的执行结果

如果用户习惯了 DOS 下的命令，可以定义下列命令别名，使用户可以像在 DOS 下一样使用 Linux 下的资源，并进行相应的操作。

```
#alias    dir='ls'
#alias    md='mkdir'
#alias    rd='rmdir'
#alias    type='cat'
```

别名定义完成以后，就可以直接使用了。

在定义别名时需要注意：如果定义的别名在原来系统中已经有该命令，则定义完成的功能会优先于原来系统的本意执行，类似于局部变量的定义覆盖全局变量的值。在这种情况下，需要执行系统本身关于该命令的本意时，需要加转义字符"\"。

例如，系统中原始命令"ls"显示目录下的内容。如果自己定义别名如下：

```
alias    ls='more /etc/inittab'
```

定义完成以后，当输入 ls 命令时，系统会执行命令：more /etc/inittab，而不是显示当前目录下的内容。如果希望系统按 ls 命令原有的含义执行该命令，则应在命令行进行如下操作：

```
#\ls
```

系统会显示当前目录下的内容。

当用户要取消关于别名的定义时，使用 unalias 命令。

命令格式：

```
#unalias    alias_name
```

alias_name 是用户用 alias 命令定义的别名。例如，可以通过下面的语句取消别名 dir 的定义：

```
#unalias    dir
```

3. 命令历史 history

```
[root@localhost ~]# history
    1  service httpd restart
    2  cd /etc
    3  cd httpd
    4  cd conf
    5  less http
    6  less http*
    7  less httpd.conf
    8  cd /mnt
    9  ld
   10  ls
   11  cd ..
   12  cd media/
   13  ls
   14  cd RHEL_5.5\ i386\ DVD/
   15  ls
   16  cd Server/
   17  ls
   18  rpm -q  httpd
   19  ls
   20  cd red5/
   21  ls
```

图 2.31 history 命令的执行结果

Shell 自身可以记录一定数目的、以前在 Shell 中执行过的命令。Shell 能够记录的 Shell 命令的个数由环境变量 HISTSIZE 的值所指定，该变量在配置文件 /etc/profile 中定义，默认值为 1000。记录这些执行过的历史命令的文本文件是由环境变量 HISTFILE 指定的，默认情况下都是用户自己 home 目录下的系统文件.bash_history。

Shell 将历史命令记录以后，用户能够通过以下两种方式使用这些命令：

① 使用上、下方向键（↑、↓）、PgUp 键、PgDn 键来查询执行；

② 使用 history 命令显示历史命令，通过命令行的操作!<命令编号>，能够重新执行历史命令。

history 命令执行结果如图 2.31 所示。

切换至/mnt 目录的命令，只需在命令行输入：

```
#!8
```

就可以成功快速执行，而无须翻屏查找命令。

2.5.2　文件系统的自动挂载

通过 mount 命令手动挂载的文件系统，在系统关机时会被自动卸载，在下次系统启动以后，该文件系统不能被自动挂载。如果需要文件系统被自动挂载，则在系统配置文件/etc/fstab 中添加对该文件系统的挂载信息。

/etc/fstab 是系统自动挂载的配置文件。该文件记录了在系统启动的过程中需要自动挂载的文件系统、挂载点、文件系统类型、挂载权限等，如图 2.32 所示。

```
#
# /etc/fstab
# Created by anaconda on Wed May 31 17:59:59 2017
#
# Accessible filesystems, by reference, are maintained under '/dev/disk'
# See man pages fstab(5), findfs(8), mount(8) and/or blkid(8) for more info
#
/dev/mapper/cl-root              /              xfs      defaults        0 0
UUID=79b342aa-b699-46b3-bfc1-4c632844f955 /boot              xfs      defaults        0 0
/dev/mapper/cl-swap      swap            swap      defaults        0 0
```

图 2.32　/etc/fstab 文件内容

文件中每一列的含义分别按顺序说明如下：

① 要挂载的设备，一般情况下是设备文件，如图 2.32 中的/dev/mapper/cl-root。

② 挂载点，见图 2.32 中的"/"。

③ 挂载的文件系统类型，如 xfs、swap。

④ 文件系统的参数（见表 2.24），如图 2.32 中的"defaults"。

表 2.24　文件系统的参数

参　　数	说　　明
async/sync	设置是否为同步运行，默认为 async（异步）
auto/noauto	当执行 mount -a 命令时，此文件系统是否被自动挂载。默认为 auto（自动）
rw/ro	是否以只读（ro）或者读/写（rw）模式挂载
exec/noexec	此文件系统是否能够进行"执行"操作
user/nouser	是否允许用户使用 mount 命令挂载
suid/nosuid	是否允许 suid 的存在
usrquota	启动文件系统支持磁盘配额模式
grpguota	启动文件系统支持群组磁盘配额模式
defaults	同时具有 rw、suid、exec、auto、nouser、async 等默认参数的设置

⑤ 使用 dump 命令备份文件系统的频率。如果该值为 0 或者空白，表明该文件系统不需要备份；如果该值为 1，代表要每天进行 dump 备份；如果该值为 2，表示不定期进行 dump 备份。

⑥ 系统开机时 fsck 命令会对文件系统进行检查，最后一位的数值规定了检查的优先顺序。挂载到/分区的文件系统，该位为 1；其他文件系统该位为 2；0 表明不需要对该文件系统进行检查。

如果需要在系统启动时自动挂载某个文件系统，则可以在/etc/fstab 中进行相应的设置。例如，将 2.4 节中新添加的硬盘配置成开机自动挂载，则需要在文件/etc/fstab 中添加如图 2.33 所示最后两行内容。

这样，在系统启动以后，会自动把新硬盘上的两个分区分别按正确的文件系统类型挂载到/mnt/sdb1 和/mnt/sdb2 目录下，进入系统后直接在挂载点下使用新硬盘即可。

```
#
# /etc/fstab
# Created by anaconda on Wed May 31 17: 59: 59 2017
#
# Accessible filesystems, by reference, are maintained under '/dev/disk'
# See man pages fstab( 5), findfs( 8), mount( 8) and/or blkid( 8) for more info
#
/dev/mapper/cl- root        /                       xfs       defaults        0 0
UUID=79b342aa- b699- 46b3- bfc1- 4c632844f955 /boot                 xfs         defaults        0 0
/dev/mapper/cl- swap        swap                    swap      defaults        0 0
/dev/sdb1                   /mnt/sdb1               auto      defaults        0 0
/dev/sdb2                   /mnt/sdb2               auto      defaults        0 0
```

图 2.33 添加内容后的/etc/fstab 文件

本 章 小 结

本章通过 4 个项目将 Linux 文件系统的管理分为 Linux 文件操作、vim 编辑器的使用、U 盘的使用、系统硬盘扩展 4 部分进行介绍。

Linux 文件操作介绍了文件系统的概念、类型和树形目录结构及文件管理命令，涉及的命令包括 mkdir、pwd、cd、touch、cp、mv、rm、rmdir、find、man、info。

vim 编辑器的使用介绍了 vim 编辑器的 3 种模式和具体操作方法。此外，介绍了与查看文件内容相关的 more、less、cat、head、tail 命令，以及管道命令和重定向命令。

通过对 U 盘的使用介绍与挂载相关的内容，包括挂载点的概念、挂载命令 mount、卸载命令 umount。

系统硬盘扩展详细介绍了在系统中添加硬盘的方法。

在知识扩展部分介绍了 Shell 命令补全功能、命令别名 alias、命令历史 history、文件系统的自动挂载等内容。

习 题 2

1. 选择题

（1）以下说法正确的是（   ）。

A．Linux 命令是不区分大小写的　　　　　B．Linux 系统的文件系统类型是 NTFS

C．Linux 内核代码是开源的　　　　　　　D．Linux 系统有多个根目录

（2）以下文件中表示 Linux 隐藏文件的是（   ）。

A．test　　　　　　B．/tmp/book　　　　C．.filebrc　　　　D．/mylog

（3）Linux 系统的根目录是（   ）

A．C:\　　　　　　B．/　　　　　　　　C．/home　　　　　D．root

（4）退出 less 命令使用（   ）参数。

A．a　　　　　　　B．q　　　　　　　　C．i　　　　　　　D．o

（5）在 Linux 系统中，系统默认的（   ）用户对整个系统拥有完全的控制权。

A．root　　　　　　B．guest　　　　　　C．administrator　　D．supervisor

（6）Linux 利用交换分区空间来提供虚拟内存，交换分区的文件系统类型是（   ）。

A．ext2　　　　　　B．ext3　　　　　　C．swap　　　　　　D．FAT

（7）CentOS Linux 7 系统的文件系统类型是（   ）。

A．swap　　　　　　B．ext3　　　　　　C．FAT32　　　　　D．xfs

（8）以下 Linux 内核版本属于稳定版本的是（   ）。

A. 2.4.2   B. 2.5.30   C. 2.5.27   D. 2.5.33

（9）以下命令中与 ls   -la 功能相同的是（   ）。

A. ls -a   B. ll -a   C. ls -Fa   D. ls -F

（10）在系统任何路径下显示/home 目录下的内容，含隐藏文件的命令是（   ）。

A. ls -a /home   B. ls /home   C. ls home   D. ls -a home

（11）使用 mkdir 命令创建目录树时，应使用的参数是（   ）。

A. -p   B. -r   C. -d   D. -f

（12）在 root 用户主目录中创建 web 目录的命令是（   ）。

A. mkdir /web   B. mkdir /root/web   C. mkdir root/web   D. mkdir /home/web

（13）在 Linux 中，root 用户执行 cd 命令后，其当前目录为（   ）。

A. /root   B. home   C. /   D. /home/root

（14）root 用户目前位于系统的/tmp 目录下，执行 cd..命令后，位于系统的位置是（   ）。

A. /root   B. /home   C. /   D. /home/root

（15）系统管理员 root 的主目录位于（   ）。

A. /   B. /home/root   C. /root   D. /home

（16）创建目录 myhome 的命令是（   ）。

A. mkdir myhome   B. touch myhome   C. less myhome   D. useradd myhome

（17）创建普通文件 file 的命令是（   ）。

A. touch file   B. mkdir file   C. less file   D. useradd file

（18）执行 pwd 命令后，不可能的执行结果是（   ）。

A. /root   B. /   C. home   D. /tmp

（19）删除普通文件 file 的命令是（   ）。

A. rm file   B. mkdel file   C. less file   D. userdel file

（20）若要删除/usr/jobtest 目录及其下的子目录和文件，以下操作正确的是（   ）。

A. rm -I /usr/jobtest   B. rm /usr/jobtest

C. rm -r /usr/jobtest   D. rm -f /usr/jobtest

（21）在对目录进行复制、删除操作时，应在命令中使用参数（   ）。

A. -i   B. -f   C. -b   D. -r

（22）以下命令中，用来分页查看文本文件内容的命令是（   ）。

A. head   B. cat   C. tail   D. less

（23）以下命令中，用来查看文本文件前 n 行内容的命令是（   ）。

A. more   B. head   C. tail   D. less

（24）将/bin 目录下所有文件的文件名和目录名信息写入文件 bin.ls 中，正确的命令是（   ）。

A. ls / > bin.ls   B. ls /bin > bin.ls   C. ls bin > bin.ls   D. ls /bin < bin.ls

（25）下面哪个 fdisk 的子命令用于列出硬盘分区表？（   ）

A. l   B. p   C. t   D. m

（26）一般来说，使用 fdisk 命令的最后一步是使用（   ）子命令将改动写入硬盘的当前分区表中。

A. p   B. r   C. x   D. w

（27）一般情况下，系统启动过程自动加载的文件系统信息存放在（   ）文件中。

A. /usr/sbin/cfdisk   B. /sbin/fdisk   C. /etc/mtab   D. /etc/fstab

（28）下列分区表中的/dev/sdb2 的类型是（   ）。

设备 Boot	Start	End	Blocks	Id	System
/dev/sdb1	2048	10487807	5242880	83	Linux
/dev/sdb2	10487808	41943039	15727616	5	Extended
/dev/sdb5	10489856	41943039	15727616	83	Linux

A．主分区   B．扩展分区   C．逻辑分区   D．逻辑卷

2．简答题

（1）简述 CentOS Linux 7 的目录结构及常用目录。

（2）Linux 系统命令、命令参数及命令对象之间，普遍应该使用什么来间隔？

（3）若想查看的文件具有较长的内容，那么使用 cat、more、less、head、tail 中的哪个命令最合适？

（4）vim 编辑器有哪几种工作模式？请描述出这几种工作模式之间是如何进行转换的，可以画图表示。

（5）简述/etc/fstab 文件各字段的含义。

（6）请写出挂载和卸载 U 盘的步骤及相关命令。

上机实践 2

1．创建如图 2.34 所示的目录结构。

2．将工作目录更改为/boot/grub，并使用 pwd 命令查看当前所处位置。

3．在当前目录中创建两个空文件，文件名分别为 file1、file2，然后使用长格式查看创建的两个文件。

4．在/home 目录下创建 user 目录，并在该目录下创建文件 test1、test2，并将 test2 复制到/home/share/test 目录下，然后删除 home/user 下的 test2 文件。

5．找出/var/log 目录下所有后缀是.log 的文件。

6．创建文本文件 test，输入内容 "I Love Linux！" 并保存，然后将文件中的内容标准输出。

7．使用 cat 命令创建 catfile 文件，文件内容为 Hello。

8．使用 echo 命令和输出重定向命令创建文本文件/root/testf，内容是 Hello，然后使用追加重定向命令输入内容 Linux。

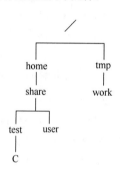

图 2.34　目录结构

9．使用管道命令分页显示/var 目录下的内容。

10．显示公元 2018 年 8 月的月历。

11．将当前计算机时间设置为 2018 年 8 月 6 日。

12．显示/etc/named.conf 文件的文件类型。

13．显示/root 目录的磁盘占用量。

14．将 "cat/etc/named.conf" 设置为别名 name，然后取消别名。

15．请完成以下操作过程：

（1）在虚拟机环境中，新添加一块 40GB 的硬盘，然后为该硬盘创建两个主分区，第一个分区的容量是 15GB。

（2）对第一个分区创建文件系统为 xfs，并将其以只读的方式挂载到/mnt/kwork 目录中。

（3）修改/etc/fstab 文件，使得第一个分区开机自动挂载到/mnt/kwork 目录中。

（4）重新启动 Linux 系统，测试分区是否成功。

16．某用户在使用 Linux 系统时发现硬盘空间资源不足，计划增加一块硬盘，且文件系统要设置为 ext4，请写出硬盘扩充的操作步骤。

第3章 用户与用户组

用户与用户组的管理是 Linux 系统最基本、最常用的管理内容之一，是管理员通过管理用户而保证系统安全的有效方法。本章将介绍用户、用户组的相关内容，主要包括以下知识点：

● 与用户管理相关的系统文件（难点）;

● 用户管理命令（重点）;

● 用户组管理命令（重点）。

3.1 项目一：Linux 用户管理

【项目描述】

随着 W 公司规模的不断扩大，W 公司重新调整了公司的组织架构，因此需要针对新的组织架构调整 Linux 系统的账号。经过调研，目前设计部、研发部及市场部需要 Linux 账号，具体需求如下：

（1）设计部是新成立的部门，需要新建两个账号。

（2）研发部原有两个账号 rdd001 和 rdd002，但是为了账号命名的统一性以便于公司管理，需要对原账号重命名。

（3）市场部原有一个账号 mar001，做删除处理，同时创建一个新账号。

【项目分析】

为了便于账号管理，设置账号命名规则为：wXXXSS，其中 w 表示 W 公司，XXX 表示部门缩写，SS 表示流水号。初始密码均设置为 123456。账号创建完成后，管理员又查看了存储用户信息的系统配置文件/etc/passwd，用来核对账号信息。

本项目需要运用与用户相关的知识，包括用户账号的创建、修改、删除及账户密码设置，相关知识点见表 3.1。

表 3.1 相关知识点

序号	知识点	详见章节
1	对用户概念的理解	3.1.1 节
2	创建用户的命令	3.1.3 节
3	为用户设置密码	3.1.3 节
4	修改用户属性的命令	3.1.3 节
5	删除用户的命令	3.1.3 节
6	对用户配置文件的理解	3.1.2 节

【操作过程】

```
#useradd   wdes01              //为设计部创建用户账号
#passwd    wdes01              //设置密码 123456
#useradd   wdes02
#passwd    wdes02
```

```
#usermod   -l   wres01   rdd001                //为研发部修改用户名
#usermod   -l   wres02   rdd002
#useradd   wmar01                              //为市场部创建用户账号
#passwd   wmar01
#userdel   -r   mar001                         //删除市场部原用户及用户主目录
#less   /etc/passwd                            //查看并核对/etc/passwd 文件内容
```

3.1.1 Linux 系统的用户

Linux 是一个多用户、多任务的操作系统。多用户、多任务指可以在系统上建立多个用户，而多个用户可以在同一时间内登录同一个系统且执行各自不同的任务而互不影响。例如，某台 Linux 服务器上有 4 个用户，分别是 root、www、ftp 和 mysql。在同一时间内，root 用户在查看系统日志、管理维护系统，www 用户在修改自己的网页程序，ftp 用户在上传软件到服务器，mysql 用户在执行自己的 SQL 查询。每个用户互不干扰，有条不紊地进行自己的工作，而每个用户之间不能越权访问，比如，www 用户不能执行 mysql 用户的 SQL 查询操作，ftp 用户也不能修改 www 用户的网页程序。因此可知，不同用户具有不同的权限，每个用户是在权限允许的范围内完成不同的任务。同理，系统的进程也需要以某个用户的身份来运行。简单地说，Linux 系统通过用户权限来限制使用者或者进程可以使用或者不可以使用哪些资源，通过这种权限的划分与管理，实现了多用户、多任务的运行机制。

Linux 用户是根据角色定义的，具体分为 3 种角色。

超级用户：拥有对系统的最高管理权限，默认是 root 用户。

普通用户：只能对自己目录下的文件进行访问和修改，具有登录系统的权限，例如上面提到的 www 用户、ftp 用户等。

虚拟用户：也叫"伪"用户，这类用户最大的特点是不能登录系统，它们的存在主要是为了方便系统管理，满足相应的系统进程对文件所有者的要求。例如，系统默认的 bin、adm、nobody 用户等，一般运行的 Web 服务默认就是使用的 nobody 用户，但是 nobody 用户是不能登录系统的。

3.1.2 与用户管理相关的系统文件

在 Linux 系统中，有很多存放用户信息的文件，其中有两个非常重要的文件：一个是管理用户 UID 等重要信息的/etc/passwd 文件；另一个是专门管理密码相关数据的/etc/shadow 文件。

1. 用户信息配置文件/etc/passwd

在 Linux 系统中，用户信息被存放在系统的/etc/passwd 文件中，系统的每一个合法用户对应于该文件中的一行记录，这行记录定义了该用户的属性。由于所有用户对/etc/passwd 文件均有读取权限，因此密码信息并未保存在该文件中，而是保存在/etc/shadow 文件中。

在/etc/passwd 文件中，每行均由 7 个字段构成，各个字段之间用 ":" 分隔，每个字段代表该用户某方面的信息，如图 3.1 所示。

在/etc/passwd 文件中，从左到右各个字段的含义如下。

用户名：用户登录系统时使用的用户账号名，在系统中是唯一的。

密码：存放加密的密码。密码是 x，这表明用户的密码是被/etc/shadow 文件保护的。

用户标识号（UID）：系统内部用它来标识用户，每个用户的 UID 都是唯一的。root 用户的 UID 是 0，普通用户的 UID 默认值为 1000～60000。由操作系统创建的系统用户的 UID 为 0～200，由用户创建的系统用户的 UID 为 201～999。

```
root:x:0:0:root:/root:/bin/bash
bin:x:1:1:bin:/bin:/sbin/nologin
daemon:x:2:2:daemon:/sbin:/sbin/nologin
adm:x:3:4:adm:/var/adm:/sbin/nologin
lp:x:4:7:lp:/var/spool/lpd:/sbin/nologin
sync:x:5:0:sync:/sbin:/bin/sync
shutdown:x:6:0:shutdown:/sbin:/sbin/shutdown
halt:x:7:0:halt:/sbin:/sbin/halt
mail:x:8:12:mail:/var/spool/mail:/sbin/nologin
operator:x:11:0:operator:/root:/sbin/nologin
games:x:12:100:games:/usr/games:/sbin/nologin
ftp:x:14:50:FTP User:/var/ftp:/sbin/nologin
nobody:x:99:99:Nobody:/:/sbin/nologin
```

图 3.1 /etc/passwd 文件的内容

用户组标识号（GID）：系统内部用它来标识用户所属的组，如果用户属于多个组，则这里的 GID 是主组 GID。普通用户组的 GID 默认值为 1000～60000，由操作系统创建的系统用户组的 GID 为 0～200，由用户创建的系统用户组的 GID 为 201～999。

注释性描述：为了方便管理和记忆该用户而添加的信息，如存放用户全名等信息。

用户主目录：也称家目录，用户登录系统后所进入的目录。

命令解释器：指示该用户使用的 Shell，CentOS Linux 7 默认的是 bash。如果指定 Shell 为 /sbin/nologin，则代表该用户是虚拟用户，将无法登录系统。

2．用户密码配置文件/etc/shadow

为了加强系统安全性，Linux 系统提供了专门的密码管理文件。几乎所有的 Linux 系统都对密码进行加密，密码保存在/etc/shadow 文件中。该文件对一般用户不可读，只有 root 用户才能够读取。在/etc/shadow 文件中，一行对应一个用户的密码信息，每行均由 9 个字段构成，各个字段之间用 "：" 分隔，如图 3.2 所示。

```
root:$6$sL7ki80tlSJ6kijw$qow1CwkKiRpZBVDSThurgPxm.IDMk5wGqAmZfxFG.09faFZRLVOg/Ig
uoWV3L/lcl1M9zWaGRI.lBhdiBXs2w1::0:99999:7:::
bin:*:17110:0:99999:7:::
daemon:*:17110:0:99999:7:::
adm:*:17110:0:99999:7:::
lp:*:17110:0:99999:7:::
sync:*:17110:0:99999:7:::
shutdown:*:17110:0:99999:7:::
halt:*:17110:0:99999:7:::
mail:*:17110:0:99999:7:::
operator:*:17110:0:99999:7:::
games:*:17110:0:99999:7:::
ftp:*:17110:0:99999:7:::
nobody:*:17110:0:99999:7:::
```

图 3.2 /etc/shadow 文件的内容

在/etc/shadow 文件中，从左到右各个字段的含义如下。

用户名：用户账号名。

密码：用户的加密密码。

最后一次修改的时间：从 1970 年 1 月 1 日起，到用户最后一次更改密码的天数。

最小时间间隔：从 1970 年 1 月 1 日起，到用户可以更改密码的天数（0 表示随时可以变更）。

最大时间间隔：从 1970 年 1 月 1 日起，到必须更改密码的天数，否则密码将过期（99999 表示永远不过期）。

警告时间：在密码过期之前多少天提醒用户更新，默认值是 7 天。

不活动时间：在用户密码过期之后到禁用账号的天数。

失效时间：从 1970 年 1 月 1 日起，到账号被禁用的天数。

标志：保留位。

3.1.3 用户管理命令

在用户管理中，主要包括对用户的创建、用户信息的修改、用户密码的创建及用户删除。

1. 用 useradd 命令创建用户

在 Linux 系统中，创建或添加新用户要用 useradd 命令来实现。

命令格式：

```
useradd  [选项]  用户名
```

useradd 命令支持的选项很多，其常用选项及功能说明见表 3.2。

表 3.2 useradd 命令的常用选项及功能说明

选项	功能说明
-d	指定用户主目录
-g	指定用户组
-m	若主目录不存在，则创建主目录
-M	不创建主目录
-s	指定登录时使用的 Shell 类型，默认为/bin/bash
-c	设置对该账号的注释说明文字
-r	创建系统账号（用户的 UID 小于 1000，从 999 起按照递减的顺序创建），默认不创建对应的主目录
-u	手工指定新用户的 UID，该值必须唯一，且大于 999

【例 3.1】创建用户 tom。

```
#useradd  tom
```

使用 useradd 命令创建用户 tom，由于没有为 tom 指定用户组和主目录，因此系统会创建同名用户组 tom 作为 tom 用户的用户组，同时在/home 目录下创建同名 tom 目录作为 tom 的主目录，并且在/var/spool/mail 和/var/mail 下创建与 tom 同名的文件，作为 tom 用户的邮件日志文件和备份，如图 3.3 所示。其中，groups 命令可以用来查看用户的所属用户组，id 命令用来查看用户的 UID 和 GID。

```
[root@localhost ~]# useradd  tom
[root@localhost ~]# ls  /home
tom
[root@localhost ~]# groups  tom
tom : tom
[root@localhost ~]# tail  -1  /etc/passwd
tom:x:1006:1006::/home/tom:/bin/bash
[root@localhost ~]# ls  /var/mail
root  rpc  tom
[root@localhost ~]# ls  /var/spool/mail
root  rpc  tom
[root@localhost ~]# id  tom
uid=1006(tom) gid=1006(tom) groups=1006(tom)
```

图 3.3 tom 用户默认用户组和主目录的验证

【例 3.2】创建一个名为 zhangqi 的用户，设置主目录为：/var/zhangqi，作为 root 组的成员，加注释：101school，指定用户 Shell 为：/bin/sh。

```
#useradd -d /var/zhangqi -g root -c 101school -s /bin/sh zhangqi
```

创建完成后，可以查看/etc/passwd 文件的最后一行，如图 3.4 所示。

```
[root@localhost ~]# useradd -d /var/zhangqi -g root -c 101school -s /bin/
sh zhangqi
[root@localhost ~]# tail -1 /etc/passwd
zhangqi:x:1007:0:101school:/var/zhangqi:/bin/sh
```

图 3.4　创建 zhangqi 用户及/etc/passwd 文件的最后一行

可以看到在/etc/passwd 文件中追加了一行新用户 zhangqi 的信息，由此可见/etc/passwd 文件的各个字段与 useradd 命令各参数的关系。

2．用 usermod 命令修改用户属性

对于已经创建好的用户，可以使用 usermod 命令来修改和设置账号的各项属性，包括用户名、用户主目录、用户所属组、使用 Shell 类型等。

命令格式：

```
usermod  选项  用户名
```

usermod 命令支持很多的选项，以实现对账号属性更详细的控制，其常用选项及功能说明见表 3.3。

表 3.3　usermod 命令的常用选项及功能说明

选项	功能说明
-l	修改用户名
-c	修改用户描述信息
-d	修改用户主目录
-L	锁定账号，临时禁止用户登录
-U	对账号解锁
-g	修改用户所属的主组
-G	修改用户所属的附属组
-s	修改用户登录后使用的 Shell 类型
-u	修改用户的 UID
-e	修改用户有效期
-f	修改用户密码在多少天后过期

【例 3.3】修改用户 zhangqi 为 zhangqiming。

```
#usermod -l zhangqiming zhangqi
```

注意：原用户名和新用户名的顺序。

【例 3.4】修改 zhangqiming 的主目录为 /var/zhangqiming。

```
#usermod -d /var/zhangqiming zhangqiming
```

注意：如果新的主目录不存在，则需要先创建该主目录。

【例 3.5】修改 zhangqiming 的注释信息为 neusoft。

```
#usermod -c neusoft zhangqiming
```

操作完成后，查看/etc/passwd 文件中 zhangqiming 用户的信息，如图 3.5 所示，可以发现 usermod 命令间接修改了/etc/passwd 文件。

```
[root@localhost ~]# tail -1 /etc/passwd
zhangqiming:x:1007:0:neusoft:/var/zhangqiming:/bin/sh
```

图 3.5　zhangqiming 用户修改后/etc/passwd 文件的变化

【例 3.6】为 zhangqiming 设置附属组。

```
#groupadd group1                          //创建用户组 group1，groupadd 命令在 3.2.3 节具体介绍
#groupadd group2
#usermod -G group1 zhangqiming             //为 zhangqiming 设置附属组 group1
#grep  group1  /etc/group                  //验证设置是否成功
group1:x:1007:zhangqiming
#usermod -G group2 zhangqiming             //为 zhangqiming 设置附属组 group2
#grep  group2  /etc/group                  //验证设置是否成功
group2:x:1008:zhangqiming
#grep  group1  /etc/group
group1:x:1007:                             //group1 中的 zhangqiming 用户被移除了
```

通过例 3.6 可以看出，虽然使用 usermod 命令成功将 zhangqiming 用户加入 group2 中，但 zhangqiming 原本在 group1 中，此时却被移除。如果希望用户不被移除，可以使用 gpasswd 命

令，参见 3.2.3 节。

3. 用 userdel 命令删除用户

在 Linux 系统中，可以在 userdel 命令后直接加用户名，删除指定的用户。若使用选项-r，则在删除该用户的同时将该用户对应的主目录一起删除。

命令格式：

```
userdel   [-r]   用户名
```

【例 3.7】删除 zhangqiming 用户及其主目录。

```
#userdel   -r   zhangqiming
```

删除 zhangqiming 用户后，查看/etc/passwd 文件，发现该文件中已经不存在 zhangqiming 用户的信息，同时该用户的主目录也一并被删除了。

4. 用 passwd 命令管理用户登录密码

在 Linux 系统中，用户必须设置密码之后才能登录系统。设置用户登录密码时，使用 passwd 命令直接加用户名。只有 root 用户才有权设置指定用户的密码，普通用户只能设置或修改自己的密码。直接执行 passwd 命令不加用户名，可以设置当前用户的密码。

命令格式：

```
passwd   [选项]   [用户名]
```

表 3.4   passwd 命令的常用选项及功能说明

选项	功能说明
-l	锁定用户密码
-u	解锁用户密码
-S	查询用户密码状态
-d	删除用户密码

passwd 命令除了可以设置用户的密码，还可以管理用户的密码，其常用选项及功能说明见表 3.4。

【例 3.8】root 管理员创建 bob 用户，并为其设置密码为"123456"，而后查看/etc/shadow 文件中 bob 用户的密码。再将 bob 的密码锁定，使 bob 无法登录系统，查看/etc/shadow 文件的变化。再解锁 bob 的密码，恢复 bob 对系统的访问权限，再次查看/etc/shadow 文件的变化。操作过程如图 3.6 所示。

```
[root@localhost ~]# useradd  bob
[root@localhost ~]# passwd  bob
Changing password for user bob.
New password:
BAD PASSWORD: The password is shorter than 8 characters
Retype new password:
passwd: all authentication tokens updated successfully.
[root@localhost ~]# tail  -1  /etc/shadow
bob:$6$T8uObz9T$Pgpg3QOHK.GxohtOTBcHFlllfNMgEkJ3oWtpweyiuV2zrHNtcdXtWihyBaEX5B.Z
Giqzmy3Q2D4/5tRATIPvIO:17499:0:99999:7:::
[root@localhost ~]# passwd  -l  bob
Locking password for user bob.
passwd: Success
[root@localhost ~]# tail  -1  /etc/shadow
bob:!!$6$T8uObz9T$Pgpg3QOHK.GxohtOTBcHFlllfNMgEkJ3oWtpweyiuV2zrHNtcdXtWihyBaEX5B
.ZGiqzmy3Q2D4/5tRATIPvIO:17499:0:99999:7:::
[root@localhost ~]# passwd  -u  bob
Unlocking password for user bob.
passwd: Success
[root@localhost ~]# tail  -1  /etc/shadow
bob:$6$T8uObz9T$Pgpg3QOHK.GxohtOTBcHFlllfNMgEkJ3oWtpweyiuV2zrHNtcdXtWihyBaEX5B.Z
Giqzmy3Q2D4/5tRATIPvIO:17499:0:99999:7:::
```

图 3.6   例 3.8 的操作过程

使用选项-l 对用户密码进行锁定，将导致该用户无法登录系统。只有 root 用户才有权限对用户密码进行管理。通过例 3.8 可以看出，锁定用户的密码只是在/etc/shadow 文件中该用户密码前加"!!"，而解锁也只是将"!!"去掉即可。

【例 3.9】查询 bob 用户的密码状态，加锁后再查询 bob 用户的密码状态。

操作过程如图 3.7 所示。

```
[root@localhost ~]# passwd -S bob
bob PS 2017-11-29 0 99999 7 -1 (Password set, SHA512 crypt.)
[root@localhost ~]# passwd -l bob
Locking password for user bob.
passwd: Success
[root@localhost ~]# passwd -S bob
bob LK 2017-11-29 0 99999 7 -1 (Password locked.)
```

图 3.7 例 3.9 的操作过程

若用户密码的当前状态是解锁状态，则结果是"Password set,SHA512 crypt."。其中，"SHA512 crypt."指的是密码加密方式。若用户密码被锁定，则查询用户密码状态的结果是"Password locked."。

3.2 项目二：用户组的管理

【项目描述】

W 公司调整 Linux 系统的账号后，为了方便同部门用户账号的权限管理，需要为同一部门的用户设置相同的用户组。

【项目分析】

管理员根据统一命名规则为各部门创建用户组，然后将其设置为同一部门用户的用户组。在此过程中，管理员查看了相关的用户组配置文件以验证操作的效果。

本项目需要运用与用户组相关的知识，包括用户组的创建、用户组的修改及用户组相关配置文件的理解，相关知识点见表 3.5。

表 3.5 相关知识点

序号	知识点	详见章节
1	对用户组概念的理解	3.2.1 节
2	创建用户组的命令	3.2.3 节
3	用户组的修改	3.1.3 节
4	对用户组配置文件的理解	3.2.2 节

【操作过程】

```
#groupadd    wdesg                   //为设计部创建用户组账号
#usermod  -g  wdesg  wdes01          //将用户 wdes01 的用户组修改为 wdesg
#usermod  -g  wdesg  wdes02
#groupadd    wresg                   //为研发部创建用户组账号
#usermod  -g  wresg  wres01          //将用户 wres01 的用户组修改为 wresg
#usermod  -g  wresg  wres02
#tail  -2  /etc/group                //查看并核对/etc/group 文件内容
#less   /etc/passwd                  //查看并核对/etc/passwd 文件内容
```

3.2.1 Linux 系统的用户组

1. 用户组的作用

在系统管理时，有时需要让多个用户具有相同的权限，比如查看、修改某个文件的权限。

一种方法是分别对多个用户进行文件访问授权，如果有 10 个用户，就需要授权 10 次，显然这种方法不太合理；另一种方法是建立一个组，让这个组具有查看、修改此文件的权限，然后将所有需要访问此文件的用户放入这个组中，那么所有用户就具有了和组一样的权限，这就是用户组。将用户分组是 Linux 系统对用户进行管理及控制访问权限的一种手段，在一定程度上保证了对系统访问的安全性。通过定义用户组，在很大程度上简化了管理工作。

2．Linux 系统的用户组分类

在使用 useradd 命令创建用户时，系统除创建该用户外，默认情况下还会创建一个同名的用户组，作为该用户的用户组（所属组），同时还会在/home 目录下创建同名的目录作为该用户的主目录。如果一个用户属于多个组，那么记录在/etc/passwd 文件中的用户组称为该用户的主组，其他的组称为附属组。

主组（主要组）：每个用户有且只有一个主组。

附属组（补充组）：用户可以是零个或多个附属组成员。一般用于帮助用户对系统中文件及其他资源具有访问权限。

3．Linux 系统的用户与用户组关系

Linux 系统的用户和用户组之间关系可以分为一对一、多对一、一对多、多对多。

一对一：一个用户只归属于一个用户组。这个用户是用户组中的唯一成员。

多对一：多个用户归属于同一个用户组。

一对多：一个用户归属于多个不同的用户组。

多对多：多个用户归属于多个不同的用户组。

3.2.2　与用户组管理相关的系统文件

在 Linux 系统中，有两个存放用户组的文件，一个是存放用户组信息的/etc/group 文件，另一个是存放用户组密码的/etc/gshadow 文件。

1．用户组配置文件/etc/group

将用户进行分组是 Linux 系统对用户进行管理及控制访问权限的一种手段。一个组中可以有多个用户，一个用户也可以属于多个组。系统中所有用户组信息都存放于/etc/group 文件中，其中一行对应一个用户组的信息，每行均由 4 个字段构成，各个字段之间用"："分隔，如图 3.8 所示。

```
root:x:0:
bin:x:1:
daemon:x:2:
sys:x:3:
adm:x:4:
tty:x:5:
disk:x:6:
lp:x:7:
mem:x:8:
kmem:x:9:
wheel:x:10:jianing
cdrom:x:11:
mail:x:12:postfix
```

图 3.8　/etc/group 文件内容

在/etc/group 文件中，从左到右各个字段的含义如下。

用户组名：该字段是用户组的名称，由字母或数字构成。与用户名一样，用户组名在系统中是唯一的。/etc/group 文件中第一行用户组的名称是 root。

用户组密码：用户组的密码，用 x 表示密码是被/etc/gshadow 文件保护的。用户组密码主要是用来指定组管理员的，root 用户可以给用户组指定组管理员，组管理员可以替代 root 对本组成员的加入或退出进行管理。但是这项功能目前很少使用，因此很少设置用户组密码。如果需要赋予某用户调整某个用户组的权限，使用 sudo 命令也可以完成。

用户组标识号（GID）：系统内部用它来标识用户组，每个用户组的 GID 都是唯一的。

用户组成员列表：该字段列出用户组包含的附属组成员列表。如果该用户组中无附属组成员，则该字段为空。

2. 用户组密码配置文件/etc/gshadow

该文件用于定义用户组密码、组管理员等信息，该文件 root 用户可读。如图 3.9 所示。

```
root:::
bin:::
daemon:::
sys:::
adm:::
tty:::
disk:::
lp:::
mem:::
kmem:::
wheel:::jianing
cdrom:::
mail:::postfix
```

图 3.9　/etc/gshadow 文件内容

在/etc/gshadow 文件中，从左到右各个字段的含义如下。

用户组名：用户组的名称。

用户组密码：用户组的密码，保存已加密的密码。

用户组的管理员账号：管理员有权对该组添加、删除账号。

用户组成员：该用户组的成员，多个用户用“,”分开。

3.2.3　用户组管理命令

在用户组的管理中，主要包括对用户组的创建、用户组信息的修改及用户组删除等。

1. 用 groupadd 命令创建用户组

用户组是用户的集合，通常将用户进行分类归组，便于进行访问控制。一个用户可以同时属于多个用户组，一个用户组可以包含多个不同的用户。

命令格式：

> groupadd　[选项]　用户组名

该命令的常用选项是-r，功能是创建系统用户组。每一个用户组都有一个自己的 ID，被称为 GID。若 GID 大于或等于 1000，则代表该组为普通用户组，反之为系统用户组。如果使用了选项-r，对于第一次创建系统用户组的系统来说，新生成的系统用户组的 GID 从 999 开始递减，而普通用户组的 GID 应从 1000 开始增加。

【例 3.10】创建用户组 student。

> #groupadd　student

2. 用 groupmod 命令修改用户组属性

对于已经创建好的用户组，可以使用 groupmod 命令来修改其属性。

命令格式：

> groupmod　选项　用户组名

其常用选项及功能说明见表 3.6。

【例 3.11】修改用户组 student 为 teacher。

```
#groupmod -n teacher student
```

3. 用 groupdel 命令删除用户组

在 Linux 系统中，可以在 groupdel 命令后直接加用户组名，删除指定的用户组。

命令格式：

```
groupdel 用户组名
```

在删除用户组时，被删除的用户组不能是某个用户的主组，否则无法删除。若必须删除，则应先删除该用户，然后删除用户组。

4. 用 gpasswd 命令维护组中成员

gpasswd 命令可用于把用户添加到用户组、把用户从用户组中删除、把用户设为组管理员。

命令格式：

```
gpasswd 选项 用户名 用户组名
```

其常用选项及功能说明见表 3.7。

表 3.6 groupmod 命令的常用选项及功能说明

选项	功能说明
-n	修改用户组名
-g	修改用户组标识号（GID）

表 3.7 gpasswd 命令的常用选项及功能说明

选项	功能说明
-a	添加用户到用户组
-d	将用户从用户组中删除
-A	设置用户为组管理员

【例 3.12】将 lili 用户添加到 teacher 组。

```
#gpasswd -a lili teacher
```

【例 3.13】将 lili 设置为 teacher 用户组的组管理员。组管理员具有可以向该用户组添加用户和移除用户的权限。作为组管理员，也可以使用 gpasswd 命令给用户组设置密码，只有设置了用户组密码，其他用户才可以通过 newgrp 命令切换成该用户组的成员，否则只有该用户组成员才能使用该用户组身份。

```
#gpasswd -A lili teacher
```

【例 3.14】将 lili 从 teacher 用户组中删除。

```
#gpasswd -d lili teacher
```

注意：使用 gpasswd 命令添加或删除用户后，需要重新登录该用户才能生效。

3.3 知 识 扩 展

3.3.1 查看用户信息的 id 命令

id 命令用于显示用户当前的 UID、GID 及所属组的组列表。

命令格式：

```
id [选项] [用户名]
```

直接执行 id 命令不带选项，表示显示当前用户的 UID 信息，否则只需要在 id 命令后面直接加上要查询的用户名即可。当然，id 命令也有相关选项可使显示结果更加具体，其常用选项及功能说明见表 3.8。

表 3.8 id 命令的常用选项及功能说明

选项	功能说明
-g	显示用户所属组的 GID
-G	显示用户所属附属组的 GID
-u	显示用户的 UID

【例 3.15】查看 lili 用户的 UID 信息。

执行结果如图 3.10 所示。

```
[root@localhost ~]# id lili
uid=1009(lili) gid=1009(lili) groups=1009(lili),1010(teacher)
```

图 3.10　例 3.15 的执行结果

通过命令执行结果可看到，lili 用户的 UID 是 1009，GID 是 1009，组名为 lili。此外，该用户还属于 1010 组，组名为 teacher。图中 gid 表示的 lili 组是 lili 用户的主组，teacher 组是附属组。

3.3.2　输出指定用户所在组的 groups 命令

命令格式：

groups　[选项]　[用户名]

groups 命令常用选项及功能说明见表 3.9。

例如，显示用户 lili 所在的组，如图 3.11 所示。

表 3.9　groups 命令的常用选项及功能说明

选项	功能说明
--help	显示命令帮助信息
--version	显示版本号

```
[root@localhost ~]# groups lili
lili : lili teacher
```

图 3.11　显示用户 lili 的组信息

执行命令 groups　lili 后，显示结果中冒号之前的是用户账号，冒号之后是该用户所在的组，表明用户 lili 既是 lili 组成员，又是 teacher 组成员，组 lili 是用户 lili 的主组，组 teacher 是用户 lili 的附属组。

3.3.3　查看当前登录用户的 whoami 命令

whoami 命令用于显示登录者自身的用户名，本命令相当于执行 "id　–un" 命令。who am i 命令显示当前用户更详细的登录信息，如图 3.12 所示。这一系列相关的命令还有 w、who。

```
[root@localhost ~]# whoami
root
[root@localhost ~]# who am i
root     pts/0          2017-11-28 16:54 (:0)
```

图 3.12　whoami 和 who am i 命令的执行结果

3.3.4　查看当前用户的 w 命令

系统管理员在任何时刻都可以查看用户的行为,在终端提示符下输入 w 命令,如图 3.13 所示。

```
[root@localhost ~]# w
 16:22:04 up  3:56,  2 users,  load average: 0.00, 0.01, 0.05
USER     TTY      FROM          LOGIN@   IDLE   JCPU   PCPU WHAT
root     :0       :0            22Sep17 ?xdm?  4:32   0.37s gdm-session-wor
root     pts/0    :0            Tue16   4.00s  0.28s  0.04s w
```

图 3.13　w 命令的执行结果

图 3.13 中所示的信息说明如下。

第 1 行显示系统的汇总信息，字段分别表示系统当前时间、系统运行时间、登录用户总数及系统平均负载信息。该行显示的几个数据的意义是：

16:22:04 表示执行 w 命令的时间。

up　3:56 表示系统运行 3 小时 56 分。

2　users 表示当前系统登录用户总数为 2。

load average 后面的数字表示系统在过去 1、5、10 分钟内的负载程度，数值越小，系统负载越轻。

从第 2 行开始构成一个表格，共有 8 列，显示各个用户正在做的事情及该用户所占用的系统资源。

USER：显示登录用户名。用户重复登录，该账号也会重复出现。

TTY：用户登录所使用的终端。

FROM：显示用户从什么地方登录到系统。如果是从本地登录，此字段为":0"；如果从远程登录，便会显示主机的 IP 地址或主机名。

LOGIN@：表示登录进入系统的时间。

IDLE：用户空闲时间，从用户上一次任务结束后开始计时。

JCPU：以终端代号来区分，表示在某段时间内与该终端相关的进程耗费的 CPU 时间。

PCPU：指 WHAT 域的任务执行后所耗费的 CPU 时间。

WHAT：表示当前执行的任务。

3.3.5 查看登录用户的 who 命令

系统管理员若想知道某一时刻有哪些用户登录系统，可以使用系统提供的 who 命令，该命令可以查看当前登录系统的用户及其他相关系统信息。

3.3.6 查看登录用户历史的 last 命令

系统管理员可以随时查看用户登录的历史行为。

3.3.7 用于修改用户密码有效期限的 chage 命令

在 Linux 系统中，密码时效是通过 chage 命令来管理的。

命令格式：

chage　[选项]　用户名

chage 命令的常用选项及功能说明见表 3.10。

表 3.10　chage 命令的常用选项及功能说明

选项	功能说明
-m	密码可更改的最小天数。为 0 时，代表任何时候都可以更改密码
-W	用户密码到期前，提前收到警告信息的天数
-M	密码保持有效的最大天数
-E	账号到期的日期。过了这一天，此账号将不可用
-d	上一次更改的日期
-i	停滞时期。如果一个密码已过期这些天，那么此账号将不可用
-l	列出当前的设置，可帮助用户来确定他们的密码或账号何时过期

【例 3.16】查看 root 用户的密码信息。

执行结果如图 3.14 所示。

```
[root@localhost ~]# chage  -l  root
Last password change                                : never
Password expires                                    : never
Password inactive                                   : never
Account expires                                     : never
Minimum number of days between password change      : 0
Maximum number of days between password change      : 99999
Number of days of warning before password expires   : 7
```

图 3.14　例 3.16 的执行结果

3.3.8 修改用户注释信息的 chfn 命令

chfn 命令可以修改用户的注释信息。

命令格式：

chfn　[选项]　[用户名]

表 3.11 chfn 命令的常用选项及功能说明

选项	功能说明
-f	设置真实姓名
-h	设置家中的电话号码
-o	设置办公室的地址
-p	设置办公室的电话号码

chfn 命令的常用选项及功能说明见表 3.11。

使用 chfn 命令修改的信息可以在/etc/passwd 文件中找到，也可以在 finger 命令的显示信息中看到。chfn 命令若不指定任何选项，则会进入问答式界面。Linux 系统提供的 finger 命令显示的相关信息有真实姓名、工作地址、办公电话。

3.3.9　修改用户 Shell 类型的 chsh 命令

命令格式：

```
chsh  [选项]  [用户名]
```

【例 3.17】查看系统安装的 Shell。

执行结果如图 3.15 所示。

```
[root@localhost ~]# chsh  -l
/bin/sh
/bin/bash
/sbin/nologin
/usr/bin/sh
/usr/bin/bash
/usr/sbin/nologin
/bin/tcsh
/bin/csh
```

图 3.15　例 3.17 的执行结果

【例 3.18】将 tom 用户的 Shell 修改为/bin/sh。

执行结果如图 3.16 所示。

```
[root@localhost ~]# chsh  tom
Changing shell for tom.
New shell [/bin/bash]: /bin/sh
Shell changed.
```

图 3.16　例 3.18 的执行结果

本例还可以通过执行#chsh -s /bin/sh tom 命令来完成。如果只执行 chsh 命令，那么修改的是当前用户的 Shell。使用 chsh 命令修改用户 Shell，其实修改的就是/etc/passwd 文件中和该用户名相对应的那一行所定义的 Shell 字段。

本 章 小 结

本章通过两个项目介绍了用户与用户组的相关概念、系统配置文件及管理命令。

用户管理介绍了 Linux 系统用户的概念、用户管理相关的配置文件（/etc/passwd、/etc/shadow）及相关的命令（useradd、usermod、userdel、passwd）。

用户组管理介绍了 Linux 系统用户组的概念、用户与用户组的关系、用户组管理相关的配置文件（/etc/group、/etc/gshadow）及相关的命令（groupmod、groupdel、gpasswd）。

在知识扩展中介绍了其他常用命令，如 id、groups、whoami、w、who、last、chage、chfn、chsh。

习 题 3

1．选择题

（1）以下文件中，只有 root 用户才具有读权限的是（　　）。

A．/etc/shadow　　　　B．/etc/passwd　　　　C．/etc/group　　　　D．/etc/hosts

（2）创建属于 sys 用户组的用户 john，正确的命令是（　　）。

A．useradd -s sys john　　　　　　　B．useradd -g sys john

C．useradd -d sys john　　　　　　　D．gpasswd -a john sys

（3）创建使用/bin/sh shell 的用户 john，正确的命令是（　　）。

A．useradd -s /bin/sh john　　　　　　B．useradd -g /bin/sh john

C．useradd -d /bin/sh john　　　　　　D．usermod -d /bin/sh john

（4）以下命令中，不能将用户身份改变为 root 的是（　　）。

A．whoami　　　　B．su -　　　　　C．su root　　　　　D．su

（5）以下命令中，能查看 tom 用户属于哪些用户组的命令是（　　）。

A．whoami tom　　B．su tom　　　C．groups tom　　　D．ids tom

（6）以下命令中，可以查询 tom 用户 UID 的命令是（　　）。

A．whoami tom　　B．su tom　　　C．groups tom　　　D．id tom

（7）exit 命令的作用是（　　）。

A．退出系统　　　B．关闭控制台　　C．注销当前用户　　D．删除当前用户

（8）使用 usermod 命令对用户进行重命名，应使用的参数是（　　）。

A．-n　　　　　　B．-l　　　　　　C．-L　　　　　　　D．-d

（9）passwd 命令的-d 参数可以（　　）。

A．修改密码　　　B．删除密码　　　C．设置密码　　　　D．加密密码

（10）要将用户从指定的用户组中删除，应使用（　　）命令来实现。

A．groupmod　　　B．useradd　　　C．gpasswd　　　　D．groupdel

（11）对用户组进行重命名，应使用的命令参数是（　　）。

A．-r　　　　　　B．-l　　　　　　C．-L　　　　　　　D．-n

2．简答题

（1）/etc/passwd 文件中保存的是什么信息？

（2）解释/etc/passwd 文件中某一行内容 tom:x:500:500:tom:/home/tom:/bin/bash 每一个字段的含义。

上机实践 3

1．创建账号 webuser，然后从/etc/passwd 和/etc/shadow 文件中找出所添加的用户，查看并分析用户账号信息，如用户的 UID、GID、密码、主目录、Shell 类型等。

2．创建账号 admin，将其用户组指定为 wheel，主目录指定为/admin。

3．创建名为 student 的用户账号，并将该用户的密码设置为 password。

4．创建用户账户 zhangsan，设置用户名全称为"zhangsan"，并设置其密码为 11111111。

5．修改用户账户 zhangsan 的 UID 为 1700，其 Shell 类型为/bin/ksh。

6．删除用户账户 zhangsan，并且在删除该用户的同时一起删除其主目录。

7．创建用户组 group1，并且在创建时设置其 GID 为 1800。

8．修改用户组 group1 的新组名为"shanghai"。

9．管理员通过公司各部门对服务器的使用需求分析得出：设计部目前有两个项目组，分别为 Web 组和系统开发组，都需要通过远程方式登录服务器，在服务器上完成各自项目部署和测试等工作。而公司其他部门暂时不需要直接访问服务器。因此，为了方便项目组员工对服务器的访问，管理员需要为每个项目组创建两个账号，在创建过程中要考虑每个项目组账号的分组管理和账号命名的统一规范。

第4章 权限管理

Linux 系统是多任务、多用户的分时操作系统，登录系统时需要用户身份的验证，从而使用户具备一定对系统操作的权限。Linux 系统中通过权限设置，可以严格而细致地规定用户对文件的访问权限，从而保证用户对系统访问的安全。本章将介绍文件访问权限相关的内容，主要包括以下知识点：

● 文件基本权限的设置（重点）；
● ACL 权限的设置（难点）；
● 文件特殊权限设置（重点）。

4.1 项目一：对用户访问文件权限的基本设置

【项目描述】

研发部近期招聘了两名在校大学生到项目组实习，并为他们做了关于 Linux 基础应用方面的培训。两人为了尽快熟悉 Linux 系统，共享学习成果，计划在系统的/tmp 目录下创建一个名为 ourfile 的文件，用于分享学习收获。因此，两人需要可以随时读取和修改 ourfile 文件的内容。

【项目分析】

本项目对于初学者来说看似简单，但是实际操作上有一定的难度。如果仅按照项目表面的描述由一个用户在/tmp 目录下创建 ourfile 文件，那么从实际操作来看，其他用户对 ourfile 文件只能读不能改，并不满足项目要求。因此，在这里需考虑用户对文件的访问权限问题，从而对文件做进一步操作，以满足项目要求，相关知识点见表 4.1。

表 4.1　相关知识点

序号	知识点	详见章节
1	对文件访问权限的理解	4.1.1 节
2	文件访问权限的修改命令	4.1.2 节

【操作过程】

为方便实习生的操作，root 管理员创建实习生专用账号 wrestest01 和 wrestest02 账户：

```
#useradd    wrestest01        //创建用户 wrestest01
#useradd    wrestest02        //创建用户 wrestest02
```

其中一名实习生以 wrestest01 账号登录系统：

```
$touch    /tmp/ourfile        //在/tmp 目录下创建 ourfile 文件
```

此时若其他用户修改文件 ourfile，则系统会提示"文件只读"，而不能完成修改功能。因此需要设置用户对文件的访问权限。

```
$chmod   666   /tmp/ourfile    //修改 ourfile 文件的访问权限，使其他用户可以修改 ourfile 文件
```

4.1.1　文件属性

在使用长格式查看目录信息时，会看到类似如图 4.1 所示的结果。每一行代表对应文件或

目录的详细信息，从左到右各个字段具体的含义是：文件属性、文件数、文件所有者、所属的组、文件大小、建立月份、建立日期、建立年份或时间及文件名。其中，"建立年份或时间"字段，如果文件是当年建立的，则显示具体时间；如果是往年建立的，则显示年份。

```
lrwxrwxrwx.   1 root root    7 May 31 18:00 bin -> usr/bin
dr-xr-xr-x.   4 root root 4096 May 31 18:17 boot
drwxr-xr-x.  20 root root 3340 Sep 22 14:17 dev
drwxr-xr-x. 140 root root 8192 Nov 30 08:42 etc
drwxr-xr-x.   6 root root   55 Nov 29 16:18 home
lrwxrwxrwx.   1 root root    7 May 31 18:00 lib -> usr/lib
lrwxrwxrwx.   1 root root    9 May 31 18:00 lib64 -> usr/lib64
drwxr-xr-x.   2 root root    6 Nov  5  2016 media
drwxr-xr-x.   5 root root   41 Jul 22 22:20 mnt
drwxr-xr-x.   3 root root   16 May 31 18:07 opt
dr-xr-xr-x. 187 root root    0 Sep 22 14:17 proc
dr-xr-x---.  23 root root 4096 Nov 30 08:47 root
```

图 4.1　用长格式查看当前目录信息

文件属性由 10 个字母组成，其中第一个字母表示文件类型，后九个字母分为 3 组，表示文件的访问权限，其构成如图 4.2 所示。

图 4.2　文件属性的构成

文件属性的第一个字母是类型标识，用来说明文件的类型。在 Linux 系统中，共有 7 种文件类型，分别是：

- d（directory），目录文件；
- l（link），符号链接（指向另一个文件，类似于 Windows 下的快捷方式）；
- s（socket），套接字文件；
- b（block），块设备文件，为二进制文件；
- c（character），字符设备文件；
- p（pipe），管道文件；
- -，普通文件，或者更准确地说，是不属于以上几种类型的文件。

用户对文件的操作权限分为读、写和执行 3 种，分别用 r、w、x 表示。若用户没有某个权限，则在相应权限位用"-"占位，代表无此权限。

若文件具有 x 属性，是可执行的文件。具有 x 属性的文件一般是二进制文件或可执行的脚本文件。若目录具有 x 属性，则表示允许打开该目录中的文件，并且可用 cd 命令进入该目录。

例如，图 4.1 中的第 3 个文件 dev，它的文件属性是 drwxr-xr-x。第 1 位 d，说明是一个目录文件。第 1 组权限是 rwx，说明该文件的所有者对该文件具有读、写、执行权限；第 2 组权限是 r-x，则说明文件所属用户组中的用户对该文件具有读和执行权限，但不能对该文件进行写操作；第 3 组权限是 r-x，则说明其他用户对该文件具有读和执行权限，但没有写权限。其他用户是指文件所有者和所属组用户以外的用户。

4.1.2　修改文件访问权限的 chmod 命令

修改文件的访问权限使用 chmod 命令，有绝对权限方法（数字权限方法）和相对权限方法（字符权限方法）两种。

注意：只有 root 用户和文件所有者才可以修改文件访问权限。

（1）绝对权限方法

文件的 9 位权限除了可用 r、w、x 来表示，还可用一个 3 位的十进制数字来表示。比如 644，其百位上的数字代表文件所有者的权限，十位上的数字代表所属用户组的权限，个位上的数字代表其他用户对该文件的权限。这种采用数字来表示权限的方法，称为绝对权限方法，也称为数字权限方法。

由于用户的权限是用 rwx 来表示的，没有的权限对应位置上用"-"表示，则有权限的位置可以用 1 来表示，没有权限的位置用 0 来表示，这样就会形成一个 3 位的二进制编码，然后将该二进制编码转换成对应的十进制数，就得到一个 0~7 的数，从而实现了以十进制数来表示用户对文件的权限。

例如，一个文件的权限为 rw- r-- r--，用二进制数表示为 110 100 100，将其转换成对应的十进制数，则为 644。因此，该文件的权限用绝对权限方法表示是 644。

命令格式：

> chmod　[选项]　绝对权限值　要修改的文件或目录名称

chmod 命令常用的选项是-R，其功能是可以递归设置指定目录下的全部文件（包括子目录和子目录中的文件）的权限。

【例 4.1】修改当前目录下 test 文件的访问权限，使所有用户对该文件均有读、写权限。

> #chmod　666　test

（2）相对权限方法

使用相对权限方法修改文件权限，命令格式：

> chmod　修改对象　运算符　用户权限　要修改的文件或目录名称

其中，修改对象可以是 u（文件所有者）、g（所属组用户）、o（其他用户）、a（全体用户）的任意组合。运算符可以是+（添加）、-（删除）、=（只赋值）中的任意一个。用户权限可以是 r、w、x 的任意组合。

【例 4.2】对文件 test 的所属组用户添加写权限：

> #chmod　g+w　test

【例 4.3】修改当前目录下 test 文件的访问权限，使所有用户对该文件均有读、写权限。

> #chmod　a+rw　test

或者

> #chmod　ugo+rw　test

【例 4.4】增加所属组用户对当前目录下 file 文件的写权限，取消其他用户对 file 文件的读权限。

> #chmod　g+w, o-r file

如果修改前 file 文件的权限是 644，那么修改后 file 文件的权限是 660。

4.1.3　设置文件默认权限掩码的 umask 命令

Linux 系统是注重安全性的操作系统，对权限的设定是安全的基础。Linux 系统不仅对已存在的文件和目录要设定必要的访问权限，对新创建的文件和目录也要设定必要的默认权限，这个默认权限是根据默认权限掩码（umask）值与文件、目录的最大默认权限来确定的。

一般用户的默认 umask 值为 002，系统用户的默认 umask 值为 022。用户可以自主修改 umask 值，并在改动后立刻生效。对于文件，其可拥有的最大默认权限是 666，即 rw-rw-rw-。也就是说，使用文件的任何用户都没有执行（x）权限。因为执行权限是文件的最高权限，出于安全考虑，系统不允许为新创建的文件默认赋予执行权限，必须在创建新文件后用 chmod 命令增加执行权限。对于目录，其可拥有的最大默认权限是 777，即 rwxrwxrwx。

设置默认权限掩码的命令格式：

```
umask   [-S]   [权限掩码]
```

umask 命令可以指定创建文件或者目录时预设的权限掩码。选项-S 表示使用符号法表示权限掩码，不使用-S 则表示使用数字法表示权限掩码。

【例 4.5】查看系统默认权限掩码。

```
#umask
#touch file
#mkdir myfile
#ls -l
```

执行结果如图 4.3 所示。

```
[root@localhost users]# umask
0022
[root@localhost users]# touch file
[root@localhost users]# mkdir myfile
[root@localhost users]# ls -l
总用量 0
-rw-r--r--. 1 root root 0 1月  23 17:22 file
drwxr-xr-x. 2 root root 6 1月  23 17:22 myfile
```

图 4.3　例 4.5 的执行结果

其中第 1 条命令使用 umask 查看目前的默认权限掩码，执行的结果是 0022，表示系统默认 umask 值是 0022，其中第 1 个数代表的是文件所具有的特殊权限（SUID、SGID、SBIT），此部分内容详见 4.3.1 节~4.3.3 节，此处不做讨论。也就是说，后 3 位数字"022"才是本节真正要用到的 umask 值，将其转变为字母形式为----w--w-。

第 2、3 条命令使用默认权限掩码创建文件 file 和目录 myfile。

第 4 条命令显示表明 file 文件的权限是 rw-r--r--，即（rw-rw-rw-）-（----w--w-）；myfile 目录的权限是 rwxr-xr-x，即（rwxrwxrwx）-（----w--w-）。

注意：这里的减法，其实是"遮掩"的意思，也就是说，最大默认权限中和 umask 权限公共的部分通过减法运算会被遮盖掉，剩下的权限才是最终赋予文件或目录的默认权限。

【例 4.6】修改系统默认权限掩码。

```
#umask 033
#touch file33
#mkdir myfile33
#ls -l
```

执行结果如图 4.4 所示。

```
[root@localhost users]# umask 033
[root@localhost users]# umask
0033
[root@localhost users]# touch file33
[root@localhost users]# mkdir myfile33
[root@localhost users]# ls -l
总用量 0
-rw-r--r--. 1 root root 0 1月  23 17:22 file
-rw-r--r--. 1 root root 0 1月  23 17:55 file33
drwxr-xr-x. 2 root root 6 1月  23 17:22 myfile
drwxr--r--. 2 root root 6 1月  23 17:55 myfile33
```

图 4.4　例 4.6 的执行结果

其中第 1、2 条命令使用 umask 修改并查看了默认权限掩码，执行的结果是 0033，将其转变为字母形式为----wx-wx。

第 3、4 条命令使用默认权限掩码 033 创建文件 file33 和目录 myfile33。

第 5 条命令表明 file33 文件的权限是 rw-r--r--，即（rw-rw-rw-）-（----wx-wx）；myfile33 目录的权限是 rwxr--r--，即（rwxrwxrwx）-（----wx-wx）。

4.1.4 修改文件所有者的 chown 命令

文件或目录的创建者，一般是该文件或目录的所有者，对文件具有最高的使用权。根据需要，root 用户可以将一个文件或目录的拥有权转让给其他用户，使其他用户成为该文件或目录的所有者。通过 chown 命令还可以修改文件所属的组。

注意：只有 root 用户才可以使用 chown 命令来修改文件所有者。

命令格式：

```
chown  [选项]  新所有者:新用户组  要修改的文件或目录名称
```

chown 命令常用的选项是-R，其功能是可以递归设置指定目录下的全部文件（包括子目录和子目录中的文件）的所属关系。

【例 4.7】将当前目录下的 file 文件的所有者修改为 tom，所属组改为 tom 组。

```
#chown  tom:tom  file
```

或者

```
#chown  tom:tom  file
```

【例 4.8】将当前目录下的 file 文件的所属组改为 tom 组。

```
#chown  :tom  file
```

或者

```
#chown  .tom  file
```

注意："."或":"用来分割文件所有者和所属组。

4.1.5 提升用户权限的 su、sudo 命令

1. 使用 su 命令切换用户

在 su 命令后加用户名，可以切换系统当前用户。在用户切换时，从 root 用户向普通用户可以直接进行切换，反之则需要 root 账号密码。这是因为 root 用户是系统中权限最高的用户，可以切换到任意身份而不需要密码。普通用户之间切换则需要密码验证。

在切换用户时，通常需要增加"-"选项，例如#su - tom 命令表示切换到 tom 用户。"-"选项表示：切换用户时，使环境变量（home、Shell、user、logname、path 等）和欲切换的用户相同，不使用该选项，则取得的只是用户的临时权限。

2. 使用 sudo 命令提升权限

root 用户将普通用户的名称、可以执行的特定命令、按照哪种用户或用户组的身份执行等信息，登记在/etc/sudoers 文件中，即完成对该用户的授权（此时该用户称为"sudoer"）。sudoer 用户需要取得特殊权限时，可在命令前加上"sudo"，此时 sudo 将会询问该用户自己的密码（以确认终端前是不是该用户本人），回答后系统即会将该命令的进程以超级用户的权限运行。

【例 4.9】root 用户需要创建一个普通用户 teacherli，让其具有管理员权限以便执行系统的日常维护工作。则可以把 teacherli 用户设为 sudoer，具体方法如下。

第 1 步：查看是否已经安装了 sudo。

```
#rpm    -qa | grep    sudo
sudo-1.8.6p7-16.el7.x86_64
```

如果没有显示上述信息，说明系统没有安装 sudo，则可以在系统光盘中找到 sudo 的 rpm 包进行安装：

```
#rpm    -ivh    /media/Packages/sudo-1.8.6p7-16.el7.x86_64
```

第 2 步：编辑/etc/sudoers 文件。

在文件的最后插入：

```
teacherli    ALL=(ALL)    ALL
```

保存后退出。此后，以 teacherli 登录系统，就可以以 sudo 命令的方式进行系统的管理了。例如，teacherli 向系统添加用户 lihua，如图 4.5 所示。

```
[teacherli@localhost ~]$ useradd   lihua
bash: /usr/sbin/useradd: Permission denied
[teacherli@localhost ~]$ sudo  useradd  lihua

We trust you have received the usual lecture from the local System
Administrator. It usually boils down to these three things:

    #1) Respect the privacy of others.
    #2) Think before you type.
    #3) With great power comes great responsibility.

[sudo] password for teacherli:
[teacherli@localhost ~]$ cat  /etc/passwd |grep  lihua
lihua:x:1012:1012::/home/lihua:/bin/bash
```

图 4.5   普通用户使用 sudo 命令提升权限

teacherli 作为一个普通用户账号，是没有权限执行 useradd 命令向系统添加用户的，但是作为一个 sudoer，则可以通过使用$sudo   useradd   lihua 命令，然后在系统提示 "[sudo] password for teacherli:" 时输入 teacherli 的密码，确认后即可完成。当然，如果需要指定某个用户只能执行指定的命令，则可以在/etc/sudoers 文件中按照如下格式插入一行：

```
用户名    可执行的命令列表
```

例如，让 john 用户只具有执行创建用户组命令的权限：

```
john    localhost=/usr/sbin/groupadd
```

4.2   项目二：ACL 权限设置

【项目描述】

研发部近期成立了一个项目组，该项目组由一名组长、两名组员和一名实习生构成。项目组所使用到的文件放在服务器的 project 目录中，项目组所有成员都可以访问该目录，但是身份不同，权限不同。

（1）组长对 project 目录拥有 rwx 权限，同时可以管理组员和实习生的权限。

（2）两名组员对 project 目录拥有 rwx 权限。

（3）实习生对 project 目录拥有 r-x 权限。

（4）其他人对 project 目录没有任何权限。

【项目分析】

作为组长，应该是 project 目录的所有者，权限为 rwx；两名组员添加到同一个用户组中，使该组作为 project 目录的所属组，并设置 rwx 权限；其他用户权限为---。

作为实习生，其账号既不能作为所有者，也不适合加入用户组，可以使用 ACL 单独设置权限为 r-x，相关知识点见表 4.2。

表 4.2　相关知识点

序号	知识点	详见章节
1	用户管理命令	3.1.3 节
2	用户组管理命令	3.2.3 节
3	ACL 权限概念	4.2.1 节
4	ACL 权限管理与应用	4.2.2 节~4.2.4 节

【操作过程】

```
#cd /tmp
#mkdir project              //创建项目目录 project
#ls -ld project
drwxr-xr-x. 2 root root 6 2 月    23 13:31 project      // project 的默认访问权限是 755
#useradd wres03            //创建用户 wres03，wres04，wres05，其中 wres03 作为组长账号
#useradd wres04
#useradd wres05
#useradd wrestest03        //创建实习生账号
#groupadd gproject          //创建用户组
#chown wres03:gproject project    //将 project 目录的所属用户改为 wres03，所属用户组改为 gproject
#ls -ld project
    drwxr-xr-x. 2 wres03 gproject 6 2 月    23 13:31 project      //所属用户和组修改成功
#gpasswd -a wres03 gproject    //将 wres03 添加到 gproject 组
#gpasswd -A wres03 gproject      //设置 wres03 作为 gproject 组的组长
```

以 wres03 用户登录，完成以下操作（继续使用 root 用户操作也可以）：

```
$gpasswd -a wres04 gproject    //将 wres04，wres05 添加到 gproject 组
$gpasswd -a wres05 gproject
$chmod 770 project                //设置 project 的所属用户和组具有 rwx 权限，其他用户无权限
$ls -ld project
    drwxrwx---. 2 wres03 gproject 6 2 月    23 13:31 project    //设置 770 权限成功
$setfacl -m  u:wrestest03:rx   /tmp/project
                    //为用户 wrestest03 设置对目录/tmp/project 的 ACL 权限 rx
$setfacl -m d:u:wrestest03:rx   /tmp/project
                    //为用户 wrestest03 设置对目录/tmp/project 的默认 ACL 权限 rx
$ls -ld project
    drwxrwx---+ 2 wres03 gproject 6 2 月    23 13:31 project    //"+"表示已经分配了 ACL 权限
$getfacl --omit-header project        //查看详细的 ACL 信息
    user::rwx
    user:wrestest03:r-x                //wrestest03 具有 r-x 权限
    group::rwx
```

```
            mask::rwx
            other::---
            default:user::rwx
            default:user:wrestest03:r-x          //wrestest03 具有默认 ACL 权限 r-x
            default:group::rwx
            default:mask::rwx
            default:other::---
```

4.2.1 查看和开启系统对 ACL 权限的支持

4.1 节介绍了用户对文件的 3 种基本权限。对于任何一个文件，它可以有 3 种用户（所有者、所属组用户和其他人），对每一种用户可以赋予不同的权限组合（读、写、执行）。由于是按用户类型赋予用户对文件的操作权限的，因此当出现某一用户既不是所有者，又不能添加到所属组，也不适合作为其他人来访问文件时，就需要用特殊的方法为其授予相应的权限，这就是 ACL（Access Control List，访问控制列表）要解决的问题。

ACL 在为用户分配权限时，不再考虑用户身份，而是直接赋予合适的权限。要使用 ACL 为用户分配权限，系统分区必须支持 ACL。

1. 查看系统支持 ACL 权限

CentOS Linux 7 系统中，默认支持 ACL 权限并处于开启状态，也可以通过如下方式查看 Linux 内核是否支持 ACL，如图 4.6 所示，"CONFIG_XFS_POSIX_ACL=y"表示支持 ACL。

```
[ root@localhost ~]# cat /boot/config- 3. 10. 0- 514. el7. x86_64 | grep - i xfs
CONFIG_XFS_FS=m
CONFIG_XFS_QUOTA=y
CONFIG_XFS_POSIX_ACL=y
```

图 4.6　查看系统对 ACL 的支持

2. 开启分区的 ACL 权限

如果需要手动开启分区的 ACL 权限，则需要修改/etc/fstab 文件，修改方法如下：

```
[root@localhost ~]#vim    /etc/fstab
/dev/mapper/cl-root      /      xfs      defaults, acl      0 0      //在 defaults 后面增加 ACL 权限
```

4.2.2 ACL 权限管理

1. 用 getfacl 命令查看 ACL 权限的设置情况

任何用户都可以使用 getfacl 命令查看自己所拥有文件的 ACL 权限。

命令格式：

```
getfacl    文件名
```

【例 4.10】wres03 用户查看 project 目录的 ACL 权限。

```
$getfacl    project
```

执行结果如图 4.7 所示。

ACL 是由一系列的访问条目组成的，每一条访问条目定义了特定的类别，可以设置对文件拥有的操作权限。访问条目有 3 个组成部分：条目标签类型、限定者（项）、权限。

条目标签类型有以下几种类型。

ACL_USER_OBJ：相当于 Linux 中文件所有者的权限。

ACL_USER：定义了额外的用户可以对此文件拥有的权限。

```
[wres03@localhost tmp]$ getfacl  project
# file: project
# owner: wres03
# group: gproject
user::rwx
user:wrestest03:r-x
group::rwx
mask::rwx
other::---
```

图 4.7　例 4.10 的执行结果

ACL_GROUP_OBJ：相当于所属组的权限。

ACL_GROUP：定义了额外的组可以对此文件拥有的权限。

ACL_MASK：定义了 ACL_USER、ACL_GROUP_OBJ、ACL_GROUP 的最大权限。

ACL_OTHER：相当于 Linux 中其他用户或组的权限。

如图 4.7 所示，getfacl 命令执行结果的第五行："user: wrestest03:r-x"说明 wrestest03 既不是所有者，也不是所属组或其他人，具有"r-x"权限。图中 3 个以"#"开头的行是注释行，可以使用--omit-header 参数来省略。

2. 用 setfacl 命令设置 ACL 权限

任何用户都可以使用 setfacl 命令来为其他用户或用户组设定对自己所拥有文件的访问权限。

命令格式：

> setfacl　[选项][u:用户名|g:用户组名][:权限]　文件名

setfacl 命令的常用选项及功能说明见表 4.3。

表 4.3　setfacl 命令的常用选项及功能说明

选项	功能说明
-m	设置 ACL 权限
-x	删除指定用户或组对指定文件的 ACL 权限
-b	删除所有用户对指定文件的 ACL 权限
-k	删除默认的 ACL 权限
-R	递归设置 ACL 权限，包括子目录
-d	设置默认 ACL 权限

参数说明：

u:用户名——设置指定用户对文件的 ACL 权限；

g:用户组名——设置指定用户组对文件的 ACL 权限。

【例 4.11】wres03 用户为 wrestest03 用户设置对/tmp/project 目录的 r-x 权限。

> $setfacl -m u:wrestest03:rx project
>
> $ls -ld project
>
> $getfacl --omit-header project

执行结果如图 4.8 所示。

上述 setfacl 命令中的参数"u"表示为用户 wrestest03 设置 r-x 权限，如果要为组设置权限，就使用参数"g"，其后跟"用户组名:权限"即可。由两次 ls -ld 命令的执行结果对比可以发现，"+"表示已经设置了 ACL 权限。从 getfacl 命令执行结果可以清楚地看到 wrestest03 用户已经拥有对 project 目录的 r-x 权限。

```
[wres03@localhost tmp]$ ls -ld project
drwxrwx---. 2 wres03 gproject 6 2月  23 13:31 project
[wres03@localhost tmp]$ setfacl -m u:wrestest03: rx project
[wres03@localhost tmp]$ ls -ld project
drwxrwx---+ 2 wres03 gproject 6 2月  23 13:31 project
[wres03@localhost tmp]$ getfacl --omit-header project
user::rwx
user:wrestest03:r-x
group::rwx
mask::rwx
other::---
```

图 4.8　例 4.11 的执行结果

【例 4.12】删除 wrestest03 用户对/tmp/project 目录的 r-x 权限。

> $setfacl -x u:wrestest03 /tmp/project

【例 4.13】删除/tmp/project 目录的所有 ACL 权限。

> $setfacl -b /tmp/project

【例 4.14】创建 dgroup 用户组，并设置其对/tmp/project 目录的 rwx 权限。

> #groupadd dgroup
>
> #su wres03
>
> $setfacl -m g:dgroup:rwx /tmp/project
>
> $getfacl /tmp/project

执行结果如图 4.9 所示。

```
[root@localhost ~]# groupadd dgroup
[root@localhost ~]# su wres03
[wres03@localhost root]$ cd /tmp
[wres03@localhost tmp]$ setfacl -m g:dgroup: rwx /tmp/project
[wres03@localhost tmp]$ getfacl /tmp/project
getfacl: Removing leading '/' from absolute path names
# file: tmp/project
# owner: wres03
# group: gproject
user::rwx
user:wrestest03:r-x
group::rwx
group:dgroup:rwx
mask::rwx
other::---
```

图 4.9　例 4.14 的执行结果

通过"getfacl　/tmp/project"语句的执行结果"group:dgroup:rwx"可以看出，虽然 dgroup
组不是目录/tmp/project 的所属组，但拥有与所属组相同的权限。

4.2.3　最大有效权限

getfacl 命令用来显示相应目录或文件的用户权限信息，其中的一个条目是 mask 权限，如
"mask::rwx"，表示最大有效权限。实际上，给用户或用户组赋予的 ACL 权限和 mask 权限进行
与操作后，得到的结果才是用户或用户组的真正权限。

设置最大有效权限的命令格式：

> setfacl -m m:--- 目录或文件名

其中，参数"m:---"表示为 mask 权限赋予的相应权限。

【例 4.15】为/tmp/project 目录的 mask 权限赋予 r-x 权限。

> $setfacl -m m:rx /tmp/project
>
> $getfacl /tmp/project

执行结果如图 4.10 所示。

```
[wres03@localhost tmp]$ setfacl -m m:rx /tmp/project
[wres03@localhost tmp]$ getfacl /tmp/project
getfacl: Removing leading '/' from absolute path names
# file: tmp/project
# owner: wres03
# group: gproject
user::rwx
user:wrestest03:r-x
group::rwx                    #effective:r-x
group:dgroup:rwx              #effective:r-x
mask::r-x
other::---
```

图 4.10　例 4.15 的执行结果

由图 4.10 中 "#effective:r-x" 可知，虽然为所属组和 dgroup 组赋予了 rwx 权限，但其真正的权限是 r-x。所以，设置最大有效权限 mask，可以有效预防为用户设置过高的权限。

【例 4.16】验证除所有者和 other 用户不受 mask 权限限制外，其他用户的权限都受 mask 权限限制。

```
$mkdir acltest

$chmod 777 acltest

$setfacl -m u:wrestest03:rwx acltest

$setfacl -m g:dgroup:rwx acltest

$setfacl -m m:rx acltest

$getfacl acltest
```

执行结果如图 4.11 所示。

```
[wres03@localhost tmp]$ mkdir acltest
[wres03@localhost tmp]$ chmod 777 acltest
[wres03@localhost tmp]$ setfacl -m u:wrestest03:rwx acltest
[wres03@localhost tmp]$ setfacl -m g:dgroup:rwx acltest
[wres03@localhost tmp]$ setfacl -m m:rx acltest
[wres03@localhost tmp]$ getfacl acltest
# file: acltest
# owner: wres03
# group: wres03
user::rwx
user:wrestest03:rwx           #effective:r-x
group::rwx                    #effective:r-x
group:dgroup:rwx              #effective:r-x
mask::r-x
other::rwx
```

图 4.11　例 4.16 的执行结果

"getfacl acltest" 语句的执行结果（图 4.11 中第 5~7 行）说明 mask 权限会对所属组、ACL 用户和 ACL 用户组产生影响。

注意：在设置 mask 权限时，先设置其他用户或用户组的权限，然后设置 mask 权限，否则 mask 权限会自动恢复到 rwx 权限。

4.2.4　递归 ACL 权限和默认 ACL 权限

1. 递归 ACL 权限

所谓递归 ACL 权限，就是在设定用户或用户组对某目录的 ACL 权限时，同时使该用户或用户组对该目录的所有子目录和文件也都具有相同的 ACL 权限。

命令格式：

```
setfacl  -m   [u:用户名|g:用户组名]:权限  -R 目录名
```

-R：设置递归 ACL 权限，该参数的位置不能改变。

【例 4.17】为用户组 dgroup 设置对目录/tmp/project 及其子目录和文件的读与执行的 ACL 权限。

```
$setfacl -m g:dgroup:rx -R /tmp/project
```

注意：递归 ACL 权限设置只对目录中已有的子目录和文件生效，对 ACL 权限设置后建立的子目录和文件是无效的，这时需要用到默认 ACL 权限。

2．默认 ACL 权限

如果给某目录设置了默认 ACL 权限，则在该目录下所有新建的子目录和文件都会继承相应的默认 ACL 权限。

命令格式：

```
setfacl -m d:[u:用户名 g:用户组名]:权限 目录名
```

d：设置默认（default）ACL 权限。

【例 4.18】为用户 wrestest03 同时设置对目录/tmp/project 的递归 ACL 权限和默认 ACL 权限。

```
$setfacl -m d:u:wrestest03:rx -R /tmp/project
```

注意：不管是默认 ACL 权限，还是递归 ACL 权限，命令本身的作用对象是目录。递归 ACL 权限针对的是目录及其现有子目录和文件，而默认 ACL 权限针对的是未来新建子目录和文件。所以，如果同时设置了递归 ACL 权限和默认 ACL 权限，那么目录中的所有子目录和文件，不管是已有的还是未来新建的，都会继承父目录的 ACL 权限。

4.3 项目三：文件特殊权限设置

【项目描述】

接 4.2 节项目，项目组成立后，又对文件访问做了如下的规范：

（1）项目组成员在 project 目录下创建的文件的所属组是 gproject。

（2）各用户只能删除自己创建的文件，不能删除其他用户创建的文件。

【项目分析】

目前 project 目录的所有者是 wres03，所属组是 gproject，具体权限为：

```
drwxrwx---+ 3 wres03   gproject 27 2 月   27 09:41 project
```

项目组成员有 wres03、wres04、wres05 和 wrestest03 这 4 个用户，其中 wrestest03 用户对 project 目录的 ACL 权限是 r-x，其他 3 位用户的附属组是 gproject，因此对 project 目录具有 rwx 权限。

在目前情况下，wres03、wres04、wres05 用户在 project 目录下创建的文件的所属组是用户各自的所属组，如果需要使新建文件的所属组是 gproject，需要设置 SetGID（简称 SGID）权限。当新建文件的所属组是 gproject 时，wres03、wres04、wres05 对新建文件都具有 rwx（x 权限对目录、可执行文件有效）权限，为了防止误删除其他用户的文件，因此需要设置 SetBIT（简称 SBIT）权限。相关知识点见表 4.4。

表 4.4 相关知识点

序号	知识点	详见章节
1	SGID 权限	4.3.2 节
2	SBIT 权限	4.3.3 节

【操作过程】

以 wres03 账号登录系统：

```
$cd /tmp/project
$chmod g+s project                    //为 project 目录设置 SGID 权限
$chmod o+t project                    //为 project 目录设置 SBIT 权限
```

4.3.1 SUID 权限

1. SUID 介绍

SetUID 简称 SUID。为理解 SUID，下面首先研究/usr/bin/passwd 和/etc/shadow 两个文件的用户权限及命令执行过程。

观察/usr/bin/passwd 文件的权限：

```
#ls -l /usr/bin/passwd
-rwsr-xr-x. 1 root root 27832 6 月   10 2014 /usr/bin/passwd
```

可以看出，文件/usr/bin/passwd 的所有者 root 的权限是"rws"，这好像与前述章节介绍的用户对文件的权限只有 3 种（读、写和执行）的说法有些冲突，其实，这里的"s"权限就是 SUID 权限，它占据了原来"x"的位置。

再观察/etc/shadow 文件的权限：

```
#ls -l /etc/shadow
----------. 1 root root 1504 2 月   23 13:33 /etc/shadow
```

可以看出两点：①文件/etc/shadow 的所有者 root 的权限为"---"，可是 root 用户可以对该文件进行任何操作，这是因为 root 具有最高权限，即使不设置权限，它依然具有最高文件操作权限；②除 root 用户外的其他所有用户的权限也是"---"，但是为什么其他所有用户都可以修改自己的密码呢？为什么都可以修改/etc/shadow 文件呢？

由前述章节可知，密码是记录在/etc/shadow 文件中的，修改密码的过程其实就是修改该文件的过程。用户在修改密码时，并不是直接修改/etc/shadow 文件，而是通过 passwd 命令（可执行二进制文件，位于/usr/bin 目录下）来修改密码的，虽然 passwd 命令的权限是"-rwsr-xr-x"，即除 root 用户外任何人都没有写操作，但是该命令具有 SUID 权限。SUID 权限的作用就是暂时为命令的执行者赋予命令者（root）权限，授权其行使命令者的权限，直到命令执行结束。也就是说，虽然普通用户没有修改/etc/shadow 文件的权限，但是 passwd 命令具有 SUID 权限，所以普通用户可以通过 passwd 命令获得暂时的 root 权限，从而具备了修改/etc/shadow 文件的权限。

再来观察/bin/cat 文件的权限：

```
#ls -l /bin/cat
-rwxr-xr-x. 1 root root 54080 11 月   6 2016 /bin/cat
```

由于 cat 命令不具有 SUID 权限，因此普通用户在通过 cat 命令查看/etc/shadow 文件内容时就会报出"权限不够"的错误。

综上所述，SUID 权限的执行过程如图 4.12 所示。

对 SUID 权限做以下几点说明：

① 只有命令（可执行二进制文件）才能被设定 SUID 权限，即命令对其他不可执行的文件（包括文本文件、目录等）赋予 SUID 权限是无意义的，SUID 权限也不能用在普通的 Shell 脚本中。因为 Shell 脚本是由二进制命令组成的，所以如果其中的命令没有设置 SUID 权限，即使 Shell 脚本具备 SUID 权限也是无效的。

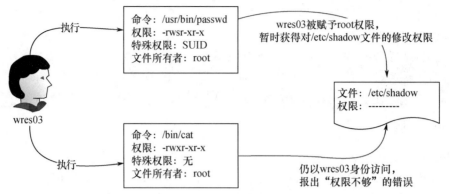

图 4.12　SUID 权限的执行过程

②　要为某命令设置特殊权限，命令执行者必须对该命令拥有执行（x）权限。

③　命令执行者在执行该命令时获得该命令的所有者身份，如上所述，用户在通过 passwd 命令修改用户密码，即修改/etc/shadow 文件时，因为 passwd 命令具有 SUID 权限，所以用户被暂时赋予了 passwd 命令所有者 root 身份，具备修改/etc/shadow 文件的权限。

④　SUID 权限只在该命令执行过程中有效，也就是说，文件所有者的身份只在命令执行过程中有效，命令一结束，身份立即还原。

⑤　要谨慎使用 SUID 权限，如果使用不当，则可能会带来灾难性的后果。比如，如果将 /bin/vim 编辑器命令赋予 SUID 权限，那么任何用户都可以对系统中无执行权限的文件进行编辑，其后果是不堪设想的。因此在日常工作中，应对系统中默认具有 SUID 权限的文件汇总，定期检查有没有被误设了 SUID 权限的文件。

2．设置和取消 SUID 权限

设置 SUID 权限的命令格式：

```
chmod n755 文件名
```

或者

```
chmod u+s  文件名
```

其中，n 可以是 4、2、1、7 中的任何一个数字，4 代表 SUID，2 代表 SGID，1 代表 SBIT，7 代表 SUID、SGID 和 SBIT。

【例 4.19】为 cat 命令设置 SUID 权限，使其他用户可以使用 cat 命令查看/etc/shadow 文件内容（任务结束后务必还原，否则会给系统带来危险）。

```
#chmod 4755 /bin/cat
```

取消 SUID 权限的命令格式：

```
chmod 755  文件名
```

或者

```
chmod u-s 文件名
```

特别说明：通过对命令设置 SUID 权限可以提升普通用户对文件的修改权限，然而使用不当会非常危险，如 rm、vim、cat 等都是此种命令，使用时要尤其注意。

4.3.2　SGID 权限

SetGID 简称 SGID，它出现在文件所属组权限的执行位上，对普通二进制文件和目录都有效。

1. SGID 对文件的作用

SGID 作用于普通文件时，和 SUID 类似，在执行该文件时，用户将获得该文件所属组的权限。

【例 4.20】举例说明具有 SGID 权限的二进制文件的执行过程。

任何用户都可以用文件查找命令 locate 通过对/var/lib/mlocate/mlocate.db 文件的搜索来查找文件。观察这两个文件的权限：

```
#ls -l /var/lib/mlocate/mlocate.db
-rw-r-----. 1 root slocate 2590388 2 月    27 10:11 /var/lib/mlocate/mlocate.db
#ls -l /usr/bin/locate
-rwx--s--x. 1 root slocate 40512 11 月    5 2016 /usr/bin/locate
```

可以看出，所属组 slocate 对/var/lib/mlocate/mlocate.db 文件具有读权限，但普通用户对该文件没有读权限，那么普通用户是如何搜索 mlocate.db 文件的呢？再观察/usr/bin/locate 二进制文件的权限，发现所属组 slocate 对该文件具有"s"权限，即 SGID 权限。所以非所属组 slocate 的用户虽然不能直接读取 mlocate.db 文件，但可以通过 locate 命令来对 mlocate.db 文件内容进行查找。即普通用户在执行 locate 命令时，其组身份被赋予了 slocate 身份，具有了 slocate 组对 mlocate.db 文件的读权限，从而实现了对 mlocate.db 文件的查找功能。命令执行结束后，用户的组身份立即还原为原来的组身份。

2. SGID 对目录的作用

当 SGID 作用于目录时，意义非常重大。当用户对某一目录有写和执行权限时，该用户可以在该目录下建立文件，如果该目录用 SGID 修饰，则该用户在这个目录下建立的文件都属于这个目录所属的组。

对目录设置 SGID 权限时要注意如下事项：

① 普通用户必须对目录拥有"r"和"x"权限，即可以用 ls 命令，也可以进入该目录。

② 普通用户在进入该目录后会赋予该目录的所属组身份。

③ 当普通用户对此目录拥有"w"权限时，新建文件的所属组就是这个目录的所属组。

【例 4.21】举例说明 SGID 权限对目录的作用。

```
#mkdir /tmp/sgidtest          //以 root 身份新建一个 sgidtest 目录
#chmod 2777 /tmp/sgidtest     //为新目录赋予读、写、执行和 SGID 权限
#su wres04                    //切换用户为 wres04
$cd   /tmp/sgidtest           //进入新目录，wres04 被赋予所属组 root 的身份
$ls -ld /tmp/sgidtest         //验证确实具有读、写、执行和 SGID 权限
drwxrwsrwx. 2 root root 6 2 月    28 14:55 /tmp/sgidtest
$touch sgidfile               //wres04 在/tmp/sgidtest/下新建一个文件
$mkdir sgiddir                //wres04 在/tmp/sgidtest/下新建一个目录
$ ls -l
drwxrwsr-x. 2 wres04 root 6 2 月    28 14:57 sgiddir   //新建目录的所属组为 root
-rw-rw-r--. 1 wres04 root 0 2 月    28 14:57 sgidfile      //新建文件的所属组为 root
```

3. 设置和取消 SGID 权限

为目录设置和取消 SGID 权限的命令语法类似 SUID 权限的设置和取消，也具有一定的危险性，使用时需要特别谨慎。

设置 SGID 权限的命令格式：

```
        chmod 2777 目录名
```
或者
```
        chmod g+s 目录名
```
取消 SGID 权限的命令格式：
```
        chmod 755 目录名
```
或者
```
        chmod g-s 目录名
```

4.3.3 SBIT 权限

1. SBIT 的作用

Sticky BIT 简称 SBIT，可称为黏着位、黏滞位、防删除位。SBIT 权限仅对目录有效，一旦目录设定了 SBIT 权限，则用户在此目录下创建的文件或目录，就只有自己和 root 用户才有删除的权限。

例如，系统中的/tmp 是一个临时目录，任何用户都可以在其中创建、删除、复制、粘贴文件或目录，但是每个用户只能删除自己创建的目录或文件，而不能删除其他用户创建的目录或文件，就是因为目录/tmp 具有 SBIT 权限。查看目录/tmp 的权限：
```
        #ls -ld /tmp
        drwxrwxrwt. 20 root root 4096 2 月    28 14:55 /tmp
```
可知，目录/tmp 的所有者是 root，所属组是 root 组，其他人对该目录拥有"rwt"权限，其中的"t"就是 SBIT 权限。

SBIT 权限说明如下：

① SBIT 权限只对目录有效。

② 要为某个目录设置 SBIT 权限，普通用户对该目录必须拥有"-wx"权限，即普通用户可以进入此目录，也可以执行写操作。

③ 当普通用户对某目录拥有"wx"权限时，可以删除该目录下的所有目录和文件（包括其他用户创建的文件），为了避免普通用户删除同一目录下其他用户创建的文件或目录，可以为该目录设置 SBIT 权限，这样普通用户就只能删除自己创建的文件，而不能删除其他用户创建的文件。

2. 设置和取消 SBIT 权限

设置 SBIT 权限的命令格式：
```
        chmod 1777 目录名
```
或者
```
        chmod o+t 目录名
```
取消 SBIT 权限的命令格式：
```
        chmod 755 目录名
```
或者
```
        chmod o-t 目录名
```
【例 4.22】创建一个新目录/tmp/sbittest，为该目录设置 SBIT 权限，验证在该目录下用户 wres04 创建的文件不能被其他用户（如 wres05）删除。
```
        #mkdir /tmp/sbittest
        #chmod 1777 /tmp/sbittest                //为/tmp/sbittest 目录设置 SBIT 权限
```

```
#ls -ld   /tmp/sbittest
drwxrwxrwt. 2 root root 6 2 月    28 15:51 /tmp/sbittest        //验证 SBIT 权限设置成功
#su wres04                        //切换用户为 wres04
$cd    /tmp/sbittest
$mkdir sbit04                     //以 wres04 身份创建一个目录 sbit04
$su wres05                        //切换用户为 wres05
$rm -rf sbittest                  //用户 wres05 删除目录 sbittest
rm: 无法删除"sbittest":权限不够       //wres05 不能删除 wres04 创建的目录 sbittest
```

4.4 知 识 扩 展

4.4.1 设置文件系统属性的 chattr 命令

作为服务器系统，Linux 系统被不同的用户使用，因此，这些用户有机会访问一组共同的文件，就有可能会发生如意外删除或编辑重要文件等情况，作为管理员，可以使用 chattr 命令避免类似的情况发生。chattr（change file attributes）命令用于改变文件系统属性。该命令只能由 root 用户使用，并且 chattr 命令的设置对 root 用户也生效。

命令格式：

chattr   [+|-|=] [选项] 文件名或目录名

chattr 命令的常用选项及功能说明见表 4.5。

表 4.5   chattr 命令的常用选项及功能说明

选项	功能说明
+	增加权限
-	删除权限
=	赋予某权限
i	如果对文件设置 i 属性，那么不允许对文件进行删除、重命名，也不能添加和修改数据，只能读其中的数据；如果对目录设置 i 属性，那么只能修改目录下文件中的数据，但不允许建立和删除文件
a	如果对文件设置 a 属性，那么只能在文件中增加数据，但是不能修改和删除数据；如果对目录设置 a 属性，那么只允许在目录中建立和修改文件，但是不允许删除文件
u	设置此属性的文件或目录在删除时，其内容会被保存，以保证后期能够恢复，常用来防止意外删除文件或目录
s	和 u 相反，删除文件或目录时，会被彻底删除，不可恢复

【例 4.23】在/tmp 目录下创建文件 chattrfile，为其设置文件系统属性，使任何用户不能删除、重命名该文件，也不能修改该文件内容。

```
#cd /tmp
#touch chattrfile
#echo hello linux>>chattrfile //设置 i 属性前修改 chattrfile 文件中的内容
#cat chattrfile
hello linux                 //修改成功
#chattr +i chattrfile       //设置 i 属性
#lsattr chattrfile          //查看 chattrfile 的文件系统属性
----i---------- chattrfile  //文件具备了 i 属性
```

```
#echo test>>chattrfile        //修改文件内容
-bash: chattrfile:权限不够      //设置 i 属性后不能再修改文件内容
# rm -rf chattrfile           //删除文件
rm: 无法删除"chattrfile": 不允许的操作    //设置 i 属性后不能再删除文件
```

【例 4.24】在/tmp 目录下创建 chattrdir 目录，设置其文件系统属性，使任何用户不得在该目录下新建和删除文件，而只能修改该目录下的已有文件。

```
#cd /tmp
#mkdir chattrdir
#cd chattrdir
#touch chattrfile              //设置 i 属性前可以在 chattrdir 目录中新建文件
#chattr +i /tmp/chattrdir      //为目录 chattrdir 设置 i 属性
#lsattr -d /tmp/chattrdir
----i----------   /tmp/chattrdir    //目录具备了 i 属性
#echo linux>>chattrfile        //设置 i 属性后仍然可以修改目录 chattrdir 中的文件内容
#rm -rf chattrfile
rm: 无法删除"chattrfile":权限不够  //设置 i 属性后不能删除目录 chattrdir 中的文件
#touch chattrfile2
touch: 无法创建"chattrfile2":权限不够  //设置 i 属性后不能在目录 chattrdir 中新建文件
```

【例 4.25】恢复/tmp/chattrdir 目录和/tmp/chattrfile 文件的文件系统属性（删除 i 属性）。

```
#cd /tmp
#chattr -i chattrdir          //删除 chattrdir 目录的 i 属性
#lsattr -d chattrdir          //删除成功
---------------- chattrdir
#chattr -i chattrfile         //删除 chattrfile 文件的 i 属性
#lsattr    chattrfile
---------------- chattrfile   //删除成功
```

【例 4.26】设置/tmp/chattrdir 目录的文件系统属性，使任何用户在该目录中只允许新建、修改文件或目录，而不能删除文件或目录。

```
#cd /tmp
#chattr +a chattrdir                  //为 chattrdir 目录设置 a 属性
#lsattr -d chattrdir
-----a---------- chattrdir            //chattrdir 目录具有了 a 属性
#touch chattrdir/chattrfile1          //可以新建文件
#echo hello>> chattrdir/chattrfile1   //可以修改文件
#cat chattrdir/chattrfile1
hello
#rm -rf chattrdir/chattrfile1
rm: 无法删除"chattrdir/chattrfile1": 不允许的操作    //不能删除文件
```

4.4.2　查看文件系统属性的 lsattr 命令

lsattr（list file attributes）命令用于查看文件系统属性。

命令格式：

```
lsattr    [a|d] 文件名
```

选项说明：

a——显示所有文件和目录。

d——如果操作对象是目录，则仅列出目录本身的属性，而不显示子文件的属性。

【例 4.27】列出/tmp/chattrdir 目录中所有的文件和目录的文件系统属性。

```
#lsattr   -a   /tmp/chattrdir
-----a---------- /tmp/chattrdir/.
---------------- /tmp/chattrdir/..
----i---------- /tmp/chattrdir/chattrfile
```

本 章 小 结

本章通过 3 个项目介绍了文件权限的基本设置、ACL 权限设置及文件特殊权限设置。

文件权限的基本设置介绍了文件属性、与权限设置相关的 chmod、umask、chown、su、sudo 命令。

ACL 权限设置介绍了 ACL 权限的设置方法，相关命令有 getfacl、setfacl。

文件特殊权限介绍了 SUID、SGID、SBIT 三种特殊权限的设置方法。

知识扩展中介绍了文件系统属性的概念及相关设置命令，包括 chattr 和 sattr 命令。

习 题 4

1．选择题

（1）以下命令中，只有 root 用户才具有执行权限的是（   ）。

A．chown   B．mkdir   C．chmod   D．vim

（2）若设置/tmp/file 文件的所有者和所属组均有读、写权限，其他用户对该文件只有读权限，以下命令正确的是（   ）。

A．chmod ug=rw o-w-x /tmp/file   B．chown 664 /tmp/file

C．chmod u=rw /tmp/file   D．chmod 664 /tmp/file

（3）若设置/usr/myprog 文件的所有者均有读、写权限，所属组和其他用户对该文件均无任何权限，以下命令正确的是（   ）。

A．chmod u=rw go-r-w-x /usr/myprog   B．chown 600 /usr/myprog

C．chmod u=rw /usr/myprog   D．chmod 600 /usr/myprog

（4）取消/usr/myprog 文件所有者和所属组的写权限，以下命令正确的是（   ）。

A．chmod ug-w /usr/myprog   B．chown 664 /usr/myprog

C．chmod u-w g-w /usr/myprog   D．chmod 666 /usr/myprog

（5）若设置/tmp/file 文件的所有者和所属组均有读、写权限，其他用户对该文件只有读权限，以下命令正确的是（   ）。

A．chmod ug=rw o-w-x /tmp/file   B．chown 664 /tmp/file

C．chmod u=rw /tmp/file   D．chmod 664 /tmp/file

2．简答题

（1）简述文件的权限及其含义。

（2）当普通用户使用 sudo 命令时，是否需要验证密码？

（3）如果希望用户执行某命令时临时拥有该命令所有者的权限，应该设置什么特殊权限？

（4）若对文件设置了隐藏权限+i，则意味着什么？

（5）使用 ACL 来限制 linuxprobe 用户组，使得该用户组中的所有成员不得在/tmp 目录中写入内容。

上机实践 4

1．创建一个名为 bob 的用户，然后修改文件 test. txt 的所有者为 bob 用户。修改后，使用 ls 命令查看 test.txt 文件的所有者是否被改为 bob 用户。

2．使用命令创建具有默认权限为 744 的目录/root/ak，然后将/etc/named.conf 文件复制到该目录中，最后将该目录及其目录下的文件一起删除。

3．写出实现下面操作的相关命令。

（1）新建用户组 group1。

（2）新建用户 lily，并作为 group1 用户组的成员。

（3）以 lily 用户的身份将当前工作目录切换为/tmp 目录。

（4）在/tmp 目录中创建目录 mywork 和普通文本文件 log.lily。

（5）将 log.lily 文件移动到 lily 用户的主目录下并重命名为 loghome.lily。

（6）将 loghome.lily 文件的访问权限修改为 rw-rw-r--。

（7）删除 lily 用户及该用户的主目录。

（8）删除 group1 用户组。

4．john 用户在/tmp 目录下新建了文件 file，文件属性如图 4.13 所示。

```
[john@server tmp]$ ll file
-rw-rw-r-- 1 john john 0 05-04 01:28 file
```

图 4.13　file 文件属性

此时 tom 用户对 file 文件进行修改但操作失败，如图 4.14 所示。

图 4.14　执行结果

请问：

（1）file 文件属性中 rw-rw-r--的含义是什么？

（2）如果 tom 用户想成功修改 file 文件，可以有哪些方法？写出相关命令（至少写出两种方法）。

5．创建用户 test2，并给用户设置初始口令为 11111111，然后从/etc/passwd 和/etc/shadow 文件中找出所添加的用户，查看并分析用户账号信息，请指出 test2 用户的 UID 和 GID、密码、主目录、Shell；把用户 test2 添加到 sudoers 文件，使其能够完成下面的工作：

（1）创建 stus 用户组，添加新用户 stu1 到该用户组，使 stus 用户组作为 stu1 的主组，指定其主目录为/home/stu1dir，并设置用户密码。

（2）修改用户 stu1 为 lily。

（3）修改 lily 用户的主目录为/home/lily。

（4）添加新用户 liqiang 并设置密码，其主组为 liqiang，同时使其加入用户组 stus。

（5）查询 liqiang 的密码状态，将其密码锁定，再次查询其密码状态，比较两次的查询结果。

（6）向系统添加新用户时，使密码最小长度为 8 个字符（修改文件 /etc/login.defs）。

（7）用户 lily 的密码必须每 30 天修改一次，否则密码将失效，并在失效前 7 天给用户发出警告。

（8）修改用户 liqiang 的 UID 为 600。

（9）将用户 liqiang 进行解锁。

6. 某企业为了便于每位员工设置自己的登录密码，现定于周一上午 8:00～10:00 开放密码设置权限，同时，企业为了收集员工的意见和建议，促进企业健康发展，特指定/company/suggest 目录用来保存员工的建议文件，但不允许删除他人的文件。另外，企业研发部为了提升软件和硬件开发之间的效率，创建一个共享目录/company/research，现指定 yfsoft 和 yfhard 两人负责协调工作，单独建立一个 research 组，共享目录只有两人具有权限，且互相可以修改对方文件，其他人无法访问。

第 5 章 服务与进程

服务是指执行指定系统功能的程序、例程或进程，以便支持其他程序，尤其是底层程序。Linux 系统的管理是由若干服务进程完成的，因此，对服务进程的了解和学习是掌握 Linux 系统不可或缺的环节。本章将介绍服务管理与进程管理的入门知识，主要包括以下知识点：

- Linux 系统的启动过程（难点）；
- 设置系统的运行级别（重点）；
- 管理服务的命令（重点）；
- 管理进程的命令（难点）。

5.1 项目一：Linux 系统启动配置与快捷键设置

【项目描述】

管理员在部署 CentOS Linux 7 系统时，为了提高工作效率，通常在文本界面下进行工作，因此他以系统管理员 root 权限把系统设置成开机后，直接进入文本界面下；同时他在配置服务器的过程中为避免重新启动计算机，将取消组合键 Ctrl+Alt+Del 的重新启动功能。

【项目分析】

在本项目中，主要需要完成两个任务：设置系统的运行级别；取消 Ctrl+Alt+Del 组合键的功能。

在 CentOS Linux 7 系统中，通过/etc/systemd/system/default.target 配置文件完成对系统运行级别的设置。Ctrl+Alt+Del 组合键功能的设置在 ctrl-alt-del.target 文件中完成。因此，实现本项目需要掌握 Linux 系统运行级别和配置的相关知识点，详见表 5.1。

表 5.1　相关知识点

序号	知识点	详见章节
1	对 Linux 系统启动过程的理解	5.1.1 节
2	对 Linux 系统运行级别的理解	5.1.2 节
3	设置 Linux 系统的运行级别	5.1.3 节
4	设置 Ctrl+Alt+Del 组合键的功能	5.1.4 节

【操作过程】

```
#systemctl   set-default multi-user.target          //设置运行级别为 3
#reboot                                              //重新启动计算机
#vim   /usr/lib/systemd/system/ctrl-alt-del.target   //修改文件内容
#init   q                                            //更新设置
```

5.1.1　Linux 系统的启动过程

系统的引导和初始化是操作系统实现控制的第一步，了解 Linux 系统的启动和初始化过程，对进一步管理 Linux 系统是十分有益的。Linux 系统的启动过程如图 5.1 所示。

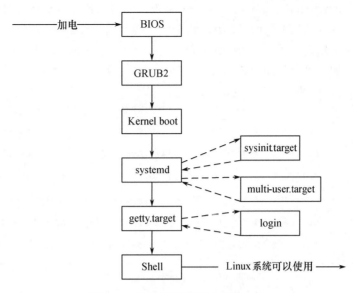

图 5.1　Linux 系统的启动过程

① 计算机加电后，CPU 运行初始化，接着在硬件固定位置执行一条指令。这条指令跳转到 BIOS，BIOS 找到启动设备并获取 MBR，该 MBR 的主引导程序负责运行系统引导程序。CentOS Linux 7 的主引导程序是 GRUB2。

② GRUB2 获得引导过程的控制权后，会显示 GRUB2 提示符。此时如果用户不进行任何操作，GRUB2 将在等待指定时间后自动引导默认的操作系统，而如果在此期间按下 Tab 键，则可以看到一个可引导的操作系统列表，选择操作系统名称就能进入相应的操作系统。用户选择启动 Linux 的操作，将激活 GRUB2 从 boot 分区读取并装载压缩内核，压缩内核自解压并把控制权转交给解压的内核，开始 Kernel boot（内核引导）初始化系统硬件和设备。

③ 内核启动 systemd 进程，该进程将根据 default.target 引导系统，然后执行 sysinit.target 来初始化系统和准备操作系统。接着启动 multi-user.target 下的本机服务，并检查/etc/rc.d/rc.local 文件是否有用户自定义脚本需要启动。

④ 执行 getty.target 及登录服务，等待用户登录系统。

5.1.2　Linux 系统的运行级别

运行级别是一种状态或模式，是操作系统当前正在运行的功能级别，类似 Windows 系统的安全模式、命令模式、正常模式等运行级别。Linux 系统为了适应不同用户对服务的启动配置要求，设置了 7 种不同的运行级别（0～6），不同的运行级别具有不同的功能，具体定义如下。

运行级别 0：停机。

运行级别 1：单用户模式，仅用于 root 用户对系统进行维护时。

运行级别 2：用户定义运行级别，默认等同于运行级别 3。

运行级别 3：完全多用户模式，即多用户文本界面模式，是标准的运行级别。

运行级别 4：域特定运行级别，默认等同于运行级别 3。

运行级别 5：X11，Linux 系统的图形界面运行级别。

运行级别 6：重新启动。

在 CentOS Linux 7 中，每个运行级别都有属于自己的 target 文件，这些 target 文件都是链接文件，保存在/lib/systemd/system 目录中，运行级别的设置由/etc/systemd/system/ default.target 文件控制。default.target 指向哪个运行级别的文件，就启动哪个运行级别。

CentOS Linux 7 预定义了一些 target 文件，为了兼容，systemd 也提供一些 target 文件映射为运行级别。系统的 7 个运行级别对应 7 个 target 文件，如图 5.2 所示。

```
[root@localhost ~]# ll  /lib/systemd/system/runlevel*
lrwxrwxrwx. 1 root root 15 May 31  2017 /lib/systemd/system/runlevel0.target ->
poweroff.target
lrwxrwxrwx. 1 root root 13 May 31  2017 /lib/systemd/system/runlevel1.target ->
rescue.target
lrwxrwxrwx. 1 root root 17 May 31  2017 /lib/systemd/system/runlevel2.target ->
multi-user.target
lrwxrwxrwx. 1 root root 17 May 31  2017 /lib/systemd/system/runlevel3.target ->
multi-user.target
lrwxrwxrwx. 1 root root 17 May 31  2017 /lib/systemd/system/runlevel4.target ->
multi-user.target
lrwxrwxrwx. 1 root root 16 May 31  2017 /lib/systemd/system/runlevel5.target ->
graphical.target
lrwxrwxrwx. 1 root root 13 May 31  2017 /lib/systemd/system/runlevel6.target ->
reboot.target
```

图 5.2 运行级别 target 文件

由于不同的运行级别将要启动的服务不尽相同，因此，为了合理地管理各个运行级别的服务程序，系统为每一个运行级别在/etc/rc.d 目录下定制了一个目录，用于存放各自的服务程序，命名规则为 rcn.d（n 取 0～6，代表 7 种运行级别），如图 5.3 所示。在系统启动某运行级别时，就初始化其对应目录下的服务程序即可。

```
[root@localhost ~]# ll  /etc/rc.d
total 4
drwxr-xr-x. 2 root root  70 May 31  2017 init.d
drwxr-xr-x. 2 root root  45 May 31  2017 rc0.d
drwxr-xr-x. 2 root root  45 May 31  2017 rc1.d
drwxr-xr-x. 2 root root  45 Aug 25 08:20 rc2.d
drwxr-xr-x. 2 root root  45 Aug 25 08:20 rc3.d
drwxr-xr-x. 2 root root  45 Aug 25 08:20 rc4.d
drwxr-xr-x. 2 root root  45 Aug 25 08:20 rc5.d
drwxr-xr-x. 2 root root  45 May 31  2017 rc6.d
-rw-r--r--. 1 root root 473 Nov  7  2016 rc.local
```

图 5.3 Linux 系统各运行级别目录

在运行级别对应的目录中，所有文件的命名规则是 Knnxxxx 和 Snnxxxx。其中，以"S"开头的文件是系统启动时调用的服务程序，以"K"开头的文件是系统终止时调用的服务程序。nn 是 00～99 之间的一个整数，数字 nn 的大小决定程序执行的先后顺序。xxxx 是服务程序的名称。

因为各个运行级别中的服务程序集合有可能存在交集，所以为了节省硬盘空间和便于更新服务程序，在/rcn.d 目录中存放的只是各个服务程序的链接文件，如图 5.4 所示，而所有服务程序的脚本文件都存放在/etc/rc.d/init.d 目录下，如图 5.5 所示。

```
[root@localhost ~]# ll /etc/rc.d/rc5.d/
total 0
lrwxrwxrwx. 1 root root 20 Jul 31 15:31 K50netconsole -> ../init.d/netconsole
lrwxrwxrwx. 1 root root 17 Aug 25 08:20 S10network -> ../init.d/network
```

图 5.4 运行级别 5 的/rc5.d 目录中的内容

```
[root@localhost ~]# ll /etc/rc.d/init.d/
total 32
-rw-r--r--. 1 root root 15131 Sep 12  2016 functions
-rwxr-xr-x. 1 root root  2989 Sep 12  2016 netconsole
-rwxr-xr-x. 1 root root  6643 Sep 12  2016 network
-rw-r--r--. 1 root root  1160 Nov  7  2016 README
```

图 5.5 /etc/rc.d/init.d 目录中的内容

5.1.3 系统运行级别之间的切换

如果系统安装的是图形界面，那么在启动系统时默认以图形方式启动并通过认证后进入图形界面。图形界面虽然有直观易懂的特点，但是相对于文本界面，图形界面会消耗更多的系统资源，因此在进行系统管理和远程访问时多采用文本界面。

系统图形界面的运行级别是 5，文本界面的运行级别是 3。由于系统的运行级别是通过修改 default.target 文件的指向来完成的，因此，在更改系统的运行级别时会涉及文件的删除和链接的创建。

由于/etc/systemd/system/default.target 文件控制系统的运行级别，而该文件实际上是由 Unit 服务定义的若干参数，如图 5.6 所示。

```
[ root@localhost ~]# cat /etc/systemd/system/default.target
#  This file is part of systemd.
#
#  systemd is free software; you can redistribute it and/or modify it
#  under the terms of the GNU Lesser General Public License as published by
#  the Free Software Foundation; either version 2.1 of the License, or
#  (at your option) any later version.

[ Unit]
Description=Graphical Interface
Documentation=man: systemd. special( 7)
Requires=multi- user. target
Wants=display- manager. service
Conflicts=rescue. service rescue. target
After=multi- user. target rescue. service rescue. target display- manager. service
AllowIsolate=yes
```

图 5.6　default.target 文件的内容

要确定系统目前使用的运行级别，可通过图 5.7 中的命令 ll 来查看 default.target 文件的长格式信息。

```
[root@localhost ~]# ll  /etc/systemd/system/default. target
lrwxrwxrwx. 1 root root 36 May 31  2017 /etc/systemd/system/default. target -> /l
ib/systemd/system/graphical.target
```

图 5.7　default.target 文件的长格式信息

通过图 5.7 可以看到，目前系统的运行级别是 graphical.target 图形界面。在需要设置系统的运行级别时，首先要把原先的链接文件删除，然后指定新的运行级别，也可以通过 systemctl 命令来设置。下面介绍两种将系统的运行级别 5 设置成运行级别 3 的方法。

1. 重新设置链接文件

此方法需要把原先的链接文件删除，然后重建新的链接文件 default.target，使之指向/lib/systemd/system/ runlevel3.target 文件。如图 5.8 所示。

```
[ root@localhost ~]# rm - rf /etc/systemd/system/default. target
[ root@localhost ~]# ln - s /lib/systemd/system/runlevel3. target /etc/systemd/sys
tem/default. target
```

图 5.8　重建链接文件修改运行级别

2. systemctl 命令

使用 systemctl set-default name.target 修改默认的运行级别。systemctl 命令将在 5.2.2 节详细介绍。图 5.9 将默认的运行级别设成运行级别 3。

```
[ root@localhost ~] # systemctl set- default multi- user. target
Removed symlink /etc/systemd/system/default. target.
Created symlink from /etc/systemd/system/default. target to /usr/lib/systemd/sys
tem/multi- user. target.
```

图 5.9 使用 systemctl 命令修改运行级别

【例 5.1】将系统的默认运行级别修改成 5。

> #systemctl set-default graphical.target
>
> #reboot

重启系统后观察系统的运行级别。

5.1.4 关闭 Ctrl+Alt+Del 组合键的功能

Linux 系统默认允许任何人按下 Ctrl+Alt+Del 组合键来重启系统，而关闭组合键的功能可以在/usr/lib/systemd/system/ctrl-alt-del.target 文件中配置完成。具体操作方法如下：

直接输入 vim 命令编辑 ctrl-alt-del.target 文件，将该文件的内容全部注释掉，如图 5.10 所示。

```
[ root@localhost rc. d] # vim /usr/lib/systemd/system/ctrl- alt- del. target
▓ This file is part of systemd.
#
# systemd is free software; you can redistribute it and/or modify it
# under the terms of the GNU Lesser General Public License as published by
# the Free Software Foundation; either version 2. 1 of the License, or
# ( at your option) any later version.

#[ Unit]
#Description=Reboot
#Documentation=man: systemd. special( 7)
#DefaultDependencies=no
#Requires=systemd- reboot. service
#After=systemd- reboot. service
#AllowIsolate=yes
#JobTimeoutSec=30min
#JobTimeoutAction=reboot- force


#[ Install]
#Alias=ctrl- alt- del. target
```

图 5.10 ctrl-alt-del.target 文件的内容

保存并退出，执行 init q 重新加载配置文件。此时，Ctrl+Alt+Del 组合键将不再具有重启系统的功能。

5.2 项目二：使用 systemctl 命令管理 nfs 服务

【项目描述】

管理员在 Linux 系统对 nfs 服务做简单的管理，首先查询 nfs 服务的启动状态，发现 nfs 服务为关闭状态，接着启动了 nfs 服务并再次查询 nfs 服务的启动状态，以确定启动是否成功。为了方便使用 nfs 服务，设置 nfs 服务为开机自启动。

【项目分析】

本项目主要涉及服务的管理和自启动设置，可以使用 systemctl 命令来实现。systemctl 命令可以实现服务的启动、查询、停止及设置服务自启动功能，相关知识点见表 5.2。

表 5.2　相关知识点

序号	知识点	详见章节
1	对服务的理解	5.2.1 节
2	对服务启动脚本的理解	5.2.1 节
3	启动与停止服务	5.2.2 节
4	设置服务的自启动状态	5.2.2 节

【操作过程】

```
#systemctl   status   nfs.service          //查询 nfs 服务状态
#systemctl   start   nfs.service           //启动 nfs 服务
#systemctl   status   nfs.service          //查询 nfs 服务状态
#systemctl   is-enabled   nfs.service      //查询 nfs 服务的自启动状态
#systemctl   enable   nfs.service          //设置 nfs 服务自启动
```

5.2.1　服务简介

1．服务的概念

服务是指执行指定系统功能的程序、例程或进程，以便支持其他程序，尤其是底层（接近硬件）程序，如打印服务、ftp 服务、http 服务。服务的管理包括启动、查询、停止等操作。

2．服务的分类

Linux 系统的服务分为独立运行的服务和受 xinetd 管理的服务两大类。独立运行的服务在系统启动后可以独立运行并直接进行管理，这种服务与运行级别有关；而 xinetd，其本身是一个独立运行的服务，它负责管理一些不常用的服务，当这些不常用的服务被请求时，由 xinetd 服务负责启动运行，完成服务请求，再结束该服务的运行，以减少系统资源的占用。这些不常用的服务的启动和停止都由 xinetd 控制。

xinetd 服务的配置文件是/etc/xinetd.conf，是受 xinetd 管理的服务，在/etc/xinetd.d 目录下有相应的配置文件。例如，telnet 服务就是一个受 xinetd 管理的服务。

在管理服务时，独立运行的服务可以直接由相关命令来完成，而受 xinetd 管理的服务则通过对 xinetd 服务的操作来实现。

3．服务的启动脚本

在管理服务时，Linux 系统中的每个服务都有相应的启动脚本，可用于设置启动、停止、重启和查询服务等功能。所有的服务脚本都保存在/etc/rc.d/init.d 目录中，脚本名称和服务器名称相对应。在服务的启动脚本中，一般还有对该脚本文件的有效期和使用方法的描述，可以使用 less 命令查看。

5.2.2　systemctl 命令

在使用过程中，服务可以进行启动、查询、停止、重启等操作。在 Linux 中对服务的管理可以通过 systemctl 命令来实现。

之前版本的 CentOS 使用 service 命令和 chkconfig 命令实现对服务的状态设置和自启动设置，CentOS Linux 7 使用 systemctl 命令替换了原有命令，目的是要取代一直使用的 init 系统，并兼容 SysV 和 LSB 的启动脚本，使得进程在启动过程中能更有效地引导加载服务。

1．服务的启动与停止

命令格式：

选项说明：

start，启动服务。

stop，停止服务。

status，查询服务运行情况。

restart，重启服务。

reload，重新加载服务，加载更新后的配置文件（并不是所有服务都支持这个选项）。

用户可以在任何路径下使用 systemctl 命令来管理服务，该命令会自动到/etc/rc.d/init.d/下查找并执行相应的服务脚本。

服务名一般以".service"结尾，这些服务是被 systemctl 监视的进程，如果要求启动或停止的某个服务不存在，系统将会寻找同名的初始化脚本，即去掉.service 后缀的服务脚本。这主要用于与传统的 Linux 系统兼容。

【例 5.2】使用 systemctl 命令管理 NetworkManager 服务。

启动 NetworkManager 服务：#systemctl   start   NetworkManager

查询 NetworkManager 服务：#systemctl   status   NetworkManager

重启 NetworkManager 服务：#systemctl   restart   NetworkManager

停止 NetworkManager 服务：#systemctl   stop   NetworkManager

systemctl 命令管理 NetworkManager 服务的执行结果如图 5.11 所示。

```
[root@localhost ~]# systemctl start NetworkManager
[root@localhost ~]# systemctl status NetworkManager
● NetworkManager.service - Network Manager
   Loaded: loaded (/usr/lib/systemd/system/NetworkManager.service; enabled; vend
or preset: enabled)
   Active: active (running) since Wed 2019-09-04 19:08:11 PDT; 1 months 22 days
ago
 Main PID: 978 (NetworkManager)
   CGroup: /system.slice/NetworkManager.service
           ├─  978 /usr/sbin/NetworkManager --no-daemon
           └─94440 /sbin/dhclient -d -q -sf /usr/libexec/nm-dhcp-helper -pf /...

Oct 28 02:33:50 localhost.localdomain NetworkManager[978]: <info>      address ...
Oct 28 02:33:50 localhost.localdomain NetworkManager[978]: <info>      plen 24 ...
Oct 28 02:33:50 localhost.localdomain NetworkManager[978]: <info>      gateway ...
Oct 28 02:33:50 localhost.localdomain NetworkManager[978]: <info>      server i...
Oct 28 02:33:50 localhost.localdomain NetworkManager[978]: <info>      lease ti...
Oct 28 02:33:50 localhost.localdomain NetworkManager[978]: <info>      nameserv...
Oct 28 02:33:50 localhost.localdomain NetworkManager[978]: <info>      domain n...
Oct 28 02:33:50 localhost.localdomain NetworkManager[978]: <info>      (eno167777...
Oct 28 02:33:50 localhost.localdomain dhclient[94440]: bound to 192.168.86.14...
Oct 28 02:45:05 localhost.localdomain systemd[1]: Started Network Manager.
Hint: Some lines were ellipsized, use -l to show in full.
[root@localhost ~]# systemctl restart NetworkManager
[root@localhost ~]# systemctl stop NetworkManager
```

图 5.11   systemctl 命令管理 NetworkManager 服务的执行结果

2．设置服务的自启动状态

在对服务进行管理时，经常要设置服务的自启动状态，因此，Linux 提供了 ntsysv 和 systemctl 两个命令来实现服务自启动状态的设置。

（1）使用 ntsysv 命令设置服务的自启动状态

ntsysv 命令具有文本界面，可以进行互动式操作，如图 5.12 所示。使用时，可以轻易地利用方向键和空格键等来完成操作。ntsysv 命令的功能是可以启动或关闭不同运行级别下各个服务的自启动状态。

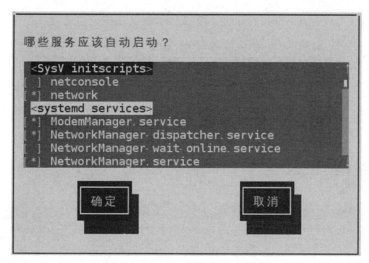

图 5.12　ntsysv 命令的文本界面

命令格式：

> ntsysv　[--back]　[--level]

选项说明：

back，在文本界面中，显示【返回】按钮，而非【取消】按钮。

level，在指定的运行级别中，决定要启动或关闭的系统服务。

在仅执行#ntsysv 命令时，只能配置当前运行级别下各服务的自启动状态。如果需要配置不同运行级别的自启动状态，需要使用--level 选项来指定一个或多个运行级别。例如，命令#ntsysv --level　345 表示配置运行级别 3、4 和 5 下的服务自启动状态。

在 ntsysv 命令的文本界面中，使用上、下箭头来查看列表；使用空格键来选择或取消服务，使用【确定】和【取消】按钮来确认；要在服务列表和【确定】、【取消】按钮中切换，可使用 Tab 键。"*"标明某服务被设为自启动状态。按 F1 键会弹出每项服务的简短描述。

（2）使用 systemctl 命令设置服务的自启动状态

① 查看服务的自启动状态

命令格式：

> systemctl　is-enabled　[服务名称]

如果省略"服务名称"，则表示要查看系统中所有服务的自启动状态。

② 设置开机启动/不启动

命令格式：

> systemctl　{ enable | disable }　服务名称

选项说明：

enable，开启自启动状态。

disable，关闭自启动状态。

【例 5.3】查看 NetworkManager 服务的自启动状态并设置为开机不启动。

> #systemctl　is-enabled　NetworkManager
> #systemctl　disable　　　NetworkManager
> #systemctl　is-enabled　NetworkManager

执行结果如图 5.13 所示。

```
[root@localhost ~]# systemctl is-enabled NetworkManager
enabled
[root@localhost ~]# systemctl disable NetworkManager
Removed symlink /etc/systemd/system/multi-user.target.wants/NetworkManager.servi
ce.
Removed symlink /etc/systemd/system/dbus-org.freedesktop.NetworkManager.service.
Removed symlink /etc/systemd/system/dbus-org.freedesktop.nm-dispatcher.service.
[root@localhost ~]# systemctl is-enabled NetworkManager
disabled
```

图 5.13　例 5.3 的执行结果

3．查看所有的服务

命令格式：

> systemctl　[选项]　[--type=TYPE]　[-all]

选项说明：

list-units，列出所有启动的 unit。加上-all 或者--all，将列出没启动的 unit。

list-unit-files，依据/usr/lib/systemd/system/内的启动文件，列出所有的启动文件。

--type=TYPE，unit 类型，主要有 service、socket、target。

【例 5.4】列出所有相关的系统服务。

#systemctl	//列出所有的系统服务
#systemctl　list-units	//列出所有启动的 unit
#systemctl　list-unit-files	//列出所有的启动文件
#systemctl　list-units　--type=service　-all	//列出所有 service 类型的 unit
#systemctl　list-units　--type=service　-all grep cpu	//列出 CPU 电源管理机制的服务
#systemctl　list-units　--type=target　-all	//列出所有目标单元的 target

systemctl 命令的功能比较强大，除了上述功能，还可以用来管理系统的关机、重启等功能，见表 5.3。

表 5.3　systemctl 命令的特殊功能说明

命　　令	说　　明	命　　令	说　　明
systemctl poweroff	系统关机	systemctl hibernate	进入休眠模式
systemctl reboot	系统重启	systemctl rescue	强制进入救援模式
systemctl suspend	进入睡眠模式	systemctl emergency	强制进入紧急救援模式

5.3　项目三：进程的延迟与周期调度

【项目描述】

系统开发组员工以 dguser0201 账号远程登录到服务器准备开始一天的工作，首先他设置了一个提醒任务：在下午 4:50 时，系统自动输出"I'm off work now."，以提醒自己快到 5 点要下班了。由于他在工作中把重要文件的后缀统一定义为.port，为了每天整理出最新的.port 文件，他制定了一个周期性的任务计划：每天下午 5:30 将主目录中后缀是.port 的文件列表保存到 list 文件中，以方便对重要文件的管理。在工作中，运行的 test 进程发生了问题，他只能强制终止了 test 进程的运行。

【项目分析】

在本项目中，主要任务是对进程的调度启动，包括对延迟性任务（在下午 4:50 时，系统自动输出"I'm off work now."，以提醒快到 5 点要下班了）的调度和对周期性任务（每天下午 5:30

将主目录中后缀是.port 的文件列表保存到 list 文件中）的调度。延迟性任务的调度在实施过程中采用 at 命令来实现，周期性任务的调度采用 crontab 命令来实现。另外，对进程终止可以使用 kill 或 killall 命令来实现。相关知识点见表 5.4。

表 5.4　相关知识点

序号	知识点	详见章节
1	对进程概念的理解	5.3.1 节
2	对延迟性任务和周期性任务的调度	5.3.2 节
3	对进程信息的查询	5.3.3 节
4	对进程的终止	5.3.4 节

【操作过程】

```
$at    4:50pm                              //对延迟性任务的调度
at> echo "I'm off work now. "> /dev/tty1
at><EOT>
$crontab                                   //对周期性任务的调度
30  5  *  *  *  ls  -l | grep  .port > list
```

按组合键 Ctrl+D 结束。

```
$./test
$ps   aux | grep   test                    //查询进程信息
$kill  -9   6424                            //终止进程
```

5.3.1　进程的概念

1．进程与程序

程序是为了完成某种任务而设计的软件，包含可执行的代码和数据，而进程是指开始执行但是还没有结束的程序的实体。

一个运行着的程序，可能有多个进程。例如 Apache 服务器，在使用时可能会有许多用户同时请求 httpd 服务，Apache 服务器将创建多个 httpd 进程来响应服务请求。

2．进程分类

进程一般分为交互进程、批处理进程和守护进程 3 类。

交互进程指 Shell 下通过执行程序产生的进程，可在前台运行，也可在后台运行。

批处理进程是进程的序列，在执行批处理进程时是不需要人机交互的。

守护进程总是活跃的，一般在后台运行。守护进程一般由系统在开机时通过脚本自动启动或者由 root 用户启动。由于守护进程是一直运行着的，因此它所处的状态是等待请求处理任务。比如，httpd 服务一直在运行，等待着用户来访问，也就是等待需要处理的任务。

5.3.2　进程调度

在 Linux 系统中，进程的启动可以通过手动的方式直接在命令行下完成，也可以通过调度命令有计划地执行。常用的调度命令有 at 和 crontab。

1．延迟性任务调度命令 at

at 命令可以实现在某时刻执行某一个指定命令序列的功能。使用 at 命令制定一次性调度任务前，需要确保 atd 服务是开启的，否则任务不会被执行，使用#systemctl start atd.service 开启服务，并使用#systemctl   enable   atd.service 确认该服务开机启动。

命令语法：

```
at [-V] [-q x] [-f file] [-m] time
```

选项说明：

-V，显示作业将被执行的时间。

-q，选择队列名称，队列名称可以是 a~z 和 A~Z 之间的任意字母。队列字母顺序越靠后，则队列优先级别越低。

-f，从文件中读取命令或 Shell 脚本。

-m，执行完作业后发送电子邮件给用户。

time，设定作业执行的时间。time 选项可以是下面格式中的任何一种。

① HH:MM 格式，例如 04:00，代表 4:00AM。如果时间已过，就会在第二天的这一时间执行。

② midnight 代表 12:00AM，teatime 代表 4:00PM。

③ 英文月名 日期 年份格式，例如 January 15 2005，代表 2005 年 1 月 15 日。

④ MMDDYY、MM/DD/YY 或 MM.DD.YY 格式，如 011505，代表 2005 年 1 月 15 日。

⑤ now +时间格式，时间以 minutes、hours、days 或 weeks 为单位。如 now + 5 days，代表命令应该在 5 天之后的此时此刻执行。此种格式可以写为"时间＋偏移量"的形式，偏移量的单位是 minutes、hours 和 days。

at 命令实际上是一组命令集合，用于在指定时刻执行指定的命令序列。atq 命令用于查询已经设定的命令序列，atrm 命令用于删除已经设定的命令序列。

【例 5.5】让系统在 2 天后的 17:30 执行文件 data 中指定的作业。

```
#at   -f   data   17:30 +2 days
```

【例 5.6】1 分钟以后在 tty1 中提示"hello !!"。

```
#at   now + 1 minutes
at>echo "hello!!" > /dev/tty1
at>ctrl + D
```

【例 5.7】明天凌晨 2 点将正在登录的用户写入/tmp/users.log。

```
#at   2:00   tomorrow
at>   w > /tmp/ users.log
```

【例 5.8】1 分钟以后在主目录中建立目录 at。

```
#at   now + 1 minutes
at>mkdir   at
at> ctrl + D
```

2. 周期性任务调度命令 crontab

crontab 命令主要用于周期性任务的执行,可以在指定的日期和时间内周期性执行预定的任务。

命令语法：

```
crontab   [-u user]   {-e | -l | -r}
```

选项说明：

-u user，指定要设置的用户名称。

-e，修改目前的周期性任务。

-l，列出目前的周期性任务。

-r，删除目前的周期性任务。

crontab 命令文件的格式是：

```
minute  hour  day  month  dayofweek  command
```

minute：分钟，0～59 之间的任何整数。

hour：小时，0～23 之间的任何整数。

day：天，1～31 之间的任何整数（如果指定了月份，必须是该月的有效日期）。

month：月份，1～12 之间的任何整数（或使用月份的英文简写，如 jan、feb 等）。

dayofweek：星期，0～7 之间的任何整数，这里的 0 或 7 代表星期日；或者使用星期的英文简写，如 sun、mon 等。

command：要执行的命令，可以是 ls 之类的命令，也可以执行自行编写的脚本命令。

【例 5.9】每个星期四早晨 8:30，提醒用户上午 10:00 有一个会议。

```
#crontab
30  8  *  *  4  echo  "meeting at 10:00 AM"> /dev/tty1
```

按组合键 Ctrl+D 退出编辑。

如果需要修改周期性任务，可以执行：

```
#crontab  -e
```

此时系统会打开 vim 编辑器，用于修改周期性任务。

5.3.3 进程的查看

1. 查看系统进程信息的命令 ps

命令语法：

```
ps  [选项]
```

选项说明：

-A，显示系统中所有进程的信息，与-e 具有相同的功能。

-a，显示所有用户进程的信息。

-f，完整地显示进程的所有信息。

-l，以长格式显示进程信息。

-r，只显示正在运行的进程信息。

-u，显示面向用户的进程信息（包括用户名、CPU 及内存使用情况等信息）。

-x，显示所有终端上的进程信息。

-p，显示由进程 ID 指定的进程信息。

-t，显示指定终端上的进程信息。

对进程的监测和控制，首先要了解进程的运行情况。ps 命令就是最基本也是非常强大的进程查看命令。根据显示的信息，可以确定哪些进程正在运行、哪些进程被挂起、进程已运行了多久、进程正在使用的资源、进程的相对优先级及进程的标志号（pid）。所有这些信息对用户都很有用，对系统管理员来说更为重要。

【例 5.10】查看系统终端上所有用户进程的所有信息。

```
#ps  aux
```

执行结果如图 5.14 所示。

如果显示的信息过多，可以使用管道命令分页查看输出信息：

```
#ps  aux| less
```

如果想查看用户 glenda 的所有进程信息，可以执行下面的命令：

```
#ps  aux | grep  glenda
```

```
[root@localhost ~]# ps aux
USER         PID %CPU %MEM    VSZ   RSS TTY      STAT START   TIME COMMAND
root           1  0.0  0.0   2072   628 ?        Ss   20:18   0:01 init [5]
root           2  0.0  0.0      0     0 ?        S<   20:18   0:00 [migration/0]
root           3  0.0  0.0      0     0 ?        SN   20:18   0:00 [ksoftirqd/0]
root           4  0.0  0.0      0     0 ?        S<   20:18   0:00 [watchdog/0]
root           5  0.0  0.0      0     0 ?        S<   20:18   0:00 [events/0]
root           6  0.0  0.0      0     0 ?        S<   20:18   0:00 [khelper]
root           7  0.0  0.0      0     0 ?        S<   20:18   0:00 [kthread]
root          10  0.0  0.0      0     0 ?        S<   20:18   0:00 [kblockd/0]
root          11  0.0  0.0      0     0 ?        S<   20:18   0:00 [kacpid]
root         175  0.0  0.0      0     0 ?        S<   20:18   0:00 [cqueue/0]
root         178  0.0  0.0      0     0 ?        S<   20:18   0:00 [khubd]
```

图 5.14　例 5.10 的执行结果

2．查看各进程继承关系的命令 pstree

pstree 命令以树状结构显示系统进程的继承关系。树状结构将会以 pid（如果有指定）或 init 为根，如果指定 user，则树状结构只显示该用户所拥有的进程。

命令格式：

```
pstree  [选项]  [pid|user]
```

选项说明：

-a，显示该进程的完整继承关系，如果是被内存置换出去的进程，则会加上括号。

-c，如果有重复的进程名，则分开列出（默认值会在前面加上 ＊ ）。

pid|user，查看指定根（pid）或用户（user）所拥有的进程。

5.3.4　进程的终止

在使用 Linux 系统过程中，如果需要终止一个正在前台运行的进程，通常使用 Ctrl+C 组合键；但是对一个正在后台运行的进程，就必须使用进程终止命令，常用的有 kill、killall 等。

1．终止进程的 kill 命令

在使用 Linux 系统过程中，想终止某个进程，可以用 kill 命令来实现。

命令格式：

```
kill  [信号代码]  pid
```

kill 命令可将指定的信息送至程序。指定的信息为 SIGTERM(15)，可将指定进程终止。若仍无法终止该进程，可使用 SIGKILL(9)，尝试强制删除进程。kill 命令的工作原理是：向 Linux 系统的内核发送一个系统操作信号和某个进程的标志号，然后系统内核就可以对该进程进行操作。一般情况下，kill 命令与 ps、grep 命令结合在一起使用。

【例 5.11】终止 sshd 服务进程的执行。

```
#ps  -A | grep  sshd          //查询 sshd 服务进程的 pid
#kill   1097                   //1097 是 sshd 服务进程的 pid
```

执行结果如图 5.15 所示。

```
[root@localhost ~]# ps -A | grep sshd
 1097 ?        00:00:00 sshd
[root@localhost ~]#
[root@localhost ~]# kill 1097
[root@localhost ~]# ps -A | grep sshd
```

图 5.15　例 5.11 的执行结果

对于僵尸进程，可以使用信号代码-9来强制终止。

2．通过进程名终止进程的 killall 命令

killall 命令通过进程名直接终止进程，通常与 ps 命令结合在一起使用。

命令格式：

> killall　[信号代码]　进程名

【例 5.12】终止所有 sshd 进程。

> #killall　sshd

5.4　知　识　扩　展

5.4.1　作业控制的概念

Linux 是一个多任务操作系统，系统上同时运行着多个进程。进程是程序在系统中运行的实体，是系统分配资源的基本单位。进程有多种状态，如运行、挂起、就绪、等待等。而正在执行的一个或多个相关进程称为一个作业，可以通过对进程状态的控制调整一个作业的运行。

作业控制是指控制当前正在运行的进程的行为。使用作业控制，用户可以同时运行多个作业，并在需要时在作业之间进行切换。例如，系统资源紧张时，用户可以挂起一个不紧急的、正在运行的进程，稍后再恢复它的运行。Shell 会记录所有系统中的进程，并保持对进程状态的跟踪。

例如，看完一张 DVD 是一个完整的任务，由一个独立的进程来完成。看 DVD 的过程是进程处于运行状态，但是在观看的过程中，遇到电话或敲门等事务的干扰，此时电话或敲门是紧急的、首要解决的事务，不是非常紧急的事情（看 DVD 的过程）将被暂停，暂停的过程即是正在运行进程的挂起。当处理完突发事务（电话或敲门）以后，可以将被暂停的看 DVD 的过程重新激活，继续完成这个任务。这即是一个简单的作业控制的例子：运行→暂停→运行。

5.4.2　作业控制的常用命令

作业控制的常用命令及功能说明见表 5.5。

表 5.5　作业控制的常用命令及功能说明

命令	功能说明
Ctrl+D	正常终止一个正在前台运行的进程
Ctrl+C	强行终止一个正在前台运行的进程
Ctrl+Z	挂起一个正在前台运行的进程
jobs	查看后台运行或者被挂起的进程
bg(background)	将被挂起的进程调度到后台运行
fg(foreground)	将被挂起的进程调度到前台运行
cmd&	直接在后台启动运行一个新的命令，不占用终端资源
kill	"杀死"进程

当一个程序或者命令在前台被执行时，会独占终端资源，禁止用户和系统的交互，直到该程序运行结束。一般情况下，命令的执行需要很短的系统运行时间，可以在前台运行。但如果被执行的命令需要较长的系统运行时间，在前台运行时占用终端时间太长，会对系统执行用户的其他命令产生影响。此时，可以使用 cmd&命令，使其在后台运行。

本 章 小 结

本章通过 3 个项目，分别介绍了 Linux 系统的启动配置、服务管理和进程调度命令。

Linux 系统的启动配置中介绍了 Linux 系统运行级别的含义及切换方法、Ctrl+Alt+Del 组合键的设置。

服务管理介绍了服务的基本知识、systemctl 命令的基本使用方法。

进程调度中主要介绍了进程的概念、调度方法、进程的查看和终止方法，涉及的命令有 at、crontab、ps、pstree、kill、killall 等。

知识扩展中介绍了作业控制的基本概念和常用命令 Ctrl+D、Ctrl+C 等。

习 题 5

1. 选择题

（1）CentOS Linux 7 系统引导的过程包括如下几步：

    a. 启动引导器 GRUB2

    b. 执行本地系统的第一个进程 systemd

    c. Linux 内核初始化

    d. 系统固件初始化

以下正确的引导顺序是（　　）。

A. dbca　　　　　　B. dacb　　　　　　C. bdca　　　　　　D. adcb

（2）在 Linux 系统中，/etc/rc.d/init.d 目录中存放（　　）。

A. 服务命令　　　B. 服务的脚本文件　　　C. 服务的链接文件　　　D. 服务源代码

（3）在 Linux 系统中，/etc/rc.d/rc3.d 目录中以 "K" 开头的文件（　　）。

A. 在系统启动时运行　　　　　B. 在系统恢复时运行

C. 在系统故障时运行　　　　　D. 在系统关闭时运行

（4）在/etc/rc.d/rc3.d 目录中，S60nfs 文件的长格式信息为 S60nfs —>../init.d/nfs，表示（　　）。

A. nfs 是 S60nfs 的链接文件，nfs 文件位于/etc/init.d 目录中

B. nfs 是 S60nfs 的链接文件，nfs 文件位于/etc/rc.d/init.d 目录中

C. S60nfs 是 nfs 的链接文件，nfs 文件位于/etc/init.d 目录中

D. S60nfs 是 nfs 的链接文件，nfs 文件位于/etc/rc.d/init.d 目录中

（5）查询 NetworkManager 服务状态的命令是（　　）。

A. systemctl　start　NetworkManager.service　　　B. systemctl　status　NetworkManager.service

C. systemctl　restart　NetworkManager.service　　　D. systemctl　stop　NetworkManager.service

（6）在命令提示行输入 systemctl reboot 会（　　）。

A. 关机　　　　　B. 进入图形界面　　　　　C. 进入完全用户模式　　　　　D. 重启

（7）设置 nfs 服务开机自启动，正确的命令是（　　）。

A. systemctl　enable　nfs.service　　　　　B. systemctl　disable　nfs.service

C. systemctl　enabled　nfs.service　　　　　D. systemctl　disabled　nfs.service

2. 简答题

（1）简述 Linux 系统的启动过程。

（2）Linux 系统的运行级别有几种？请解释每一种运行级别的含义。

（3）CentOS Linux 7 系统采用 systemd 作为初始化进程，那么如何查看某个服务的运行状态？

（4）在 Linux 系统中，当通过修改其配置文件中的参数来配置服务程序时，若要让新配置的参数生效，还需要执行什么操作？

上机实践 5

1．使用 ps 命令显示 root 用户的进程。

2．修改/etc/crontab 文件实现自动化，使得每周一的 1:00 将/boot 目录及其子目录和文件复制到/root/abc 目录中。

3．使用 init 命令重启系统。

4．用户 lily 是 Linux 系统的用户，经常在 Linux 系统的图形界面下工作，请帮 lily 把 Linux 系统设置成开机后直接进入图形界面下。

5．请根据下面的描述完成相应的操作：

root 管理员在 Linux 系统对 sshd 服务做了简单的管理，首先 root 查询了 sshd 服务的启动状态，发现 sshd 服务为关闭状态，接着 root 启动了 sshd 服务并再次查询了 sshd 服务的启动状态，已确定启动成功。为了方便管理 sshd 服务，root 设置了 sshd 服务开机自启动。

6．请根据下面的描述完成相应的操作：

用户 tom 远程登录到 Linux 服务器准备开始一天的工作，首先 tom 设置了一个提醒任务：在上午 9:50，系统自动输出"I have a meeting at 10:00."，以提醒 tom 在 10:00 有一个会议要参加。同时 tom 以后每周三下午要主持一个讲座，因此 tom 制定了一个周期性任务：每周二下午 1:00 提醒自己第二天有讲座。

7．请根据下面的描述完成相应的操作：

笔记本电脑用户 bob 为了提高工作效率，经常在 Linux 的文本界面下工作，因此 bob 以管理员权限把 Linux 系统设置成开机后，直接进入文本界面下；同时 bob 发现目前 Linux 系统的重启组合键 Ctrl+Alt+Del 很少使用，但是错误的操作往往导致关机或重启，于是 bob 取消了 Ctrl+Alt+Del 组合键的功能。

第6章 软件安装与包管理工具

在 Linux 系统中安装软件的方法主要有 RPM 安装、YUM 源安装及源码包安装。RPM 安装由 RPM 管理工具完成，YUM 源安装由 YUM 工具实现，而源码包安装经常涉及.tar 格式文件。本章将重点介绍在 Linux 系统中软件安装的方法，主要包括以下知识点：

● RPM 的使用（重点）；
● YUM 工具的使用（重点、难点）；
● 源码包安装软件（重点）；
● TAR 包管理工具的使用（重点）。

6.1 项目一：使用 RPM 管理 telnet-server 软件包

【项目描述】

管理员要在服务器上安装配置 telnet 服务，以方便用户通过 telnet 远程访问 Linux 服务器。

【项目分析】

在本项目中，首先查询目前系统中是否已经安装了合适版本的 telnet-server 软件包。如果未安装，则准备好所需版本的软件包 telnet-server-0.17-59.el7.x86_64.rpm。安装前，需要了解 telnet-server 软件包将要安装的位置。安装完成后，查询 telnet-server 软件包安装是否成功。然后设置 telnet 服务的自启动状态，启动 telnet 服务。最后测试 telnet 服务的安装配置是否成功，相关知识点见表 6.1。

表 6.1　相关知识点

序号	知识点	详见章节
1	对 RPM 的理解	6.1.1 节
2	查询 telnet-server 软件包是否安装	6.1.2 节
3	查询 telnet-server 软件包的安装位置	6.1.2 节
4	安装 telnet-server 软件包	6.1.2 节
5	查询 telnet-server 软件包是否安装成功	6.1.2 节
6	设置 telnet 服务的自启动状态	5.2.2 节
7	启动 telnet 服务	5.2.2 节

【操作过程】

首先将 telnet-server-0.17-59.el7.x86_64.rpm 软件包复制到 root 用户主目录中备用。

```
#rpm  -q  telnet-server
          //提示 "package telnet-server is not installed"，表示未安装 telnet-server 软件包
#rpm  -qpl  telnet-server-0.17-59.el7.x86_64.rpm  //查询 telnet-server 软件包的安装位置
#rpm  -ivh  telnet-server-0.17-59.el7.x86_64.rpm    //安装 telnet-server 软件包
#rpm  -q  telnet-server   //提示 "telnet-server-0.17-25"，表示安装了 telnet-server 软件包，版本是 0.17-25
#systemctl  enable  telnet.socket         //设置 telnet 服务的自启动状态
```

```
#systemctl   start   telnet.socket          //启动 telnet 服务
#systemctl   restart   xinetd.service        //重启 xinetd 服务
#telnet   192.168.137.22   //测试，用 telnet   IP 地址的方式可以连接到服务器上，根据提示信
                             息输入用户名和密码，即可登录到服务器上进行操作
```

6.1.1 RPM 简介

Red Hat 软件包管理工具（Red Hat Package Manager，RPM）由于其原始设计理念是开放式的，因此已经被 CentOS、OpenLinux、SuSE Linux 等 Linux 发行版本采用，是公认的行业标准。RPM 常用于软件包的安装、查询、升级、刷新、卸载及生成.rpm 格式的软件包等操作。RPM 只能管理后缀是.rpm 的软件包。软件包的命名格式：

```
软件名称-版本号（包括主版本号和次版本号）.软件运行的硬件平台.rpm
```

例如，telnet-server-0.17-59.el7.x86_64.rpm，其中 telnet-server 是软件名称，0.17-59 是版本号，el7.x86_64 是软件运行的硬件平台要求。

6.1.2 RPM 的使用

RPM 主要有 5 种基本功能：查询、安装、升级、刷新、卸载，这些功能均由 rpm 命令配合不同的选项来实现，因此，rpm 命令的选项非常多。在使用过程中，rpm 命令的选项多结合使用，以便实现更加丰富的功能。

命令格式：

```
rpm   [选项]   [文件]
```

选项说明：

-a，显示所有的软件包。

-q，查询功能。

-i，安装指定的软件包，通常和-v、-h 选项结合使用。

-e，删除指定的软件包。

-f，查询拥有指定文件的软件包。

-i，显示软件包的相关信息，通常和-q 选项结合使用。

-l，显示软件包的文件列表。

-p，查询待安装的软件包。

-R，显示软件包的关联性信息。

-s，显示文件状态，通常结合-l 选项使用。

-U，升级指定的软件包。

-F，刷新软件包。

-v，显示指令执行过程。

-h，在安装过程中将显示一系列的 "#" 来表示安装进度。

-vv，详细显示指令执行过程，便于排错。

1．查询

RPM 的查询功能主要由-q 选项完成，为了实现特殊的查询功能，要结合其他的选项使用。

（1）查询系统已经安装的全部软件包

命令格式：

```
rpm   -qa
```

【例 6.1】查询系统中已经安装的所有软件包。

操作过程如图 6.1 所示。

```
[ root@localhost ~] # rpm - qa
ppp- 2. 4. 5- 33. el7. x86_64
attr- 2. 4. 46- 12. el7. x86_64
gnome- packagekit- 3. 14. 3- 7. el7. x86_64
libXpm- 3. 5. 11- 3. el7. x86_64
jomolhari- fonts- 0. 003- 17. el7. noarch
liberation- fonts- common- 1. 07. 2- 15. el7. noarch
quota- 4. 01- 14. el7. x86_64
unzip- 6. 0- 16. el7. x86_64
vino- 3. 14. 2- 1. el7. x86_64
libgnome- keyring- 3. 8. 0- 3. el7. x86_64
```

图 6.1　例 6.1 的操作过程

【例 6.2】在已经安装的软件包中查询包含 lib 关键字的软件包的名称。

操作过程如图 6.2 所示。

```
[ root@localhost ~] # rpm - qa| grep lib
libXpm- 3. 5. 11- 3. el7. x86_64
liberation- fonts- common- 1. 07. 2- 15. el7. noarch
libgnome- keyring- 3. 8. 0- 3. el7. x86_64
libsysfs- 2. 1. 0- 16. el7. x86_64
libss- 1. 42. 9- 9. el7. x86_64
libreport- filesystem- 2. 1. 11- 35. el7. centos. x86_64
liberation- sans- fonts- 1. 07. 2- 15. el7. noarch
libreport- python- 2. 1. 11- 35. el7. centos. x86_64
```

图 6.2　例 6.2 的操作过程

（2）查询指定软件包是否在本系统中已经安装

命令格式：

```
rpm  -q  软件名称
```

【例 6.3】查询 openssh-server 软件包是否已经安装。

操作过程如图 6.3 所示。

```
[ root@localhost ~] # rpm - q openssh- server
openssh- server- 6. 6. 1p1- 31. el7. x86_64
```

图 6.3　例 6.3 的操作过程

【例 6.4】查询 openssh-server 和 telnet-server 两个软件包是否已经安装。

操作过程如图 6.4 所示。

```
[ root@localhost ~] # rpm - q openssh- server telnet- server
openssh- server- 6. 6. 1p1- 31. el7. x86_64
package telnet- server is not installed
```

图 6.4　例 6.4 的操作过程

系统提示 "package telnet-server is not installed"，表示未安装 telnet-server 软件包；系统提示 "openssh-server-6.6.1p1-31.el7.x86_64"，表示安装了 openssh-server 软件包。

（3）查询软件包的描述信息

命令格式：

```
rpm  -qi  软件名称
```

【例 6.5】查询已安装的 openssh-server 软件包的信息。

操作过程如图 6.5 所示。

```
[root@localhost ~]# rpm -qi openssh-server
Name        : openssh-server
Version     : 6.6.1p1
Release     : 31.el7
Architecture: x86_64
Install Date: Wed 31 May 2017 06:06:36 PM CST
Group       : System Environment/Daemons
Size        : 943606
License     : BSD
Signature   : RSA/SHA256, Mon 21 Nov 2016 03:48:43 AM CST, Key ID 24c6a8a7f4a80e
b5
Source RPM  : openssh-6.6.1p1-31.el7.src.rpm
Build Date  : Sat 12 Nov 2016 11:46:40 AM CST
Build Host  : c1bm.rdu2.centos.org
Relocations : (not relocatable)
Packager    : CentOS BuildSystem <http://bugs.centos.org>
Vendor      : CentOS
URL         : http://www.openssh.com/portable.html
Summary     : An open source SSH server daemon
Description :
OpenSSH is a free version of SSH (Secure SHell), a program for logging
into and executing commands on a remote machine. This package contains
the secure shell daemon (sshd). The sshd daemon allows SSH clients to
securely connect to your SSH server.
```

图 6.5 例 6.5 的操作过程

（4）查询已安装软件包的文件列表

命令格式：

rpm -ql 软件名称

【例 6.6】查询 openssh-server 软件包中有哪些文件及这些文件安装在系统的位置。

操作过程如图 6.6 所示。

```
[root@localhost ~]# rpm -ql openssh-server
/etc/pam.d/sshd
/etc/ssh/sshd_config
/etc/sysconfig/sshd
/usr/lib/systemd/system/sshd-keygen.service
/usr/lib/systemd/system/sshd.service
/usr/lib/systemd/system/sshd.socket
/usr/lib/systemd/system/sshd@.service
/usr/lib64/fipscheck/sshd.hmac
/usr/libexec/openssh/sftp-server
/usr/sbin/sshd
/usr/sbin/sshd-keygen
/usr/share/man/man5/moduli.5.gz
/usr/share/man/man5/sshd_config.5.gz
/usr/share/man/man8/sftp-server.8.gz
/usr/share/man/man8/sshd.8.gz
/var/empty/sshd
```

图 6.6 例 6.6 的操作过程

（5）查询某文件所属的软件包

命令格式：

rpm -qf 文件名称

使用该命令，可以查询系统中的文件是因安装哪一个软件包而产生的，但是并不是系统中的每一个文件都是由软件包的安装而产生的，例如用户创建的文件就不属于任何软件包。

【例 6.7】查询/var/empty/sshd 目录是安装哪一个软件包而创建的。

操作过程如图 6.7 所示。

```
[root@localhost ~]# rpm -qf /var/empty/sshd
openssh-server-6.6.1p1-31.el7.x86_64
```

图 6.7 例 6.7 的操作过程

系统提示/var/empty/sshd 目录是在安装 openssh-server-6.6.1p1-31.el7.x86_64 软件包时创建的。

（6）查询待安装的软件包的信息

在安装一个软件包之前，通常需要了解该软件包的详细信息、安装文件列表、安装位置等信息，可以使用-p 选项结合-q 选项来实现。

查询待安装软件包的详细信息，命令格式：

```
rpm   -qpi   软件包的名称
```

查询待安装软件包的文件列表，命令格式：

```
rpm   -qpl   软件包的名称
```

【例 6.8】查询待安装 vsftpd-2.0.5-16.e15_4.1.i386.rpm 软件包的文件列表。

操作过程如图 6.8 所示。

```
[root@localhost ~]# rpm -qpl vsftpd-3.0.2-10.el7.x86_64.rpm
warning: vsftpd-3.0.2-10.el7.x86_64.rpm: Header V3 RSA/SHA256 Signature, key ID
f4a80eb5: NOKEY
/etc/logrotate.d/vsftpd
/etc/pam.d/vsftpd
/etc/vsftpd
/etc/vsftpd/ftpusers
/etc/vsftpd/user_list
/etc/vsftpd/vsftpd.conf
/etc/vsftpd/vsftpd_conf_migrate.sh
/usr/lib/systemd/system-generators/vsftpd-generator
/usr/lib/systemd/system/vsftpd.service
/usr/lib/systemd/system/vsftpd.target
/usr/lib/systemd/system/vsftpd@.service
/usr/sbin/vsftpd
```

图 6.8　例 6.8 的操作过程

2. 安装

安装功能是 RPM 中最常用的功能。软件包的安装使用-i 选项，通常结合-v 和-h 选项使用。

命令格式：

```
rpm   -ivh   软件包名称
```

【例 6.9】安装 telnet-server-0.17-59.el7.x86_64.rpm 软件包。

操作过程如图 6.9 所示。

```
[root@localhost ~]# rpm -ivh telnet-server-0.17-59.el7.x86_64.rpm
warning: telnet-server-0.17-59.el7.x86_64.rpm: Header V3 RSA/SHA256 Signature, k
ey ID f4a80eb5: NOKEY
Preparing...                          ############################### [100%]
Updating / installing...
   1:telnet-server-1:0.17-59.el7      ############################### [100%]
```

图 6.9　例 6.9 的操作过程

软件包的安装有时需要依赖其他软件包，即安装了特定的软件包后才可以安装该软件包，此时只需要按照提示信息，先安装所依赖的软件包，然后安装该软件包即可。

3. 升级

若要将某软件包升级为较高版本的软件包，可以使用软件包的升级功能来实现，需要使用-U 选项。升级功能首先将低版本的软件包卸载，再安装高版本的软件包。为了详细显示安装过程，通常结合-v 和-h 选项使用。

命令格式：

```
rpm   -Uvh   软件包名称
```

【例 6.10】升级 telnet 软件为 telnet-server-0.17-59.el7.x86_64.rpm 软件包。

```
#rpm  -Uvh  telnet-server-0.17-59.el7.x86_64.rpm
```

如果指定的软件包系统中未安装，则直接安装该软件包。

4．刷新

刷新软件包的功能和升级软件包的功能相似，由选项-F 实现，通常结合-v 和-h 选项使用。命令格式：

```
rpm  -Fvh  软件包名称
```

【例 6.11】刷新 telnet-server-0.17-59.el7.x86_64.rpm 软件包。

操作过程如图 6.10 所示。

```
[root@localhost ~]# rpm -Fvh telnet-server-0.17-59.el7.x86_64.rpm
warning: telnet-server-0.17-59.el7.x86_64.rpm: Header V3 RSA/SHA256 Signature, k
ey ID f4a80eb5: NOKEY
```

图 6.10　例 6.11 的操作过程

使用 RPM 刷新软件包时，系统会比较选项指定的软件包的版本和目前系统中所安装的软件包的版本。如果选项指定的软件包的版本更高，就会升级到高版本软件包。如果系统中未安装过该软件包，则刷新选项不会安装软件包，这一点与软件包升级功能不同。

5．卸载

卸载命令可以从系统中将已安装的软件包清除。

命令格式：

```
rpm  -e  软件名称
```

【例 6.12】将 telnet-server 软件包从系统中卸载。

```
#rpm  -e  telnet-server
```

如果卸载正常，则系统不会出现任何提示。

6.1.3　常见问题分析

常见问题 1：在执行#rpm   -qa 命令时，如果输出信息过多，不易查找指定信息。

解决方法：可以使用#rpm   -qa |grep 命令过滤出指定的信息。

常见问题 2：在查询软件包信息或文件时，想保存执行结果。

解决方法：可以使用输出重定向命令将结果重定向到文件中保存。

常见问题 3："软件名称"和"软件包名称"。

解决方法：在使用 rpm 命令时，要注意选项的正确使用，在安装、升级、刷新、查询未安装软件包信息时，需要指定完整的软件包名称，而在查询已安装软件包信息、卸载软件包时，只需要指出软件名称即可。软件名称是软件包名称的一部分。例如，telnet-server-0.17-25.i386.rpm 是完整的软件包名称，而其中 telnet-server 是软件名称。

常见问题 4：软件包依赖问题。

解决方法：使用 RPM 安装时，如果系统提示软件包之间有相互依赖关系，但在没有相关依赖软件包的情况下，可以使用--nodeps 选项来忽略这种依赖关系，但不提倡用该选项来安装软件包。此外，使用 RPM 卸载软件包时，有时也会提示其他软件包依赖于正卸载的软件包，例如，libpcre.so.o()(64bit) is needed by (installed) grep-2.6.3-3.el6x86_64，同样可以使用--nodeps 选项来忽略依赖关系。

常见问题 5：RPM 数据库损坏。

解决方法：RPM 软件包的相关数据库存放在/var/lib/rpm/目录下，如果数据库出现损坏，可以用 rpm -rebuilddb 修复数据库资料。

常见问题 6：软件安装的时间问题。

解决方法：在安装软件时，系统有时会提示"warning:clock skew detected."错误，这说明系统时间发生了严重的错误，可以通过 date -s "2016-11-12 14:00"这种命令格式修改系统时间，并通过 hwclock -w 命令将时间更新写入 CMOS。

6.2 项目二：配置本地 YUM 源安装服务器

【项目描述】

作为系统管理员，需要经常在服务器上安装各种软件，由于使用 RPM 安装的方法需要找到相应的软件包，还要解决软件包依赖的问题，比较麻烦。因此，系统管理员计划配置本地 YUM 服务，便于今后软件的安装。

【项目分析】

CentOS Linux 7 中定义了默认的 YUM 源，可以通过网络连接到软件共享服务器。如果服务器可以连接互联网，可以直接使用 CentOS 的这些资源免费安装各种软件包。但有时主机可能无法连接外网，这时需要定义本地的 YUM 源。相关知识点见表 6.2。

表 6.2 相关知识点

序号	知识点	详见章节
1	对 YUM 工具的理解	6.2.1 节
2	设置本地 YUM 源	6.2.2 节
3	使用 yum 命令安装软件	6.2.3 节

【操作过程】

```
#mount   /dev/cdrom   /media              //挂载光盘
#cd   /etc/yum.repos.d
#vim   media.repo                          //创建光盘 YUM 源文件
[media]
   name = CentOS7
   baseurl = file:///media/CentOS7
   enabled = 1
   gpgcheck = 0
   gpqkey = file:///etc/pki/rpm-gpg/RPM-GPG-KEY-CentOS-7
#yum   -y   install   vsftpd               //使用 yum 安装 vsftpd 服务
```

6.2.1 YUM 简介

YUM（Yellow dog Update Modified）是改进版的 RPM，它很好地解决了 RPM 所面临的软件包依赖问题。YUM 可以从很多源中搜索软件包及它们的依赖包，并自动安装完成。使用 YUM 安装软件时，需要至少一个 YUM 源。YUM 源就是存放很多 RPM 软件的目录，用户可以使用 HTTP、FTP 或本地目录的方式访问 YUM 源。

6.2.2 设置 YUM 源

CentOS Linux 7 默认的 YUM 源定义文件存放在/etc/yum.repos.d/目录下，用户可以自行定义任意可以使用的 YUM 源，但文件的扩展名必须是 repo，其文件格式见表 6.3。

表 6.3　YUM 源文件格式

选项	功能表述
[ ]	填写 YUM 源唯一的 ID 号，可以为任意字符串
name	指定 YUM 源名称，可以为任意字符串
baseurl	指定 YUM 源的 URL 地址（可以是 HTTP、FTP 或本地目录）
mirrorlist	指定镜像站点目录
enabled	是否激活该 YUM 源（0 代表禁用，1 代表激活，默认为激活）
gpgcheck	安装软件时是否检查签名（0 代表禁用，1 代表激活）
gpgkey	如果检查软件包的签名，该语句定义检查签名的密钥文件

查看 CentOS Linux 7 默认的 YUM 源/etc/yum.repos.d/CentOS-Base.repo 的部分内容，如下：

```
[base]
name=CentOS-$releasever - Base
mirrorlist=http://mirrorlist.centos.org/?release=$releasever&arch=$basearch&repo=os&infra=$infra
#baseurl=http://mirror.centos.org/centos/$releasever/os/$basearch/
gpgcheck=1
gpgkey=file:///etc/pki/rpm-gpg/RPM-GPG-KEY-CentOS-7
```

上面的 YUM 源需要通过 HTTP 协议连接互联网中 CentOS 对应的软件共享服务器，才可以直接使用 CentOS 的这些资源免费安装各种软件包。必要时，用户可以定义自己的 YUM 源。下面通过创建 media.repo 文件，使用 CentOS Linux 7 系统光盘作为 YUM 源，前提是已经将光盘挂载到/media/CentOS7 目录下。修改 YUM 配置文件的内容如下：

```
[media]
name = CentOS7
baseurl = file:///media/CentOS7
enabled = 1
gpgcheck = 0
gpgkey = file:///etc/pki/rpm-gpg/RPM-GPG-KEY-CentOS-7
```

6.2.3　YUM 的使用

YUM 主要有查询、安装、升级、刷新、卸载软件包等功能，这些功能均由 yum 命令配合不同的指令来实现，因此，yum 命令的指令非常多。

命令格式：

```
yum　[选项]　[指令]　[软件包…]
```

选项：-y 执行非交互安装，假定安装过程中出现的所有提示回答为 Yes。

指令：

```
install package1 [package2][…]            //使用 YUM 源安装软件包
update [package][packge2][…]              //使用 YUM 源升级软件包
check-update                              //检查 YUM 源中所有可用的升级软件包
remove|erase package1 [package2][…]       //卸载软件包
list[…]              //列出系统中已经安装的及 YUM 源中所有可用的软件包
info[…]                                   //查看软件包信息
```

```
clean all                                     //清空所有的缓存信息
groupinstall group1 [group2] [...]            //使用 YUM 源安装组包
grouplist          //列出系统中已经安装的及 YUM 源中所有可用的组包
groupremove group1 [group2] [...]             //卸载组包
search string [string2] [...]                 //根据关键词查找软件
localinstall rpmfile1 [rpmfile2] [....]       //通过本地 RPM 文件安装软件
history                                        //查看历史记录
langavailable                                  //查看语言包
langinstall                                    //安装语言包
```

6.2.4 常见问题分析

常见问题 1：创建 YUM 源的步骤。

解决方法：当用户自己收集的软件越来越多时，有必要将这些软件汇总并创建属于自己的 YUM 源，最终实现软件的高效、集中管理。实现步骤如下：

首先，安装 createrepo；

其次，将所有的软件保存在某个目录下，如/mysoft/；

最后，执行#createrepo /mysoft 命令创建该目录的 YUM 源，然后修改 YUM 配置文件即可。

常见问题 2：YUM 繁忙问题。

解决方法：当使用 yum 命令进行安装、查询时，系统有时会提示如下信息：

```
Loaded plugins: fastesmiroor, refresh-packagekit, security
Existing lock /var/run/yum.pid: another copy is running as pid 16613.
Another app is currently holding the yum lock; waiting for it to exit ...
The other application is: yum
Memory: 23 M RSS(904 MB VSZ)
Started: Tue Jan 22 16:30:27 2013 – 00:09 ago
State: Sleeping, pid: 16613
```

该提示说明有另外一个程序在使用 YUM 而导致了 YUM 被锁。有时系统在后台进行自动升级时地会提示该信息，此时可以使用 kill 命令"杀死"提示信息中的 pid。上面的提示信息说明 pid 为 16613 的进程正在使用 YUM，执行#kill 16613 即可终止该进程。

6.3 项目三：使用源码包安装 FTP 软件

【项目描述】

系统管理员计划在服务器上安装 ftp 服务，目前系统管理员已经获取到了 ftp 服务的源码包，因此计划采用源码包的方式完成服务的安装。

【项目分析】

在本项目中，以源码包的方式安装软件包。通常获取到的源码包都是.tar 或.tar.gz 的格式，这是一种打包压缩格式，因此，首先需要将压缩包进行解压缩，以得到源码包。然后可以阅读 README 文件，了解源码包的相关信息。如果需要对编译选项进行配置，则先执行 configure 命令做相关设置，接着执行 make 命令进行编译。编译后，将得到安装软件的二进制可执行文件，最后执行 make install 命令即可完成对软件的安装。相关知识点见表 6.4。

表 6.4　相关知识点

序号	知识点	详见章节
1	理解 TAR 包管理工具	6.3.1 节
2	了解源码包的解压缩	6.3.2 节
3	了解源码包的安装过程及相关操作	参见【操作过程】

【操作过程】

```
#tar -xzvf vsftpd-3.0.2.tar.gz      //解压缩源码包
#cd vsftpd-3.0.2
#make                               //编译
#make   install                     //安装软件
```

6.3.1　TAR 包管理工具简介

TAR（Tape ARchive）是 Linux 系统下的包管理工具。在 Windows 系统下最常见的压缩文件是 zip 和 rar，而在 Linux 系统下标准的打包文件是 tar。利用 tar 命令，可以将要备份保存的数据打包成一个扩展名为.tar 的文件，以便文件的保存。需要使用时，再利用 tar 命令进行释放即可。

使用 tar 命令对文件打包有两种形式：一种是简单的不压缩的打包，一种是压缩打包。如果想进行压缩打包，需要配合压缩技术（gzip 或 bzip2）来实现。为了方便使用，tar 命令内置了相应选项（-j 或-z）来实现压缩功能。

6.3.2　TAR 包管理工具的使用

TAR 包管理工具的主要功能有：打包、查看、释放、追加，这些功能均由 tar 命令配合不同的选项来实现，因此，tar 命令的选项非常多。

命令格式：

```
tar   [主选项+辅助选项]  [文件或者目录]
```

在使用 tar 命令时，主选项是必须要有的，主选项控制 tar 命令执行的功能；辅助选项是辅助主选项使用的，可以选用。

常用的主选项：

-c，创建新的 TAR 包。如果用户想备份一个目录或一些文件，就要选择这个选项。

-t，列出 TAR 包中文件的列表，查看 TAR 包中已经备份的文件。

-x，从 TAR 包中释放文件，解压缩。

-r，把要备份的文件追加到已备份文件的末尾。例如，用户已经做好备份文件，又发现还有一个目录或一些文件忘记备份了，这时可以使用该选项，将忘记的目录或文件追加到备份文件中。

常用的辅助选项：

-f，使用备份文件或设备，这个选项通常是必选的。

-v，详细报告 tar 命令处理的文件信息。若无此选项，tar 命令不报告文件信息。

-z，用 gzip 来压缩/解压缩文件，加上该选项后，可以将备份文件进行压缩，但还原时一定也要使用该选项进行解压缩。

-j，用 bzip2 来压缩/解压缩文件，加上该选项后，可以将备份文件进行压缩，但还原时一定也要使用该选项进行解压缩。

-C，用于指定文件解压缩后的存放路径。

1．打包

打包命令可以将指定的目录或者文件打包成扩展名为.tar 的包文件。

命令格式：

> tar　-cvf　tar 包名　要打包备份的目录或文件名

【例6.13】guestuser1 用户在其主目录中打包 test 目录为 test.tar 包文件。

操作过程如图 6.11 所示。

```
[guestuser1@localhost ~]$ ll
total 0
drwxrwxr-x. 2 guestuser1 guestuser1 35 Jul 20 16:36 test
[guestuser1@localhost ~]$ tar -cvf test.tar test
test/
test/exam.c
test/logfile
[guestuser1@localhost ~]$ ll
total 12
drwxrwxr-x. 2 guestuser1 guestuser1    35 Jul 20 16:36 test
-rw-rw-r--. 1 guestuser1 guestuser1 10240 Jul 20 16:38 test.tar
```

图 6.11　例 6.13 的操作过程

从图 6.11 可以看出，test.tar 就是 test 目录打包后的包文件。

因为生成的 TAR 包没有压缩，所以包文件一般都比较大。为了节省磁盘空间或者方便传输，通常情况下会创建压缩格式的 TAR 包，此时可以在 tar 命令中增加-z 或-j 选项来调用 gzip 或 bzip2 技术而实现。压缩后的文件扩展名分别为.gz、.bz 或.bz2。

创建压缩包命令格式：

> tar　-[z|j]cvf　tar 包名　要打包备份的目录或文件名

【例6.14】guestuser1 用户在其主目录中打包 test 目录为 test.tar.gz 和 test.tar.bz2 包文件。

操作过程如图 6.12 所示。

```
[guestuser1@localhost ~]$ tar -zcvf test.tar.gz test
test/
test/exam.c
test/logfile
[guestuser1@localhost ~]$ tar -jcvf test.tar.bz2 test
test/
test/exam.c
test/logfile
[guestuser1@localhost ~]$ ll
total 20
drwxrwxr-x. 3 guestuser1 guestuser1    47 Dec  3 17:34 test
-rw-rw-r--. 1 guestuser1 guestuser1 10240 Dec  3 17:34 test.tar
-rw-rw-r--. 1 guestuser1 guestuser1   236 Dec  3 17:34 test.tar.bz2
-rw-rw-r--. 1 guestuser1 guestuser1   220 Dec  3 17:34 test.tar.gz
```

图 6.12　例 6.14 的操作过程

从图 6.12 可以看出，压缩后的包文件 test.tar.gz 和 test.tar.bz2 都在不同程度上比 test.tar 包小很多。

2．查看 TAR 包中文件的列表

在释放 TAR 包文件之前，很可能需要查看 TAR 包中的文件列表，以确定包中是否有需要的文件。

命令格式：

> tar　-tvf　tar 包名

查看压缩包文件列表命令格式：

> tar　-[z|j]tvf　tar 包名

【例 6.15】guestuser1 用户查看 test.tar 和 test.tar.gz 包中的文件列表。

操作过程如图 6.13 所示。

```
[guestuser1@localhost ~]$ tar -tvf test.tar
drwxrwxr-x guestuser1/guestuser1 0 2017-07-20 16:36 test/
-rw-rw-r-- guestuser1/guestuser1 0 2017-07-20 16:35 test/exam.c
-rw-rw-r-- guestuser1/guestuser1 0 2017-07-20 16:36 test/logfile
[guestuser1@localhost ~]$ tar -ztvf test.tar.gz
drwxrwxr-x guestuser1/guestuser1 0 2017-07-20 16:36 test/
-rw-rw-r-- guestuser1/guestuser1 0 2017-07-20 16:35 test/exam.c
-rw-rw-r-- guestuser1/guestuser1 0 2017-07-20 16:36 test/logfile
```

图 6.13　例 6.15 的操作过程

3．释放 TAR 包

释放 TAR 包使用-x 选项。

命令格式：

```
tar  -xvf  tar 包名
```

释放压缩包命令格式：

```
tar  -[z|j]xvf  tar 包名
```

【例 6.16】guestuser1 用户释放 test.tar 包到当前目录下。

操作过程如图 6.14 所示。

```
[guestuser1@localhost ~]$ ls
test  test.tar  test.tar.bz2  test.tar.gz
[guestuser1@localhost ~]$ rm -rf test
[guestuser1@localhost ~]$ ls
test.tar  test.tar.bz2  test.tar.gz
[guestuser1@localhost ~]$ tar -xvf test.tar
test/
test/exam.c
test/logfile
[guestuser1@localhost ~]$ ls
test  test.tar  test.tar.bz2  test.tar.gz
```

图 6.14　例 6.16 的操作过程

在释放时，如果想将文件释放到指定目录下，可以使用选项"-C 路径名"来实现。

【例 6.17】guestuser1 用户释放 test.tar.gz 包到/tmp 目录下。

操作过程如图 6.15 所示。

```
[guestuser1@localhost ~]$ tar -zxvf test.tar.gz -C /tmp
test/
test/exam.c
test/logfile
```

图 6.15　例 6.17 的操作过程

从图 6.15 可以看出，在/tmp 目录下生成了 test 目录。

4．向 TAR 包中追加文件

向 TAR 包中追加文件使用-r 选项来实现。

命令格式：

```
tar  -rvf  tar 包名  要追加的文件
```

【例 6.18】guestuser1 用户将 exam.c 文件追加到 test.tar 包中。

操作过程如图 6.16 所示，从图可以看出在 test.tar 包中追加了 exam.c 文件。

```
[guestuser1@localhost ~]$ tar -tvf test.tar
drwxrwxr-x guestuser1/guestuser1 0 2017-07-20 16:36 test/
-rw-rw-r-- guestuser1/guestuser1 0 2017-07-20 16:35 test/exam.c
-rw-rw-r-- guestuser1/guestuser1 0 2017-07-20 16:36 test/logfile
[guestuser1@localhost ~]$ tar -rvf test.tar  exam.c
exam.c
[guestuser1@localhost ~]$ tar -tvf test.tar
drwxrwxr-x guestuser1/guestuser1 0 2017-07-20 16:36 test/
-rw-rw-r-- guestuser1/guestuser1 0 2017-07-20 16:35 test/exam.c
-rw-rw-r-- guestuser1/guestuser1 0 2017-07-20 16:36 test/logfile
-rw-rw-r-- guestuser1/guestuser1 0 2017-07-20 16:57 exam.c
```

图 6.16　例 6.18 的操作过程

本 章 小 结

本章通过 3 个项目依次介绍了使用 RPM、YUM 和源码包安装软件的方法。

RPM 主要有 5 种基本功能：查询（-q）、安装（-ivh）、升级（-Uvh）、刷新（-Fvh）、卸载（-e），这些功能均由 rpm 命令配合不同的参数选项来实现。

YUM 可以从很多 YUM 源中搜索软件及它们的依赖包，并自动完成安装。相关功能由 yum 命令配合不同的指令来实现，主要有安装（install）、升级（update）、卸载（remove）软件包等功能。

源码包安装软件需要先执行 make 命令进行编译，然后执行 make install 命令进行软件安装。但是，通常源码包都是.tar 或.tar.gz 格式的，需要使用 TAR 包管理工具解压缩。

TAR 包管理工具的主要功能有：打包（-cvf）、查看（-tvf）、释放（-xvf）、追加（-rvf），由 tar 命令配合相关选项来实现。如果是压缩包，配合-z 或-j 选项来完成。

习　题　6

1．选择题

（1）利用 rpm 命令查询软件包是否安装时，应使用的命令选项为（　　）。

A．-q 　　　　　　　　B．-e 　　　　　　　　C．-ivh 　　　　　　　　D．-U

（2）利用 rpm 命令安装软件包 ntp-4.2.6p5-22.el7.centos.x86_64.rpm 时，正确的命令为（　　）。

A．rpm　-q　ntp-4.2.6p5-22.el7.centos.x86_64.rpm

B．rpm　-ivh　ntp-4.2.6p5-22.el7.centos.x86_64.rpm

C．rpm　-h　ntp-4.2.6p5-22.el7.centos.x86_64.rpm

D．rpm　-e　ntp-4.2.6p5-22.el7.centos.x86_64.rpm

（3）利用 rpm 命令卸载软件包 vsftpd 时，应使用的命令为（　　）。

A．rpm　-q　vsftpd 　　　　　　　　B．rpm　-ivh　vsftpd

C．rpm　-h　vsftpd 　　　　　　　　D．rpm　-e　vsftpd

（4）若要释放 myfile.tar.gz 包中的内容，则应使用（　　）命令来实现。

A．tar　-xvf　myfile.tar.gz 　　　　　　　　B．tar　-xzvf　myfile.tar.gz

C．tar　-cjvf　myfile.tar.gz 　　　　　　　　D．tar　-xjvf　myfile.tar.gz

（5）若要对 myfile.tar.bz 包中的内容进行查看，则应使用（　　）命令来实现。

A．tar　-tvf　myfile.tar.bz 　　　　　　　　B．tar　-cvf　myfile.tar.bz

C．tar　-ztvf　myfile.tar.bz 　　　　　　　　D．tar　-jtvf　myfile.tar.bz

（6）若要对 myfile.tar.gz 包中的内容进行查看，则应使用（　　）命令来实现。

A．tar -tvf myfile.tar.gz
B．tar -cvf myfile.tar.gz

C．tar -ztvf myfile.tar.gz
D．tar -jtvf myfile.tar.gz

（7）下面（　　）命令用于查看 foo-1.1-1.noarch.rpm 软件包将要在系统中安装的文件。

A．rpm -qip foo-1.1-1.noarch.rpm
B．rpm -qlp foo-1.1-1.noarch.rpm

C．rpm -ivh foo-1.1-1.noarch.rpm
D．rpm -qpR foo-1.1-1.noarch.rpm

（8）为了将当前目录下所有的.txt 文件打包并压缩归档到 this.tar.gz 文件，可以使用（　　）。

A．tar -jcvf ./*.txt this.tar.gz
B．tar -jcvf this.tar.gz ./*.txt

C．tar -jxvf this.tar.gz ./*.txt
D．tar -jxvf ./*.txt this.tar.gz

2.简答题

（1）简述 RPM 的用途。

（2）简述升级软件包和刷新软件包的区别。

（3）简述创建本地 YUM 源服务器的步骤。

上机实践 6

1．使用 rpm 命令安装 bind-chroot 软件包，安装完毕后，查看该软件包的描述信息。

2．使用 rpm 命令查询 crontabs 软件包所包含的文件列表。

3．使用 rpm 命令查询/etc/crontab 文件属于哪个软件包。

4．使用 yum 命令安装 samba 软件包。

5．使用 yum 命令删除 bind 软件包。

6．备份/root/abc 目录，生成文件为/root/abc.tar。

7．使用 tar 命令调用 gzip 压缩程序将/root/abc 目录压缩成文件。

8．用户 guestuser1 在其主目录的 report 目录中进行一系列的文档编辑，工作完成后，guestuser1 用户想把所编辑的文档发送到自己的邮箱中以便随时使用。为了方便文件的发送，guestuser1 用户决定将所有文档打包压缩成一个文件再发送，请写出相关命令。

9．系统管理员计划每周对系统用户文件和日志文件进行备份，请写出相关命令。

第7章 网络连接

网络环境的配置是系统连通网络的第一步，包括对 IP 地址、子网掩码、网关、主机名、客户端 DNS 服务器的配置。本章将介绍网络环境配置的入门知识，主要包括以下知识点：
- 主机名的配置；
- 网卡信息的配置（重点，难点）；
- 客户端 DNS 服务器的配置（难点）；
- 网络故障的排除方法（难点）。

7.1 项目一：网络环境配置

【项目描述】

管理员为了能够更好地管理和维护网络，需要配置服务器的网络环境，再将服务器部署到网络环境中。为此他需要完成以下工作：

（1）设置主机名为 Server。

（2）设置网卡信息——IP 地址为 192.168.137.5，网关地址为 192.168.137.1，设置客户端 DNS 服务器地址为 219.216.129.5。

（3）对于每一步的设置，管理员都要做相应的查看以验证设置成功。

【项目分析】

在本项目中，root 管理员首先设置主机名，然后配置网卡的信息，包括 IP 地址、子网掩码、网关，最后需要设置客户端 DNS 服务器的地址。同时要通过相关的命令或者其他可靠的方法对所有的设置进行验证，相关知识点见表 7.1。

表 7.1　相关知识点

序号	知识点	详见章节
1	主机名的配置	7.1.1 节
2	网卡信息配置	7.1.2 节
3	客户端 DNS 服务器配置	7.1.2 节、7.1.3 节

【操作过程】

```
#hostnamectl   set-hostname   Server          //设置临时主机名为 Server
#hostname                                      //可以验证结果是否正确
#nmcli c mod ens33 ipv4.addresses "192.168.137.5/24" ipv4.gateway 192.168.137.1
                                               //配置网卡信息
#nmcli c mod ens33 ipv4.dns 219.216.129.5      //修改 DNS
#nmcli c reload                                //重新载入网络配置，使配置生效
#nmcli c up ens33
#nmcli device show ens33                       //查看网络配置文件，验证配置是否生效
```

7.1.1 主机名的配置

主机名是主机在网络中的唯一标识。设置主机名有两种常用的方法：一种是使用 hostname 命令临时设置主机名；另一种是使用 hostnamectl 命令永久设置主机名。

1. 使用 hostname 命令临时设置主机名

命令格式：

> hostname [新主机名]

使用 hostname 命令设置的主机名立刻生效，可以使用 hostname 命令来查询设置是否成功。但是，hostname 命令的设置是临时的，当系统重启后会恢复成原主机名。这是由于 hostname 命令的设置内容并没有更新到网络配置文件/etc/host 中主机名的选项中。

查看主机名和设置主机名如图 7.1 所示。

```
[root@localhost ~]# hostname
localhost.localdomain
[root@localhost ~]# hostname teacher
[root@localhost ~]# su
[root@teacher ~]# ▮
```

图 7.1　查看主机名和设置主机名

2. 使用 hostnamectl 命令永久设置主机名

命令格式：

> hostnamectl set-hostname 新主机名

CentOS Linux 7 使用/etc/hosts 配置文件存储主机名信息，然而使用 hostname 命令设置主机名并未修改该配置文件的内容，因此 hostname 命令未实现永久性设置，而 hostnamectl 命令可以修改/etc/hosts 文件的内容，系统重启时会读取该文件中的内容从而对主机名进行配置。如图 7.2 所示。

```
[root@localhost ~]# hostnamectl set-hostname teacher
[root@localhost ~]# hostname
teacher
[root@localhost ~]# cat /etc/hostname
teacher
```

图 7.2　永久设置主机名

7.1.2 网卡信息的配置

1. 网卡配置文件

网卡信息的配置通常包括配置 IP 地址、子网掩码、网关。网卡信息保存在网卡配置文件中。网卡配置文件位于/etc/sysconfig/network-scripts 目录下。一块网卡对应一个网卡配置文件。

Linux 系统中网卡设备的传统命名方式是 eth0、eth1、eth2 等，而 CentOS Linux 7 提供了不同的命名规则，默认是基于固件、拓扑、位置信息来分配的。这样做的优点在于命名是全自动的、可预知的，缺点是难于理解。

以网卡设备名 ens 33 为例，前 2 个字符的含义：en——以太网 Ethernet；wl——无线局域网 WLAN；ww——无线广域网 WWAN。

第 3 个字符的含义：

o<index>　　　　　板载设备，index 为设备序号。

s<slot>　　　　　　热插拔卡槽，slot 为设备序号。

x<MAC>　　　　　物理地址。

p<bus>s<slot>　PCI 接口物理位置，bus 为横坐标，slot 为纵坐标。

如图 7.3 所示，ifcfg-ens33 即为网卡配置文件。可使用 cat 命令查看此配置文件的具体内容，如图 7.4 所示。

```
[ root@localhost network- scripts]# pwd
/etc/sysconfig/network- scripts
[ root@localhost network- scripts]# ll
total 236
- rw- r- - r- -. 1 root root        0 Dec 15 15:46 file
- rw- - - - - - - -. 1 root root      253 Aug 24 13:18 ifcfg- ens33
- rw- r- - r- -. 1 root root      254 Sep 12  2016 ifcfg- lo
lrwxrwxrwx. 1 root root       24 May 31  2017 ifdown -> ../../../usr/sbin/ifdown
- rwxr- xr- x. 1 root root      627 Sep 12  2016 ifdown- bnep
- rwxr- xr- x. 1 root root     5817 Sep 12  2016 ifdown- eth
- rwxr- xr- x. 1 root root     6196 Nov  6  2016 ifdown- ib
- rwxr- xr- x. 1 root root      781 Sep 12  2016 ifdown- ippp
- rwxr- xr- x. 1 root root     4201 Sep 12  2016 ifdown- ipv6
lrwxrwxrwx. 1 root root       11 May 31  2017 ifdown- isdn -> ifdown- ippp
- rwxr- xr- x. 1 root root     1778 Sep 12  2016 ifdown- post
- rwxr- xr- x. 1 root root     1068 Sep 12  2016 ifdown- ppp
- rwxr- xr- x. 1 root root      837 Sep 12  2016 ifdown- routes
- rwxr- xr- x. 1 root root     1444 Sep 12  2016 ifdown- sit
- rwxr- xr- x. 1 root root     1621 Nov  6  2016 ifdown- Team
- rwxr- xr- x. 1 root root     1556 Apr 15  2016 ifdown- TeamPort
- rwxr- xr- x. 1 root root     1462 Sep 12  2016 ifdown- tunnel
```

图 7.3　网卡配置文件的路径及名称

```
[root@localhost network-scripts]# cat  ifcfg-ens33
TYPE=Ethernet
BOOTPROTO=dhcp
DEFROUTE=yes
PEERDNS=yes
PEERROUTES=yes
IPV4_FAILURE_FATAL=no
IPV6INIT=yes
IPV6_AUTOCONF=yes
IPV6_DEFROUTE=yes
IPV6_PEERDNS=yes
IPV6_PEERROUTES=yes
IPV6_FAILURE_FATAL=no
IPV6_ADDR_GEN_MODE=stable-privacy
NAME=ens33
UUID=75e3cbb8-5fbb-4dc8-a760-7ded5791a505
DEVICE=ens33
ONBOOT=yes
```

图 7.4　网卡配置文件的具体内容

网卡配置文件中常用配置项的含义如下：

DEVICE=ens33　　　　//定义该网卡的识别名称

BOOTPROTO=dhcp　　//启动该网卡的方式，有以下两种：static/none 表示固定 IP 地址；bootp/dhcp 表示通过 BOOTP 或 DHCP 协议动态取得 IP 地址

ONBOOT=yes　　　　　//启动 NetworkManager 服务时，是否启动该网卡

NetworkManager 服务是管理和监控网络设置的守护进程。CentOS Linux 7 使用 NetworkManager 服务来实现网络的配置和管理，CentOS Linux 7 以前是使用 network 服务管理网络的。

当 Linux 系统启动 NetworkManager 服务时，此服务会依次读取保存于/etc/sysconfig/network-scripts/目录下所有网卡的配置文件。如果网卡配置文件的 ONBOOT 参数设置为 yes，则 NetworkManager 服务就会调用 ifup 命令启动该网卡；如果网卡配置文件的 ONBOOT 参数设置为 no，则此服务会跳过此网卡的启动工作。

TYPE=Ethernet　　　　　//网卡的类型

以下配置项用于指定该网卡的静态 IP 地址，此时 BOOTPROTO 必须为 static/none。

```
IPADDR=192.168.137.5        //静态方式指定网卡的 IP 地址
NETMASK=255.255.255.0       //定义该网卡的子网掩码
MTU=1500                    //设置网卡传输的最大数据包
GATEWAY=192.168.137.1       //设置网络的默认网关
```

2．配置网卡信息

（1）直接修改网卡配置文件

利用 vim 编辑器打开配置文件/etc/sysconfig/network-scripts/ifcfg-ens33 并编辑以下配置项，如图 7.5 所示。

```
TYPE=Ethernet
BOOTPROTO=static
IPADDR=192.168.137.5
NETMAST=255.255.255.0
MTU=1500
GATEWAY=192.168.137.1
DEFROUTE=yes
PEERDNS=yes
PEERROUTES=yes
IPV4_FAILURE_FATAL=no
IPV6INIT=yes
IPV6_AUTOCONF=yes
IPV6_DEFROUTE=yes
IPV6_PEERDNS=yes
IPV6_PEERROUTES=yes
IPV6_FAILURE_FATAL=no
IPV6_ADDR_GEN_MODE=stable-privacy
NAME=ens33
UUID=75e3cbb8-5fbb-4dc8-a760-7ded5791a505
DEVICE=ens33
ONBOOT=yes
```

图 7.5　修改后的网卡配置文件内容

在网卡配置文件修改完成后，需要执行#systemctl restart NetworkManager 命令使得该文件的修改生效。

（2）通过 ip 命令管理网卡

① 查看网卡信息

命令格式：

ip addr show　[网卡设备名]

选项说明：

网卡设备名——显示指定网卡的配置信息。如果省略网卡设备名，则显示系统中所有网卡的配置信息。

【例 7.1】查看 ens33 网卡的信息。

操作过程如图 7.6 所示。

```
[root@localhost ~]# ip addr show ens33
2: ens33: <BROADCAST,MULTICAST,UP,LOWER_UP> mtu 1500 qdisc pfifo_fast state UP qlen 1000
    link/ether 00:0c:29:14:f8:ad brd ff:ff:ff:ff:ff:ff
    inet 192.168.137.5/24 brd 192.168.137.255 scope global ens33
       valid_lft forever preferred_lft forever
    inet6 fe80::f32c:9423:7815:d542/64 scope link
       valid_lft forever preferred_lft forever
```

图 7.6　例 7.1 的操作过程

从图 7.16 可以看到 ens33 网卡的 IP 地址是 192.168.137.5、MAC 地址是 00:0c:29:14:f8:ad 等信息。

② 增加 IP 地址

命令格式：

```
ip  addr  add  IP 地址 dev 网卡设备名
```

ip 命令可以为一块网卡添加多个 IP 地址。通过 ip 命令设置的 IP 地址即时生效，但是重启计算机后，IP 地址又恢复到原 IP 地址，所以 ip 命令只能用于设置临时 IP 地址。

【例 7.2】使用 ip 命令为当前网卡 ens33 添加 192.168.137.100 和 192.168.137.101 两个 IP 地址，并测试。

操作过程如图 7.7 所示，前两条命令"ip addr add"完成对 IP 地址的添加，第三条命令"ip addr show"查看目前 ens33 网卡的 IP 地址，最后两条命令"ping"对 IP 地址可用性进行测试。

```
[root@localhost ~]# ip  addr  add 192.168.137.100/24 dev ens33
[root@localhost ~]# ip  addr  add 192.168.137.101/24 dev ens33
[root@localhost ~]# ip addr show ens33
2: ens33: <BROADCAST,MULTICAST,UP,LOWER_UP> mtu 1500 qdisc pfifo_fast state UP qlen 1000
    link/ether 00:0c:29:14:f8:ad brd ff:ff:ff:ff:ff:ff
    inet 192.168.137.5/24 brd 192.168.137.255 scope global ens33
       valid_lft forever preferred_lft forever
    inet 192.168.137.100/24 scope global secondary ens33
       valid_lft forever preferred_lft forever
    inet 192.168.137.101/24 scope global secondary ens33
       valid_lft forever preferred_lft forever
    inet6 fe80::f32c:9423:7815:d542/64 scope link
       valid_lft forever preferred_lft forever
[root@localhost ~]# ping 192.168.137.100
PING 192.168.137.100 (192.168.137.100) 56(84) bytes of data.
64 bytes from 192.168.137.100: icmp_seq=1 ttl=64 time=0.032 ms
64 bytes from 192.168.137.100: icmp_seq=2 ttl=64 time=0.125 ms
--- 192.168.137.100 ping statistics ---
2 packets transmitted, 2 received, 0% packet loss, time 999ms
rtt min/avg/max/mdev = 0.032/0.078/0.125/0.047 ms
[root@localhost ~]# ping 192.168.137.101
PING 192.168.137.101 (192.168.137.101) 56(84) bytes of data.
64 bytes from 192.168.137.101: icmp_seq=1 ttl=64 time=0.035 ms
64 bytes from 192.168.137.101: icmp_seq=2 ttl=64 time=0.034 ms
^C
--- 192.168.137.101 ping statistics ---
2 packets transmitted, 2 received, 0% packet loss, time 1000ms
rtt min/avg/max/mdev = 0.034/0.034/0.035/0.005 ms
```

图 7.7 例 7.2 的操作过程

③ 删除 IP 地址

命令格式：

```
ip  addr  del  IP 地址 dev 网卡设备名
```

【例 7.3】使用 ip 命令删除当前网卡 ens33 的 IP 地址 192.168.137.101。

操作过程如图 7.8 所示。

```
[root@localhost ~]# ip addr del 192.168.137.101/24  dev ens33
[root@localhost ~]# ip addr show ens33
2: ens33: <BROADCAST,MULTICAST,UP,LOWER_UP> mtu 1500 qdisc pfifo_fast state UP qlen 1000
    link/ether 00:0c:29:14:f8:ad brd ff:ff:ff:ff:ff:ff
    inet 192.168.137.5/24 brd 192.168.137.255 scope global ens33
       valid_lft forever preferred_lft forever
    inet 192.168.137.100/24 scope global secondary ens33
       valid_lft forever preferred_lft forever
    inet6 fe80::f32c:9423:7815:d542/64 scope link
       valid_lft forever preferred_lft forever
```

图 7.8 例 7.3 的操作过程

（3）通过 nmcli 命令配置网络

① 查看网络配置信息

直接输入 nmcli 命令，执行结果如图 7.9 所示，可以看到 ens33 网卡的 IP 地址和 MAC 地址。

```
[ root@localhost ~]# nmcli
virbr0: 连接的 to virbr0
        bridge, 52:54:00:83:33:37, sw, mtu 1500
        inet4 192.168.122.1/24

ens33: 连接的 to ens33
        "Intel 82545EM Gigabit Ethernet Controller (Copper) (PRO/1000 MT Single Port Adapter)"
        ethernet (e1000), 00:0C:29:14:F8:AD, hw, mtu 1500
        ip4 default
        inet4 192.168.137.5/24
        inet4 192.168.137.100/24
        inet6 fe80::f32c:9423:7815:d542/64

lo: 未管理
        loopback (unknown), 00:00:00:00:00:00, sw, mtu 65536

virbr0-nic: 未管理
        tun, 52:54:00:83:33:37, sw, mtu 1500

Use "nmcli device show" to get complete information about known devices and
"nmcli connection show" to get an overview on active connection profiles.

Consult nmcli(1) and nmcli-examples(5) manual pages for complete usage details.
```

图 7.9   nmcli 命令的执行结果

输入"nmcli device show ens33"命令，如图 7.10 所示，可以看到 ens33 网卡的详细配置信息。

```
[ root@localhost ~]# nmcli device show ens33
GENERAL.设备：                        ens33
GENERAL.类型：                        ethernet
GENERAL.硬盘：                        00:0C:29:14:F8:AD
GENERAL.MTU：                         1500
GENERAL.状态：                        100（连接的）
GENERAL.CONNECTION:                   ens33
GENERAL.CON-PATH:                     /org/freedesktop/NetworkManager/ActiveConnection/1
WIRED-PROPERTIES.容器：               开
IP4.地址[1]：                         192.168.137.5/24
IP4.地址[2]：                         192.168.137.100/24
IP4.网关：                            192.168.137.1
IP6.地址[1]：                         fe80::f32c:9423:7815:d542/64
IP6.网关：
```

图 7.10   ens33 网卡的详细配置信息

② 配置网卡

nmcli 命令格式：

nmcli [选项] 对象 {命令} [参数]

nmcli 命令可以创建、显示、编辑、删除、激活和停用网络连接，并能控制和显示网络设备状态。nmcli 命令格式较复杂，其中常用选项及功能说明见表 7.2，常用对象及功能说明见表 7.3，在书写命令时，选项和对象都可以简写。

表 7.2   nmcli 命令的常用选项及功能说明

选项	功能说明
-c	--colors auto|yes|no，是否在输出中使用颜色
-e	--escape，yes|no 值中的转义符
-f	--fields <field, ...> |all|common，指定要输出的字段
-m	--mode，表格|多行，输出模式
-o	--overview，概述模式
-t	--terse，简要输出
-w	--wait <seconds>，设置等待完成操作的超时

表 7.3 nmcli 命令的常用对象及功能说明

对象	功能说明	常用命令
g[eneral]	NetworkManager 的状态和操作	status|hostname|permissions|logging
n[etworking]	整体的网络控制	on|off|connectivity
r[adio]	无线交换机网络管理	all|wifi|wwan
c[onnection]	NetworkManager 的连接管理	show|up|down|modify|add|edit|clone|delete|monitor|reload|load|import|export
d[evice]	NetworkManager 管理的设备	status|show|set|connect|reapply|modify|disconnect|delete|monitor|wifi|lldp
a[gent]	NetworkManager secret agent or polkit agent	secret|polkit|all
m[onitor]	监控 NetworkManager 的变化。当 NetworkManager 出现改动时，打印一行信息	

【例7.4】使用 nmcli 命令永久配置网络环境。

```
#nmcli c mod ens33    connection.autoconnect yes    //修改为自动连接
#nmcli c mod ens33 ipv4.addresses "192.168.137.8/24" ipv4.gateway 192.168.137.1
                                          //将网络 IP 地址修改为 192.168.137.8
#nmcli c mod ens33 ipv4.dns 172.17.1.17    //修改 DNS
#nmcli c reload            //重新载入网络配置，使配置生效
#nmcli c up ens33
#nmcli device show ens33         //查看网络配置文件，验证配置是否生效
```

执行结果如图 7.11 所示。

```
[root@localhost ~]# nmcli c mod ens33  connection.autoconnect yes
[root@localhost ~]# nmcli c mod ens33 ipv4.addresses "192.168.137.8/24" ipv4.gateway 192.168.137.1
[root@localhost ~]# nmcli c mod ens33 ipv4.dns 172.17.1.17
[root@localhost ~]# nmcli c reload
[root@localhost ~]# nmcli c up ens33
成功激活的连接（D-Bus 激活路径：/org/freedesktop/NetworkManager/ActiveConnection/3）
[root@localhost ~]# nmcli device show ens33
GENERAL.设备：                      ens33
GENERAL.类型：                      ethernet
GENERAL.硬盘：                      00: 0C: 29: 14: F8: AD
GENERAL.MTU：                       1500
GENERAL.状态：                      100（连接的）
GENERAL.CONNECTION:                 ens33
GENERAL.CON-PATH:                   /org/freedesktop/NetworkManager/ActiveConnection/3
WIRED-PROPERTIES.容器：             开
IP4.地址[1]：                       192.168.137.8/24
IP4.网关：                          192.168.137.1
IP4.DNS[1]：                        172.17.1.17
IP6.地址[1]：                       fe80: : f32c: 9423: 7815: d542/64
IP6.网关：
```

图 7.11 例 7.4 的执行结果

3. 其他网卡操作常用命令

（1）ifdown

ifdown 命令可以禁用网卡。

命令格式：

```
ifdown  网卡设备名
```

（2）ifup

ifup 命令可以重新启用网卡。

命令格式：

```
ifup  网卡设备名
```

（3）绑定 IP 地址和 MAC 地址

实现方法：创建/etc/ethers 文件，文件内容为 "IP 地址 MAC 地址"，然后执行 arp -f 命令，使配置生效。

【例 7.5】将 193.168.168.154 与 00:0C:29:03:F3:75 网卡绑定。

```
#echo "193.168.168.154 00:0C:29:03:F3:75">>/etc/ethers
#arp -f
```

7.1.3 客户端 DNS 服务器的配置

在 Linux 系统中，如果想配置客户端 DNS 服务器，可以使用 nmcli 命令，也可以使用 vim 编辑器直接编辑其配置文件/etc/resolv.conf。

文件内容格式：

```
nameserver 指定 DNS 服务器的 IP 地址
```

最多可同时指定 3 个 DNS 服务器的 IP 地址，根据 nameserver 的配置顺序依次搜索解析。另外，可以使用 domain 来指定当前主机所在域的域名。

为避免/etc/resolv.conf 文件的内容被系统修改或覆盖，需要修改/etc/NetworkManager/NetworkManager.conf 文件，在 main 部分添加 "dns=none" 选项。

修改后的 NetworkManager.conf 文件的内容如下：

```
[main]
plugins=ifcfg-rh
dns=none
```

完成修改后，需要执行命令：#systemctl restart NetworkManager.service，重新装载 NetworkManager 的配置，此时客户端 DNS 服务器设置完成。

7.2 项目二：网络调试与故障排查

【项目描述】

管理员已经配置完成网络环境：主机命名为 Server，IP 地址为 192.168.137.5，网关地址为 192.168.137.1，DNS 服务器地址为 219.216.129.5。但是当管理员打开浏览器准备上网时，发现当在地址栏中输入一个局域网内 Web 站点的 IP 地址时可以上网，如 http://192.168.137.42；但是输入域名而无法得到响应，如 http://www.baidu.com。因此，他需要进行网络调试并排查其中的故障。

【项目分析】

在本项目中首先要对网络故障作出初步的判断，由于目前的情况是可以用 IP 地址的方法访问局域网，而以域名方式访问却出现了问题，因此初步判断可能是由于网关不通或者 DNS 服务器有问题。因此，管理员使用 ping 命令来判断网关是否畅通，又使用 nslookup 命令判断 DNS 服务器是否起作用，相关知识点见表 7.4。

表 7.4 相关知识点

序号	知识点	详见章节
1	网络故障排查方法	7.2.2 节
2	使用 ping 命令来判断网关是否畅通	7.2.1 节
3	使用 nslookup 命令判断 DNS 服务器是否起作用	7.2.1 节

【操作过程】

```
#ping    192.168.137.1    //测试网关 192.168.137.1 是否畅通
#nslookup                 //测试 DNS 219.216.129.5 是否可用
>server   219.216.129.5
>www.baidu.com
```

提示：

```
connection timed out;noservers could be reached    //无法连通
```

此时需要更换 DNS 服务器的地址并重复测试过程，直到网络畅通。

7.2.1 常用网络调试命令

1. ping 命令

ping 命令用于测试网络中两台主机之间的网络是否畅通及网络的质量。

命令格式：

```
ping   [选项]   对方主机 IP 地址
```

选项说明：

-c，指定向目的主机发送报文的次数。

-s，指定发送报文的大小，以字节为单位。

-W，设置等待接收回应报文的时间间隔，以秒为单位。

【例 7.6】 测试与目的主机 192.168.168.200 的网络是否畅通。

```
#ping   192.168.168.200
```

如果网络畅通，则会显示报文的返回时间，如图 7.12 所示。否则提示"Destination Host Unreachable"，如图 7.13 所示。需要注意 ping 命令在 Linux 中是一个循环命令，如果想退出，可以使用 Ctrl+D 组合键来实现。

```
[root@localhost ~]# ping   192.168.168.200
PING 192.168.168.200 (192.168.168.200) 56(84) bytes of data.
64 bytes from 192.168.168.200: icmp_seq=1 ttl=64 time=0.146 ms
64 bytes from 192.168.168.200: icmp_seq=2 ttl=64 time=0.130 ms
64 bytes from 192.168.168.200: icmp_seq=3 ttl=64 time=0.048 ms
64 bytes from 192.168.168.200: icmp_seq=4 ttl=64 time=0.128 ms
^C
--- 192.168.168.200 ping statistics ---
4 packets transmitted, 4 received, 0% packet loss, time 2999ms
rtt min/avg/max/mdev = 0.048/0.113/0.146/0.038 ms
```

图 7.12　网络畅通的结果

```
[root@localhost ~]# ping   192.168.168.200
PING 192.168.168.200 (192.168.168.200) 56(84) bytes of data.
From 192.168.168.156 icmp_seq=1 Destination Host Unreachable
From 192.168.168.156 icmp_seq=2 Destination Host Unreachable
From 192.168.168.156 icmp_seq=3 Destination Host Unreachable
From 192.168.168.156 icmp_seq=4 Destination Host Unreachable
^C
--- 192.168.168.200 ping statistics ---
6 packets transmitted, 0 received, +4 errors, 100% packet loss, time 5005ms
pipe 4
```

图 7.13　网络不畅通的结果

【例 7.7】 向目的主机 192.168.168.200 发送 2 次 2KB 的 ping 测试包，检测网络是否畅通。网络畅通时的执行结果如图 7.14 所示。

```
[ root@localhost ~]# ping  -c  2  -s  2048  192.168.168.200
PING 192.168.168.200 ( 192.168.168.200) 2048( 2076) bytes of data.
2056 bytes from 192.168.168.200:  icmp_seq=1 ttl=64 time=0.066 ms
2056 bytes from 192.168.168.200:  icmp_seq=2 ttl=64 time=0.161 ms

--- 192.168.168.200 ping statistics ---
2 packets transmitted, 2 received, 0% packet loss, time 1000ms
rtt min/avg/max/mdev = 0.066/0.113/0.161/0.048 ms
```

图 7.14　例 7.7 的执行结果

2．netstat 命令

netstat 命令可以查看当前服务器打开的与网络相关的程序数量及它们使用的协议类型。

命令格式：

netstat　[选项]

功能：显示网络连接、路由表、正在监听的端口等信息。

选项说明：

-l，显示正在监听的服务或端口。

-a，显示当前主机开放的所有端口（TCP，UDP，已建立、正在建立的端口）。

-n，不进行域名解析。

-p，显示该端口的进程。

-c，动态显示网络连接和端口监听信息。

-i，显示网卡相关信息。

-r，显示当前主机的路由表信息。

【例 7.8】显示主机目前开放的所有端口的信息。

图 7.15 中显示出当前主机开放的所有端口，并显示各个端口是由哪个进程在监听。

```
[ root@localhost ~]# netstat -a
Active Internet connections ( servers and established)
Proto Recv-Q Send-Q Local Address          Foreign Address      State
tcp        0      0 0.0.0.0: sunrpc         0.0.0.0: *           LISTEN
tcp        0      0 localhost. locald: domain 0.0.0.0: *         LISTEN
tcp        0      0 localhost: ssh          0.0.0.0: *           LISTEN
tcp        0      0 localhost: ipp          0.0.0.0: *           LISTEN
tcp        0      0 localhost: smtp         0.0.0.0: *           LISTEN
tcp6       0      0 [::]: sunrpc            [::]: *              LISTEN
tcp6       0      0 [::]: ssh               [::]: *              LISTEN
tcp6       0      0 localhost: ipp          [::]: *              LISTEN
tcp6       0      0 localhost: smtp         [::]: *              LISTEN
udp        0      0 0.0.0.0: mdns           0.0.0.0: *
udp        0      0 localhost: 323          0.0.0.0: *
udp        0      0 0.0.0.0: 20884          0.0.0.0: *
udp        0      0 localhost. locald: domain 0.0.0.0: *
udp        0      0 0.0.0.0: bootps         0.0.0.0: *
udp        0      0 0.0.0.0: bootpc         0.0.0.0: *
udp        0      0 0.0.0.0: 54868          0.0.0.0: *
```

图 7.15　显示当前主机开放的所有端口

3．traceroute 命令

traceroute 命令可以查看当前主机和指定通信的目的主机之间数据包传输的路径,即路由跟踪。

命令格式：

traceroute　IP 地址

功能：路由跟踪，使用该命令可以跟踪当前主机到目的主机传输数据包所经历的路径，从而分析网络的故障点。

4．nslookup 命令

nslookup 命令可以检查指定的 DNS 服务器是否能够解析域名和 IP 地址。

命令格式：

```
nslookup
```

功能：检测指定的 DNS 服务器工作是否正常。

该命令有交互方式和命令方式两种查询方式。如果只查询一个 DNS 服务器，可以使用命令方式，多数据查询则使用交互方式。交互方式在执行 nslookup 命令后，会出现 nslookup 交互环境命令提示符："＞"，然后指定待测试的 DNS 服务器 "server DNS 服务器 IP 地址"，接着输入要查询的信息，如果成功返回查询结果，则表示 DNS 服务器功能正常；如果提示 "connection timed out;noservers could be reached"，则表示 DNS 服务器功能异常，退出时使用 exit 命令。

7.2.2 网络故障排查方法

1．检查本机 IP 地址及网关地址是否正确

无法访问 Internet 时，先检查当前主机的 IP 地址、网关和 DNS 服务器的配置是否正确，检查网卡本身工作情况、网线连接情况。对于动态分配的 IP 地址，Windows 系统可以使用 ipconfig/all 命令查看，若配置不正确，查看 DHCP 服务器；Linux 系统可以使用 ip 或 nmcli 命令获得主机的 IP 地址，使用 traceroute 命令查看路由表，注意默认路由。

2．检查与网关和代理服务器之间的网络是否畅通

使用 ping 命令测试与网关地址、代理服务器之间的网络是否畅通。如果不畅通，说明网关设置出现问题。

3．检查与 DNS 服务器的连接

使用 ping 命令测试与 DNS 服务器连接是否畅通，不畅通则更换 DNS 服务器地址。如果更换若干 DNS 服务器地址仍 ping 不通，则考虑是否是网关接入互联网部分出现问题。

4．测试域名解析是否正确

用 nslookup 命令测试当前使用的 DNS 服务器是否能够正确解析域名,如果不能正确解析,则需要更换 DNS 服务器。另外在访问特殊端口时，要考虑该端口是否被路由器或防火墙关闭。

本 章 小 结

本章有两个项目，详细阐述了网络配置的方法，相关调试命令，网络故障排查的顺序、方法及解决手段，为管理系统网络提供了方式和方法。

在网络环境配置中，主要介绍了主机名的配置方法、网卡信息的配置方法和客户端 DNS 服务器的配置方法。其中，涉及的命令有 hostname、ip、nmcli、ifup、ifdown 等，涉及的系统文件有/etc/hosts、/etc/sysconfig/network-scripts/ifcfg-ens33、/etc/resolv.conf、/etc/NetworkManager/NetworkManager.conf 等。

网络调试与故障排查主要介绍了常见的网络调试命令和网络故障的排查方法，其中涉及的命令有 ping、netstat、traceroute、nslookup 等。

习 题 7

1．选择题

（1）下列 ip 命令用法错误的是（ ）。

A．ip addr show   B．ip addr add 192.168.137.111/24

C. ip addr del 192.168.137.111/24　dev ens33　　　　D. ip addr show　ens33

（2）若要启用网卡 ens33，以下命令中可以实现的是（　　　）。

A. ip ens33 up　　　　B. ifup ens33　　　　C. ifdown ens33　　　　D. ip ens33 down

（3）若要禁用网卡 ens33，以下命令中可以实现的是（　　　）。

A. ip ens33 up　　　　B. ifup ens33　　　　C. ifdown ens33　　　　D. ip ens33 down

（4）在 Linux 系统中，可以查看和设置主机名的命令是（　　　）。

A. hosts　　　　B. hostname　　　　C. sysconfig　　　　D. ip

（5）向目的主机 127.0.0.1 发送 4 次 2KB 的 ping 测试包，检测网络是否畅通，以下命令可以实现的是（　　　）。

A. ping　-c 4　-s 1024　127.0.0.1　　　　B. ping　-c 4　-s 2048　127.0.0.1

C. ping　-c 4　127.0.0.1　　　　D. ping　-s 2048　127.0.0.1

（6）显示系统中所有网卡配置信息的命令是（　　　）。

A. nmcli　　　　B. ping　　　　C. ip show　　　　D. nmcli show

2．填空题

（1）客户端 DNS 服务器的配置文件是＿＿＿＿＿＿。

（2）永久设置主机名为 student1 的命令是＿＿＿＿＿＿。

（3）网卡配置文件的目录是＿＿＿＿＿。

3．简答题

（1）简述网卡配置文件的内容。

（2）简述测试网络连通可以使用的命令。

（3）在 Linux 系统中有多种方法可以配置网络参数，请列举几种。

上机实践 7

1．使用命令将当前计算机的主机名修改为 IT。

2．通过修改网卡配置文件，设置计算机 IP 地址为 192.168.0.2，网关地址为 192.168.0.1，DNS 服务器的地址为 202.96.209.5。

3．使用命令显示当前计算机系统的内核路由表信息。

4．root 管理员需要重新配置网络环境，他需要完成的工作如下：

（1）临时设置主机名为 myhost。

（2）设置网卡信息：IP 地址为 202.137.5.6，网关地址为 202.137.5.1，DNS 服务器地址为 216.128.5.132。

第 8 章　Shell 编程入门

在 Linux 系统中，Shell 不仅能与用户进行逐个命令的交互执行，也可以通过脚本语言进行编程。Shell 程序可使大量任务自动化，常用在系统管理、系统维护方面。本章将介绍 Shell 编程的入门知识，主要包括以下知识点：

- Shell 编程的步骤（重点）;
- Shell 变量定义、输入/输出方法（重点）;
- Shell 进行条件测试的方法（重点）;
- 脚本程序中的流程控制语句（重点，难点）;
- 函数定义和参数处理方法（重点，难点）;
- Shell 程序的调试方法（重点）。

8.1　项目一：第一个 Shell 程序 Hello world

【项目描述】

Shell 编程的初学者使用 guestuser1 账号登录系统，在 Linux 环境下编写第一个 Shell 程序 first，在屏幕上输出"Hello world"。

【项目分析】

在本项目中，需要明确创建和编写 Shell 程序的方法，然后是程序的运行。在运行程序时，如果选择直接执行的方式，需要设置 first 脚本文件的执行权限。相关知识点见表 8.1。

表 8.1　相关知识点

序号	知识点	详见章节
1	创建 Shell 程序	8.1.1 节
2	设置执行权限	8.1.2 节
3	执行 Shell 程序	8.1.3 节

【操作过程】

```
$cd
$mkdir   bin
$cd bin
$vim first              //编写名为 first 的脚本文件
   #!/bin/sh
   VAR ="Hello world"
   echo $ VAR
$chmod   a+x   first    //为 first 脚本文件增加执行权限
$./first               //执行 first 脚本文件
```

8.1.1 创建 Shell 程序

与 DOS 系统中的批处理文件类似，Linux 系统中的脚本文件（Shell 程序）是一个文本文件，包含各类 Shell 命令。通过脚本文件，Shell 命令汇集在一起被连续执行。与高级程序设计语言类似，Shell 也提供了输入/输出、流程控制等命令。

项目一中创建 Shell 程序的步骤：

```
$cd
$mkdir   bin          //在用户工作目录中创建一个保存脚本文件的子目录 bin
$cd bin               //切换到 bin 目录中
$vim first            //使用 vim 命令编写名为 first 的脚本文件，该脚本文件保存到 bin 目录中
#!/bin/sh                  #告诉系统，该文件的代码将用/bin/sh 来执行
VAR="Hello world"          #给变量 VAR 定义了一个字符串值
echo $VAR                  #将变量 VAR 的值显示输出到终端
```

8.1.2 设置执行权限

使用 ls   -l 命令查看项目一中 first 脚本文件的详细信息，如图 8.1 所示，从左侧的权限列表可以看出，文件所有者（这里是 guestuser1）仅对该文件具有读和写的权限，而没有执行权限。

```
[guestuser1@localhost bin]$ ls -l
总用量 4
-rw-rw-r--. 1 guestuser1 guestuser1 51 8月   25 16:40 first
```

图 8.1   查看 first 脚本文件权限

通常要执行脚本文件，需要为脚本文件设置执行权限。可以使用以下命令完成对 first 脚本文件权限的设置：

```
$chmod   u+x   first
```

上面的命令只是给文件所有者设置执行权限。如果同组用户或者其他用户也需要执行该脚本文件，可使用以下命令设置权限：

```
$chmod   a+x   first
```

注意：Linux 中的脚本文件与 DOS 或 Windows 中的批处理程序不同，不能通过扩展名来识别，即不可为脚本文件设置任意扩展名，而必须通过为脚本文件添加执行权限来允许其执行。

8.1.3 执行 Shell 程序

执行脚本文件的方式有多种，这里介绍两种方法：使用 Shell 程序执行和直接执行。

1. 使用 Shell 程序执行

脚本文件是使用文本文件格式保存的，可通过/bin 目录中名为 sh 的程序进行解释执行。以这种方式执行脚本文件时，不需要设置脚本文件的可执行权限。

例如，项目一中的脚本文件可使用以下命令执行：

```
$sh   first
```

执行过程如图 8.2 所示。

```
[guestuser1@localhost bin]$ sh first
Hello world
```

图 8.2   Shell 程序执行 first 脚本文件

这种方式实际上是调用一个新的 bash 程序，将 Shell 程序文件名作为参数传递给新的 bash 程序。使用这种方法的优点是可以利用 Shell 程序的调试功能。

2. 直接执行

执行脚本文件更常用的方式是直接执行，即在 Shell 提示符后面输入脚本文件名即可。要用这种方式执行脚本文件，需首先设置该文件的执行权限。

例如，项目一中的脚本文件可使用以下命令执行：

```
$./first
```

执行过程如图 8.3 所示。

```
[guestuser1@localhost bin]$ ./first
Hello world
```

图 8.3 直接执行 first 脚本文件

在 Shell 提示符后面输入脚本文件名进行执行时，系统将首先在设置的搜索路径中查看指定的文件名，找到就开始执行，若未找到，最后将显示错误提示。如果执行当前目录下的脚本文件，通常使用一个点表示当前目录，例如执行当前目录中的脚本文件 test，可使用命令：$./test。

8.2 项目二：猜数字游戏程序

【项目描述】

为了更深入地学习 Shell 编程，在 Linux 环境下编写一个猜数字的小游戏。游戏规则如下：首先程序随机生成一个 60 以内的整数，然后等待用户的输入。

如果用户输入的是一个整数，则转到下一步，否则显示错误提示信息并重新输入。

如果用户输入的整数比随机数大，程序提示"Too large！"。

如果用户输入的整数比随机数小，程序提示"Too small！"。

如果用户输入的整数与随机数相等，程序提示"Guessed,you are clever!"。

【项目分析】

在本项目中，需要使用 Shell 编程的知识完成一个猜数字游戏程序的编写。根据描述，首先需要生成随机数，然后通过接收键盘的信息来进行判断。由于信息的接收可能是多次的，因此需要用到循环语句。由于需要进行判断，因此要用到判断语句。此外，在这个程序中还包含输入/输出命令、条件测试中的数据测试、函数调用及程序调试等知识。相关知识点见表 8.2。

表 8.2 相关知识点

序号	知识点	详见章节
1	Shell 语法介绍	8.2.1 节
2	输入/输出命令	8.2.2 节
3	条件测试	8.2.3 节
4	流程控制语句——分支/循环	8.2.4 节
5	函数的定义与使用	8.2.5 节
6	命令行参数的处理	8.2.6 节
7	Shell 程序调试	8.2.7 节

【操作过程】

```
$vim   guess              //编写名为 guess 的脚本文件
#!/bin/sh
NUM=$((RANDOM%61))        #生成 60 以内的随机数
```

```
echo "The answer is $NUM"
echo "============================="
usleep 1000000
input(){                         #定义 input 函数
    read -p "Please enter your number:" PRICE    #接收用户输入的值,保存到 PRICE 变量中
    expr $PRICE + 1 &>/dev/null
    if [ $? -ne 0 ]              #判断输入的值是否为整数
        then
            echo "Please enter an integer!"    #提示错误信息
            input                #调用 input 函数重新输入
    fi
}
guess(){                         #定义 guess 函数
    if [ $PRICE -eq $NUM ];then  #判断 PRICE 的值与随机数 NUM 是否相等
        echo "Guessed,you are clever!"
        exit 0                   #判断相等,则退出程序
    elif [ $PRICE -lt $NUM ];then  #判断 PRICE 的值是否小于 NUM 的值
        echo "Too small!"
        input                    #重新调用 input 函数
    else                         #如果 PRICE 的值大于 NUM 的值
        echo "Too large!"
        input                    #重新调用 input 函数
    fi
}
main(){                          #定义 main 函数
    input                        #调用 input 函数
    while true                   #循环调用 guess 函数
        do
            guess
        done
}
main                             #调用 main 函数,程序开始执行
$chmod   a+x   guess    //为 guess 脚本文件增加执行权限
$./guess               //执行 guess 脚本文件
```

执行结果如图 8.4 所示。

```
[root@localhost ~]# ./guess
The answer is 29
=========================
Please enter your number: er
Please enter an integer!
Please enter your number: 12
Too small!
Please enter your number: 67
Too large!
Please enter your number: 29
Guessed, you are clever!
```

图 8.4   猜数字游戏程序的执行结果

8.2.1　Shell 语法介绍

在 Linux 系统中，Shell 变量分为环境变量、用户自定义变量、引用变量和预定义变量。

1．环境变量

所谓环境变量，是指与 Shell 执行的环境相关的一些变量。环境变量在 Shell 启动时就已定义好，用户也可以重新定义。要查看系统中的各环境变量，可使用 set 命令。Shell 中的环境变量很多，下面简单介绍几个常用的环境变量。

HOME：登录用户工作目录的完全路径名。

LOGNAME：当前用户名。

PATH：用冒号分隔的目录搜索路径。Shell 执行命令时，将按 PATH 变量中给出的顺序搜索这些目录，第一个找到的与命令名称一致的可执行文件将被执行。

PSI：系统提示符，系统管理员的提示符为"#"，而普通用户的提示符是"$"。

PWD：当前工作目录的绝对路径名，该变量的取值随 cd 命令的使用而变化。

UID：当前用户的标识符，取值是由数字构成的字符串。

2．用户自定义变量

除系统定义的环境变量外，用户还可以按照一定的语法规则自定义变量。用户自定义变量的最简单格式如下：

```
变量名=变量值
```

左侧为变量名，右侧是具体的字符串值，等号两侧不应有空格，这与一般程序设计语言中给变量赋值的操作相同。若右侧的变量值中包含空格，则右侧的整个字符串要用双引号括起来；若不包含空格，可不用双引号括起来。项目一中的变量 VAR 就是采用这种格式定义的。

若要定义一个只读变量，则使用以下格式：

```
readonly　变量名=变量值
```

只读变量的值在后面的代码中不允许被修改。

通过上面方式定义的变量都只是当前 Shell 的局部变量，因此，不能被在 Shell 中运行的其他命令或 Shell 程序访问（该变量只能在当前代码文件中使用）。若要定义全局变量，可使用以下格式：

```
export　变量名=变量值
```

全局变量在以后运行的所有命令或程序中都可以被访问。

3．引用变量

在 Shell 程序中引用环境变量或用户自定义变量，可使用以下格式：

```
$变量名
```

即在变量名前加上一个"$"符号。

在项目二中就是用$PRICE、$NUM 方式来引用变量进行比较运算的。

4．预定义变量

系统的预定义变量与前面介绍的环境变量相似，也是在 Shell 启动时就定义好的。与环境变量不同的是，用户不能修改预定义变量，只能引用这些变量。

所有预定义变量都是由"$"符号和另一个符号组成的，常用的预定义变量有以下几个。

$#：位置参数的数量。

$*：所有位置参数的内容。

$?：命令执行后返回的状态。

$$: 当前进程的进程号。

$!: 后台运行的最后一个进程的进程号。

$0: 当前执行的进程名。

8.2.2 输入/输出的内部命令

在 Shell 程序中可调用 Linux 中的各种命令，例如，在 Shell 程序中可使用 ls、cp、mv 等命令对文件进行操作。除此之外，Shell 还提供了多个内部命令，这些内部命令没有对应的命令文件，但可直接使用。下面介绍用于输入/输出的内部命令。

1. echo

使用 echo 命令将跟随其后的内容输出在终端上。

命令格式：

```
echo  参数
```

若 echo 之后的内容是一个字符串，则直接显示这些字符；若 echo 命令后面的参数中包含变量，则将显示变量的内容，而不是变量名称。

2. read

使用 read 命令可接收用户输入的字符串。

命令格式：

```
read  变量名列表
```

该命令从标准输入中读入一行，分解成若干部分，分别复制给 read 命令后面的变量名列表中各对应的变量。

【例 8.1】编写一个 Shell 程序，接收用户输入的用户名和电话号码，然后将这些信息显示在终端上，并保存到 contact.txt 文件中。

具体步骤如下。

（1）输入以下命令，用 vim 创建名为 contact 的文件：

```
$vim  contact
```

（2）在 vim 中输入以下代码：

```
1:#!/bin/sh
2:echo Name
3:read NAME
4:echo Telephone
5:read PHONE
6:echo $NAME,$PHONE > contact.txt
```

第 2、4 行显示输入提示信息，第 3、5 行接收用户输入的信息，第 6 行显示用户输入的内容，并使用重定向将显示的结果添加到文件 contact.txt 中。

（3）使用以下命令修改脚本文件的权限，为其添加执行权限：

```
$chmod  u+x  contact
```

（4）输入以下命令执行 contact 程序，执行结果如图 8.5 所示。

```
$./contact
```

在图 8.5 中，首先执行 contact 程序，按终端上显示的提示信息输入内容，然后使用 cat 命令查看 contact 程序执行的结果文件 contact.txt 中的内容。

```
[ guestuser1@localhost bin]$ ./contact
Name
zhangqing
Telephone
13801233210
[ guestuser1@localhost bin]$ cat contact.txt
zhangqing, 13801233210
```

图 8.5　contact 程序的执行结果

8.2.3　条件测试

在 Shell 程序中，经常需要对代码运行结果、文件状态、数值或字符等进行测试。下面简单介绍条件测试的内容。

1．测试命令的执行结果

执行任何 Linux 命令都可能存在两种状态：正确或错误。若前一条命令正确执行，则返回的状态值为 0；若返回值为非 0 值，则表示执行命令出错。

使用预定义变量"$?"可返回命令执行后的状态。因此，在 Shell 程序中可以根据预定义变量"$?"的值，来判断前一条命令执行是否正确。

2．测试文件的状态

在 Shell 程序中，测试某个文件的状态时，通常使用以下格式：

　[　测试表达式　]

注意：在上面的格式中，方括号与测试表达式之间必须有一个空格来分隔。

测试文件状态可使用以下参数。

-e 文件名：若文件存在，返回真。

-r 文件名：若文件存在且可读，返回真。

-w 文件名：若文件存在且可写，返回真。

-x 文件名：若文件存在且可执行，返回真。

-s 文件名：若文件存在且至少有一个字符，返回真。

-d 文件名：若文件存在且是目录，返回真。

-f 文件名：若文件存在且为普通文件，返回真。

-c 文件名：若文件存在且为字符型特殊文件，返回真。

-b 文件名：若文件存在且为块特殊文件，返回真。

【例 8.2】编写测试文件的 Shell 程序，判断用户输入的文件名是否为目录。若是目录，则输出"Directory!"；若不是目录，则输出"Not Directory!"。

具体步骤如下。

（1）使用 vim 命令编辑 Shell 程序文件 isdir，具体代码如下：

```
1:#!/bin/sh
2:echo input file name:
3:read NAME
4:if [ -d $NAME ]          #注意"[ ]"和内部表达式"-d $NAME"之间必须要有空格
5:then
6:    echo Directory!
7:else
8:    echo Not Directory!
9:fi
```

• 144 •

在以上代码中，第 3 行接收用户输入，第 4~9 行是一个分支语句，其中，第 4 行对输入的文件名进行判断，若是目录，则执行第 6 行并输出结果；若不是目录或输入的文件名不存在，则执行第 8 行的输出。第 4~9 行的 if 分支语句将在后面进行介绍。

（2）设置 isdir 文件的可执行权限：

```
$chmod  u+x  isdir
```

（3）输入以下命令执行 isdir 程序，执行结果如图 8.6 所示。

```
$./isdir
```

```
[guestuser1@localhost bin]$ ./isdir
input file name:
test
Directory!
[guestuser1@localhost bin]$ ./isdir
input file name:
book
Not Directory!
```

图 8.6　isdir 程序的执行结果

图 8.6 中执行了两次 isdir 程序，第一次输入一个已存在的目录 test，程序经过判断后输出"Directory"；第二次输入了一个不存在的目录 book，程序输出"Not Directory！"。

3．测试数据的值

在进行数据值判断时，可使用以下参数来测试数据值的状态。

-eq：判断是否相等，与高级程序设计语言中的"=="类似。

-ne：判断是否不相等，与高级程序设计语言中的"！="或"<>"类似。

-gt：判断是否大于，与高级程序设计语言中的">"类似。

-ge：判断是否大于或等于，与高级程序设计语言中的">="类似。

-lt：判断是否小于，与高级程序设计语言中的"<"类似。

-le：判断是否小于或等于，与高级程序设计语言中的"<="类似。

4．测试字符串

在进行字符串判断时，可使用以下参数来判断字符串的状态。

=：判断两个字符串是否相等。

!=：判断两个字符串是否不等。

-z 字符串：若字符串长度为 0，返回真。

-n 字符串：若字符串长度不为 0，返回真。

5．逻辑操作符

如果有多个测试条件，还可以使用逻辑操作符来进行连接。逻辑操作符有以下 3 个。

!：逻辑非操作符，对已有逻辑值取反。

-a：逻辑与操作符（and），当两个测试条件都成立时，才返回真。

-o：逻辑或操作符（or），只要两个测试条件中有一个条件成立，就返回真。

当多个逻辑操作符同时出现在测试条件时，其优先级为"!"最高、"-a"次之、"-o"最低。

8.2.4　流程控制语句

与高级程序设计语言类似，Shell 也提供了用来控制程序执行流程的命令，包括条件分支和循环结构，下面简单介绍这些流程控制语句。

1．if-else 条件语句

通过 if-else 条件语句来进行程序的分支流程控制，该语句的一般格式如下：

```
if 条件测试命令串
then
     条件为真时执行的命令
else
     条件为假时执行的命令
fi
```

从以上格式可看出，Shell 与其他高级程序设计语言不同，then 需要另起一行来书写。若需要与 if 写在同一行，则需要在"条件测试命令串"右侧添加一个分号（;），以如下形式来使用：

```
if 条件测试命令串;then
     条件为真时执行的命令
else
     条件为假时执行的命令
fi
```

另外，if 语句的结束标志是 fi（if 的倒序）。在后面的流程控制语句中也可以看到，每一个结构语句的结束部分都是用倒序字母组合来表示的。

2. if-elif-else 条件语句

对于多分支的情况，可以使用 if 条件语句的嵌套来完成。if-elif-else 条件语句的一般格式如下：

```
if 条件测试命令串 1
then
     条件 1 为真时执行的命令
elif 条件测试命令串 2
then
     条件 2 为真时执行的命令
......
elif 条件测试命令串 n
then
     条件 n 为真时执行的命令
else
     条件 n 为假时执行的命令
fi
```

以上的 if-elif-else 语句结构中，Shell 先计算"条件测试命令串 1"的值，如果为真就执行"条件 1 为真时执行的命令"，否则计算"条件测试命令串 2"的值，如果为真就执行"条件 2 为真时执行的命令"，以此类推，当"条件测试命令串 n"的值为假时，就执行"条件 n 为假时执行的命令"。

3. case 条件语句

if 条件语句通常用在二选一的判断或分支不太多的判断中。但在某些情况下，可能会存在很多个分支，此时，可采用 case 条件语句来进行多分支选择。case 条件语句可从多个分支中选择一个分支来执行，该语句的格式如下：

```
case 条件测试命令串 in
表达式 1)
```

```
    分支 1 执行的命令
;;
表达式 2)
    分支 2 执行的命令
......
表达式 n)
    分支 n 执行的命令
;;
*)
    其他命令
esac
```

以上的 case 语句结构中，Shell 通过计算 "条件测试命令串" 的值，将其结果依次和 "表达式 1" "表达式 2" 等进行比较，直至找到一个匹配的表达式为止。如果找到了匹配项，则执行该分支下面的命令，直至遇到两个分号就结束该分支的执行，并跳到 esac 后面执行；若在每一个分支中都没有找到匹配项，则将执行最后一个以星号（*）标识的分支中的命令。

【例 8.3】编写 Shell 程序，判断文件的类型。Linux 系统中的文件与 DOS 中的不太一样，DOS 中的大部分文件可通过扩展名来识别类型，但 Linux 系统中的文件，如可执行文件，可以没有扩展名。要求编写程序，判断用户输入的文件的类型。

具体步骤如下。

（1）要判断文件的类型，可使用 file 命令，该命令返回的字符串表示文件类型。例如，执行以下命令：

```
#file   test
```

执行结果如图 8.7 所示。

```
[guestuser1@localhost bin]$ file test
test: directory
[guestuser1@localhost bin]$
```

图 8.7　使用 file 命令查看文件类型

根据要求，file 命令后面的参数也是变化的。在 Shell 程序中，如果要执行已有的 Shell 命令，需要将命令写到一对 "``" 中，此时 Shell 将执行 ``中包含的命令，并将执行结果返回，赋值给左侧的变量。例如：

```
ft=`file "$NAME"`
```

即可将变量 NAME 中保存的文件的类型保存到变量 ft 中。

符号 "`" 在 Shell 中有特殊含义，被该符号包围的命令将先执行，然后将结果放在该符号所处的位置。

（2）根据以上预备知识，使用 vim 编辑器生成 Shell 程序文件 filetype。具体代码如下：

```
1:#!/bin/sh
2:echo input file name:
3:read NAME
4:FT=` file "$NAME" `
5:case "$FT" in
6:"$NAME: ASCII"*)
```

```
7:          echo \"$NAME\"is ASCII text
8:          ;;
9:"$NAME: data"*)
10:          echo \"$NAME\"is DATA text
11:          ;;
12:"$NAME: Zip"*)
13:           echo \"$NAME\"is Zip archive data
14:          ;;
15:"$NAME: directory"*)
16:          echo \"$NAME\"is Directory
17:          ;;
18:*）
19:          echo \"$NAME\"is Other file type
20:          ;;
21:esac
```

第 3 行接收用户输入的文件名，第 4 行使用 file 命令获取文件的类型，第 5～18 行根据不同的文件类型分别显示对应的类型。

（3）设置 filetype 文件的可执行权限。

```
$chmod u+x filetype
```

（4）执行 filetype 文件，分别输入文件名 contact 和 test，即可得到如图 8.8 所示的执行结果。

```
[guestuser1@localhost bin]$ ./filetype
input file name:
contact
"contact"is DATA text
[guestuser1@localhost bin]$ ./filetype
input file name:
test
"test"is Directory
```

图 8.8　filetype 文件的执行结果

4．for 循环语句

对于一些需要反复执行的命令，可使用循环语句来控制。for 循环语句就是一个常用的循环语句。

for 循环对变量每一个可能的值循环执行一个命令串。赋给变量的几个数值既可以在程序内以数值列表的形式提供，也可以在程序外用位置参数的形式提供。该语句的格式如下：

```
for 变量名
    [in 数值列表 ]
do
    循环执行的命令串
done
```

在上面的结构中，变量名可由用户进行设置，变量将逐个从"in 数值列表"中取出值，参与"循环执行的命令串"中的操作。

【例 8.4】在使用 ls 命令查看当前工作目录的文件名列表时，将在一行中显示多个文件名。要求编写 Shell 程序，将每一个文件名显示在一行中。

具体步骤如下。

（1）使用 vim 编辑器生成 Shell 程序文件 fortest，具体代码如下：

```
1:#!/bin/sh
2:for   VAR
3:   in `ls`
4:do
5:   echo $VAR
6:done
```

在第 3 行中，使用`ls`的方法执行 ls 命令，第 5 行显示 in 关键字中结果的一个内容。通过多次循环，即可将各文件名分行打印输出。

（2）修改 fortest 文件的权限，为其添加可执行权限：

```
$chmod u+x fortest
```

（3）输入以下命令执行 fortest 程序，得到如图 8.9 所示的执行结果。

```
$./fortest
```

```
[ guestuser1@localhost bin]$ ./fortest
contact
contacta
contact.txt
filetype
first
fortest
isdir
test
```

图 8.9 fortest 程序的执行结果

从图 8.9 可以看到，执行 fortest 程序后，可将当前工作目录中的文件按一行一个的形式显示输出到终端。

5. while 和 until 循环语句

while 和 until 循环都用于不断地重复执行一系列命令，也可从输入文件中读取数据。通过命令的返回状态值来控制循环。

while 循环语句的格式如下：

```
while   循环条件命令串
do
    循环执行的命令串
done
```

在 while 循环语句中，只要"循环条件命令串"的返回状态为真，while 循环就继续执行，直到"循环条件命令串"的返回状态为假，退出循环。

【例 8.5】使用 while 循环编写 Shell 程序，计算 1～9 的平方。

具体步骤如下。

（1）使用 vim 编辑器生成 Shell 程序文件 whiletest，具体代码如下：

```
1:#!/bin/sh
2:VAR=1
3:while   [ $VAR -le 9 ]
4:do
5:       RESULT=`expr $VAR \* $VAR`
```

```
6:          echo $VAR*$VAR=$RESULT
7:          VAR=`expr $VAR   +   1`
8:done
```

第 2 行设置初始化变量的值为 1，第 3 行判断变量 VAR 的值是否小于或等于 9，若是，就执行第 5～7 行的代码。第 5 行使用 expr 计算 VAR 的平方值，第 6 行输出结果，第 7 行使变量 VAR 的值增加 1。

（2）增加 whiletest 文件的可执行权限：

```
$chmod u+x whiletest
```

（3）输入以下命令执行 whiletest 程序，结果如图 8.10 所示。

```
$./whiletest
```

```
[guestuser1@localhost bin]$ ./whiletest
1*1=1
2*2=4
3*3=9
4*4=16
5*5=25
6*6=36
7*7=49
8*8=64
9*9=81
```

图 8.10   例 8.5 的执行结果

until 循环语句的格式如下：

```
until   循环条件命令串
do
循环执行的命令串
done
```

until 循环语句和 while 循环语句基本相同，两者的区别在于：while 循环在条件为真时继续执行循环，而 until 循环则是在条件为假时继续执行循环。

使用 until 循环语句改写例 8.5 的代码，得到 untiltest 程序，其执行结果与 whiletest 程序相同，具体代码如下：

```
1:#!/bin/sh
2:VAR=1
3:until   [ $VAR -gt 9 ]
4:do
5:          RESULT=`expr $VAR \* $VAR`
6:          echo $VAR*$VAR=$RESULT
7:          VAR=`expr $VAR   +   1`
8:done
```

比较以上两例可以发现，程序只是第 3 行进行了修改。由于改用 until 循环语句，循环结束条件由原来的-le（小于或等于）改为-gt（大于）。

6. break 和 continue 语句

在循环执行的命令串中，有时可能需要根据条件退出循环或跳过一些循环步，这时可使用 break 和 continue 语句。

使用 break 语句，可立即终止当前循环的执行；使用 continue 语句，可不执行循环后面的语句，立即开始下一次循环的执行。这两条语句只有放在循环语句的 do 和 done 之间才有效。

8.2.5　函数

在 Shell 中，允许将一组命令集或语句组成一个可重复使用的块，这些块称作 Shell 函数。函数定义的基本格式为：

```
函数名( )
{
    命令串
}
```

将前面求平方的例 8.5 改写为一个求平方的函数 power( )，保存在文件 func1 中，具体代码如下：

```
1:#!/bin/sh
2:power( )
3:{
4:      VAR=1
5:      while [ $VAR -le 9 ]
6:      do
7:              RESULT=`expr $VAR \* $VAR`
8:              echo $VAR*$VAR=$RESULT
9:              VAR=`expr $VAR + 1`
10:     done
11:}
```

由以上代码可以看到，定义函数的代码只是将原来的代码包括在函数定义中。

定义好函数之后，接下来就可以调用该函数了。调用函数的操作很简单，只需要直接引用函数名即可。接上例，下面演示调用函数的方法，具体代码如下：

```
12:echo   Power1:
13:power
14:echo   Power2:
15:power
```

第 13、15 行两次调用 power 函数，输出两次计算平方的结果。

修改好以上代码后，再设置 func1 文件的执行权限，即可执行 func1 文件，可显示两次计算平方的结果。

8.2.6　处理参数

在 Shell 程序中，有两个地方可以使用参数：一个是从 Shell 提示符输入 Shell 程序文件时，可以跟多个参数；另一个是可以向函数中传递参数。下面分别介绍这两种参数的处理。

1．位置参数

调用 Shell 程序时，除输入 Shell 程序文件名外，还可以在后面跟上多个参数。由于参数与在命令行中的位置有关，因此称为位置参数。各位置参数之间用空格分隔，用$1 表示第 1 个参数，$2 表示第 2 个参数，以此类推。而$0 是一个特殊的变量，其内容是当前 Shell 程序的文件名。

当有多个位置参数时，可以使用 shift 命令来逐个向左移动参数。这样，通过移动参数，程序中只需使用$1 就可以逐个访问所有的位置参数。

【例 8.6】编写 Shell 程序，要求程序逐个处理传入的位置参数。

具体步骤如下。

（1）使用 vim 编辑器编写 param1 文件，具体代码如下：

```
1:#!/bin/sh
2:COUNT=1
3:echo Total Parameters:$#
4:while [ $# -ne 0 ]
5:do
6:      echo "Parameter${COUNT}:$1"
7:      COUNT=`expr $COUNT + 1`
8:      shift
9:done
```

第 2 行定义了一个计数器变量 COUNT，第 3 行显示位置参数的总数，第 4～9 行循环显示每一个位置参数。其中，第 6 行显示位置参数的值，这里每次都显示$1（第一个位置参数）；第 7 行对计数器进行累加；第 8 行执行 shift 命令，将位置参数左移，使下一个参数移到$1 位置，这样，下次循环执行到第 6 行时，就可以显示下一个参数。

（2）保存 param1 文件后，为该文件增加执行权限。

```
$chmod u+x param1
```

（3）执行 parma1 程序，若在 param1 后面没有参数，将显示参数总数为 0；若使用以下方式输入多个参数，则可显示每个参数的内容，执行结果如图 8.11 所示。

```
$./param1 a b c d e
```

```
[guestuser1@localhost bin]$ ./param1 a b c d e
Total Parameters: 5
Parameter1: a
Parameter2: b
Parameter3: c
Parameter4: d
Parameter5: e
```

图 8.11　例 8.6 的执行结果

2. 函数参数

向函数传递参数与给一般脚本文件传递参数一样，使用预定义变量$1～$9 来传递参数。函数取得所传参数后，将原始参数传回 Shell 脚本文件。在函数定义时不用带参数说明，在调用函数时直接传递参数即可。

【例 8.7】编写一个求累加和的函数，该函数将所有参数的值进行累加。

具体步骤如下。

（1）用 vim 编辑器编写 sum1 文件，具体代码如下：

```
1:#!/bin/sh
2:sum( )
3:{
4:      SUM1=0
5:      while [ $# -ne 0 ]
6:      do
```

```
7:              SUM1=`expr $SUM1 + $1`
8:              shift
9:       done
10:      echo SUM:$SUM1
11:}
12:echo Please some number:
13:read NUM
14:sum $NUM
```

第 2~11 行定义求和的函数 sum，其中第 7 行进行累加计算，第 8 行进行参数的左移处理。第 13 行输入需要计算的数据，第 14 行调用函数 sum 计算参数$NUM 中各数之和。

（2）保存 sum1 文件后，为该文件增加执行权限。

```
$chmod u+x sum1
```

（3）执行 sum1 程序，结果如图 8.12 所示。

```
$./sum1
```

```
[ guestuser1@localhost bin]$ ./sum1
Please some number:
1 2 3 4
SUM: 10
```

图 8.12　例 8.7 的执行结果

8.2.7　调试 Shell 程序

在编写 Shell 程序时，错误总是难免的。对于比较短小的 Shell 程序，如果其中有错误，可能很容易发现，但对于较长的 Shell 程序，要发现程序中的错误，可能就比较麻烦。本节介绍调试 Shell 程序的一般方法。

1．一般错误

由于 Shell 程序没有一个集成的开发环境，在一般的文本编辑器（如 vim）中输入程序代码，编辑器并不会对语法进行检查，因此，输入代码时经常会出现各种输入性错误。下面是一些常见的错误情况。

输入错误：如输入错误关键字、大量的符号漏输入一部分等。

字母大小写错误：在 Linux 中，对大小写字母是严格区分的，输入时容易出错。Shell 中所有关键字都用小写字母表示，建议变量名使用大写字母组合来表示。

循环错误：由于 Shell 中的循环语句与一般高级程序设计语言有所不同，输入结构时容易出错。

2．调试跟踪

在程序中，有时会出现这样一种情况：程序能顺利执行，没有语法错误，但程序执行的结果是错误的。这种错误称为逻辑错误，这是比较难调试的。

对于逻辑错误，通常的做法是对程序中的变量值进行跟踪，查看在不同状态下变量值是否按设计的过程进行变化。

在 Shell 中，可通过执行 sh 命令的方式来调试 Shell 程序，从而对程序的执行过程进行跟踪。sh 命令中主要通过两个选项（-v 和-x）来跟踪 Shell 程序的执行。

（1）-v 选项

sh 命令的-v 选项使 Shell 在执行程序过程中，将读入的每一个命令行原样输出到终端。

使用-v 选项，sum1 程序的调试跟踪过程如图 8.13 所示。

$.sh -v sum1

```
[guestuser1@localhost bin]$  sh  -v  sum1
#! /bin/sh
sum( )
{
        SUM1=0
        while [ $# -ne 0 ]
        do
                SUM1=`expr $SUM1 + $1`
                shift
        done
        echo SUM: $SUM1
}
echo Please some number:
Please some number:
read NUM
1 2 3 4
sum $NUM
expr $SUM1 + $1
expr $SUM1 + $1
expr $SUM1 + $1
expr $SUM1 + $1
SUM: 10
```

图 8.13　用-v 选项调试跟踪 sum1 程序

从图 8.13 可以看出，使用 sh 命令的-v 选项执行 Shell 程序时，首先将在终端上显示该程序的所有代码，然后开始执行程序，提示用户输入数据，接着显示循环执行的过程，最后得到结果。

（2）-x 选项

sh 命令的-x 选项使 Shell 在执行程序过程中，在执行的每一个命令行首用一个 "+" 号加上对应的命令显示在终端上，并把每一个变量和该变量的值也显示出来。使用该选项，可更方便地跟踪程序的执行过程。

使用-x 选项，sum1 程序的调试跟踪过程如图 8.14 所示。

$sh -x sum1

```
[guestuser1@localhost bin]$ sh  -x  sum1
+ echo Please some number:
Please some number:
+ read NUM
1 2 3
+ sum 1 2 3
+ SUM1=0
+ '[' 3 -ne 0 ']'
++ expr 0 + 1
+ SUM1=1
+ shift
+ '[' 2 -ne 0 ']'
++ expr 1 + 2
+ SUM1=3
+ shift
+ '[' 1 -ne 0 ']'
++ expr 3 + 3
+ SUM1=6
+ shift
+ '[' 0 -ne 0 ']'
+ echo SUM: 6
SUM: 6
```

图 8.14　用-x 选项调试跟踪 sum1 程序

8.3 Shell 程序设计实例

【例 8.8】在 Linux 中使用 ls 命令显示时，不显示统计信息。要求编写一个 Shell 程序，能统计出当前目录中子目录、文件的数量。

具体代码如下：

```
1:#!/bin/sh
2:FNUM=0
3:DNUM=0
4:COUNT=0
5:ls -al
6:for FILENAME in `ls-a`
7:do
8:    if [ -d $FILENAME ]
9:    then
10:        DNUM=`expr $DNUM + 1`
11:   else
12:        FNUM=`expr $FNUM + 1`
13:   fi
14:COUNT=`expr $COUNT + 1`
15:done
16:echo Directory:$DNUM
17:echo File:$FNUM
18:echo Total:$COUNT
```

第 5 行使用 ls 显示所有文件列表，第 6～15 行分别统计目录、文件和总数，第 16～18 行显示统计的结果。执行以上程序，结果如图 8.15 所示。

```
[guestuser1@localhost bin]$ ./tongji
总用量 60
drwxrwxr-x.  3 guestuser1 guestuser1     182 8月    31 10:36 .
drwx------.  6 guestuser1 guestuser1     134 8月    31 10:36 ..
-rwxrw-r--.  1 guestuser1 guestuser1      87 8月    30 15:10 contact
-rw-rw-r--.  1 guestuser1 guestuser1   10240 8月    30 16:16 contacta
-rw-rw-r--.  1 guestuser1 guestuser1   10240 8月    30 16:16 contact.txt
-rwxrw-r--.  1 guestuser1 guestuser1     384 8月    30 16:53 filetype
-rwxrwxr-x.  1 guestuser1 guestuser1      46 8月    30 11:36 first
-rwxrw-r--.  1 guestuser1 guestuser1      54 8月    31 07:49 fortest
-rwxrw-r--.  1 guestuser1 guestuser1     113 8月    30 15:28 isdir
-rwxrw-r--.  1 guestuser1 guestuser1     172 8月    31 09:42 param1
-rwxrw-r--.  1 guestuser1 guestuser1     204 8月    31 09:52 sum1
drwxrwxr-x.  2 guestuser1 guestuser1       6 8月    30 15:25 test
-rwxrw-r--.  1 guestuser1 guestuser1     257 8月    31 10:36 tongji
-rwxrw-r--.  1 guestuser1 guestuser1     205 8月    31 09:58 whiletest
Directory:3
File:11
Total:14
```

图 8.15 例 8.8 的执行结果

【例 8.9】编写九九乘法表。

具体代码如下：

```
1:#!/bin/sh
2:for  ((ROW=1;ROW<10;ROW++))
```

```
3:do
4:    for    ((COL=1;COL<=$ROW;COL++))
5:    do
6:            echo -ne " $ROW * $COL=" `expr $ROW \* $COL`
7:    done
8:    echo
9:done
```

第 2、4 行的 for 语句与 C 语言中的 for 语句很相似。需要注意的是，for 后面的循环控制部分是用两对括号括起来的。第 6 行用来输出九九乘法表中的一项内容，在该行的 echo 语句中，使用了 -ne 选项，表示输出完该行语句后并不换行（通常使用的 echo 都是在输出完内容之后就换行）。由于第 6 行的输出不换行，因此输出完一行内容之后，需要执行第 8 行，完成换行操作。执行以上程序，可得到如图 8.16 所示的结果。

```
[guestuser1@localhost bin]$ ./mu1
1 * 1= 1
2 * 1= 2 2 * 2= 4
3 * 1= 3 3 * 2= 6 3 * 3= 9
4 * 1= 4 4 * 2= 8 4 * 3= 12 4 * 4= 16
5 * 1= 5 5 * 2= 10 5 * 3= 15 5 * 4= 20 5 * 5= 25
6 * 1= 6 6 * 2= 12 6 * 3= 18 6 * 4= 24 6 * 5= 30 6 * 6= 36
7 * 1= 7 7 * 2= 14 7 * 3= 21 7 * 4= 28 7 * 5= 35 7 * 6= 42 7 * 7= 49
8 * 1= 8 8 * 2= 16 8 * 3= 24 8 * 4= 32 8 * 5= 40 8 * 6= 48 8 * 7= 56 8 * 8= 64
9 * 1= 9 9 * 2= 18 9 * 3= 27 9 * 4= 36 9 * 5= 45 9 * 6= 54 9 * 7= 63 9 * 8= 72 9 * 9= 81
```

图 8.16　例 8.9 的执行结果

本 章 小 结

本章通过两个项目简单介绍了 Shell 程序的设计知识。

通过一个 Hello world 的例子，介绍 Shell 程序设计的过程，包括编辑生成脚本文件、修改脚本文件执行权限、执行脚本文件的方法等。

在猜数字游戏的例子中介绍 Shell 程序的常用语法，包括变量的定义、条件测试、流程控制、函数定义、调试方法等。

最后给出两个 Shell 程序设计实例。

上机实践 8

1. 编写 Shell 程序判断字符串是否为数字字符串。

2. 编写 Shell 程序实现比较两个整数的大小。

3. 编写 Shell 程序判断输入的信息是否为数字 0～9。如果是，则输出对应的数字，否则输出"输入不正确"提示。

4. 编写 Shell 程序计算 1～100 的和。

5. 编写 Shell 程序实现每隔 2s 输出一次系统负载。

6. 编写 Shell 程序批量创建 10 个账号并创建密码。

7. 编写 Shell 程序实现：手机充值 10 元，每发一条短信花费 1 角 5 分；当余额低于 1 角 5 分时，不能再发短信，并提示"余额不足，请充值"；充值后可以继续发短信。

第二篇　服务器配置篇

第9章 DNS服务器

域名系统（Domain Name System，DNS）服务器用于域名与IP地址的相互解析，即用于解决远程的DNS服务器为本地计算机解析域名的问题。本章将介绍在CentOS Linux 7系统中安装配置DNS服务器的方法，主要知识点如下：

- DNS的正向解析和反向解析原理（重点）；
- DNS服务器安装方法（重点）；
- DNS服务器的配置过程（重点、难点）；
- DNS客户端配置方法（重点）。

9.1 项目一：DNS服务器的安装与启动

【项目描述】

某公司内部网络较多，为方便员工使用，将配置局域网DNS服务器，用于解析内网域名与IP地址。

【项目分析】

在配置DNS服务器之前，首先需要安装DNS服务器。DNS服务器由named服务来管理，这里采用YUM方式安装named软件包。安装完成后，启动named服务，设置自启动状态。相关知识点见表9.1。

表9.1 相关知识点

序号	知识点	详见章节
1	了解DNS服务器	9.1.1节
2	安装DNS服务器的过程	9.1.2节
3	管理named服务	9.1.2节

【操作过程】

```
#yum  -y  install  bind          //安装DNS服务器
#systemctl  start  named.service    //开启named服务
#systemctl  enable  named.service   //设置named服务自启动
```

9.1.1 DNS服务器介绍

在Internet上，域名与IP地址之间是一一对应的，域名虽然便于人们记忆，但机器之间只能互相认识IP地址，域名与IP地址之间的转换工作称为域名解析。域名解析需要由专门的域名解析系统来完成，DNS就是进行域名解析的系统。

通常Internet主机域名的一般结构为：主机名.三级域名.二级域名.顶级域名。Internet的顶级域名由Internet网络协会负责网络地址分配的委员会进行登记和管理。全世界现有三大互联网络信息中心：位于美国的Inter-NIC，负责美国及其他地区；位于荷兰的RIPE-NIC，负责欧洲地区；位于日本的APNIC，负责亚太地区。

DNS 实际上是一个包含主机信息的分布式数据库，将整个网络按照组织结构或管理范围划分为一个层次结构。所有信息在网络中将通过客户/服务器模式任意存取。如图 9.1 所示为一个DNS 域分布图。其中，根域是 DNS 域的最顶端层级，可以用符号"."来表示，根域下是由com、edu、gov、mil、net 等为分类的域组成的第二层网域，再往下是相应的子域，子域中有大量的主机，图中所示 ftp.scu.edu.cn 即为一个主机。这种管理方式即为 DNS 系统的阶层式管理模式。

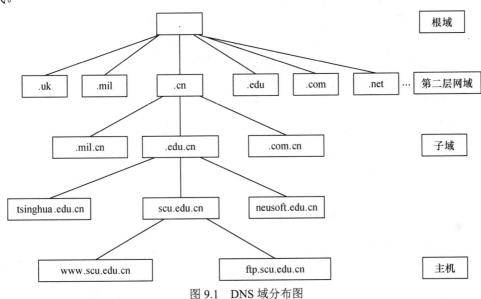

图 9.1　DNS 域分布图

1. DNS 服务器正向解析

通常用户在上网时，输入一个域名后，系统会自动将输入的域名提交给 DNS 服务器，等待其返回 IP 地址，然后用这个 IP 地址去访问网址，而这一切对用户来说是感觉不到的。这种通过域名解析 IP 地址的方式称为"正向解析"。

例如，用户登录校园网 www.neusoft.edu.cn，先打开 IE 浏览器输入域名，如果用户计算机中提前设置好 DNS 服务器的 IP 地址，则使用 DNS 服务器的 IP 地址作为目标地址，将域名发送过去，接着 DNS 服务器根据域名 www.neusoft.edu.cn 查询出 IP 地址 210.83.202.4，并将这个地址作为结果返回给用户计算机，最后用户计算机通过 210.83.202.4 这个地址在 Internet 上访问www.neusoft.edu.cn 域名的网站。服务器正向解析原理如图 9.2 所示。

DNS 客户端在发出域名解析请求时，首先将试图使用本地缓存的信息进行解析，如果解析成功，则域名解析请求被应答并且返回结果；否则，域名解析请求将被发送给首选的 DNS 服务器。当首选 DNS 服务器接收到解析请求时，首先查询本地配置的区域，如果本地区域中存在要解析的资源记录信息，则作出权威性的应答；如果本地区域中不存在要解析的资源记录信息，则 DNS 服务器将试图使用本地缓存进行解析，如果解析成功，则返回结果，否则使用递归来解析请求。

2. DNS 服务器反向解析

反向解析指根据 IP 地址解析域名。

在 DNS 服务器中建立的 in-addr.arpa 域要求资源记录类型为指针（PTR），一般对应于其正向解析的主机地址（A）资源记录类型。

3. DNS 服务器的树形结构

DNS 服务器在客户端上的设置，基本上能够满足客户端对所有域名的解析。但是，仅用一

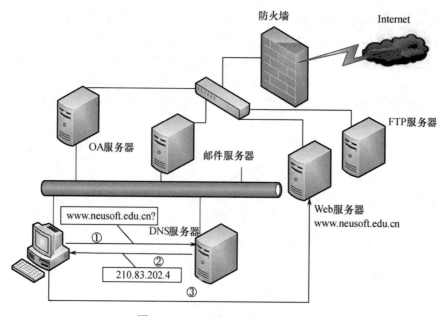

图 9.2 DNS 服务器正向解析原理

台 DNS 服务器是不能包含所有域名的，因为每天全球都有新的域名产生或者更改，所有 DNS 服务器都是动态服务器。DNS 采用倒置的树形结构来解析域名，当一台 DNS 服务器解析不了客户端提出的域名解析请求时，这台 DNS 服务器会将解析请求发送给上一级 DNS 服务器进行解析，以此类推，逐渐上升到根部 DNS 服务器解析，如图 9.3 所示。

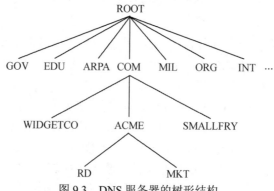

图 9.3 DNS 服务器的树形结构

9.1.2 安装 DNS 服务器

安装 DNS 服务器的流程可以分为查询、挂载、安装和启动等步骤。

1. 查询

在安装 DNS 服务器之前，需要确认当前系统是否已经安装了合适版本的软件包。如果输出类似如图 9.4 所示的信息，表示系统已经安装了 DNS 服务器，并且可以通过输出结果判定已安装的软件包版本号是 9.9.4。

```
[root@localhost ~]# rpm - q bind
bind- 9. 9. 4- 50. el7_3. 1. x86_64
```

图 9.4 已安装 DNS 服务器

如果系统未安装 DNS 服务器，则会输出"package bind is not installed"。

在对 DNS 服务器进行查询时，要注意软件包的名字是 bind，服务的名称是 named。注意使用正确的软件包名称进行查询。

另外，也可以使用#systemctl status named.service 命令，通过对 named 服务状态查询的结果来判断系统是否已经安装了 DNS 服务器。如果能够查询成功，说明系统当前安装了 DNS 服务器；如果系统提示"Unit named.service could not be found."，说明系统当前没有安装 DNS 服务器。

2．挂载

在确定了需要安装的软件后，首先需要准备好待安装软件的 RPM 软件包。CentOS Linux 7 的安装光盘中提供了相关软件包，在安装过程中可以通过挂载光盘的方法寻找到待安装的软件包。

首先将 CentOS Linux 7 安装光盘的映像文件载入虚拟光驱中，确认后系统会自动挂载光盘到/media 目录下，否则使用 mount 命令进行光盘挂载：

```
#mount   /dev/cdrom   /media
```

在挂载目录下面的 Packages 目录中可以找到 bind-9.9.4-29.el7.x86_64.rpm 软件包，可将其复制到其他目录待安装。

3．安装

（1）第一种方法是采用 rpm 命令安装：

```
#rpm   -ivh   bind-9.9.4-29.el7.x86_64.rpm
```

（2）第二种方法是执行 yum 命令直接安装（此时不需要挂载光盘）：

```
#yum   -y   install   bind
```

（3）第三种方法是使用源码包安装（此时不需要挂载光盘）：

```
#wget ftp://ftp.isc.org/isc/bind9/9.9.9-P6/bind-9.9.9-P6.tar.gz

#tar -zvxf bind-9.9.9-P6.tar.gz

#cd bind-9.9.9-P6/

#yum -y install gcc

#./configure --without-openss

#make

#make install
```

4．启动

启动 named 服务可以使用 systemctl 命令：

```
#systemctl   start   named.service
```

5．设置自启动状态

```
#systemctl   enable   named.service
```

9.2   项目二：DNS 服务器的配置

【项目描述】

成功安装 DNS 服务器后，为了完善服务器的功能，管理员需要继续配置该 DNS 服务器，使该服务器能够正、反向解析下面的域名与 IP 地址的对应关系。如果当前 DNS 服务器不能解析，则将解析请求上传到一个目前比较权威的 DNS 服务器 219.216.129.5 进行解析。

www.excesoft.com	192.168.137.42
mail.excesoft.com	192.168.137.16
exam.excesoft.com	192.168.137.5

attendance.excesoft.com	192.168.137.6
dns.excesoft.com	192.168.137.22

目前操作系统的 IP 地址是 192.168.137.22。

【项目分析】

首先该项目要求配置本地 DNS 服务器，能够正、反向解析 5 对域名和 IP 地址的对应关系，其次需要设置权威 DNS 服务器进行转发。这都需要熟练掌握 DNS 服务器的配置过程及对相关配置文件的编写方法。

配置过程可分为 5 步。

1. 主配置文件配置

设置 named.conf 文件，设定监听地址、权威 DNS 服务器、转发方式、服务对象。

2. 正向解析文件配置

正向解析文件为 excesoft.com.zone，位于/var/named 目录下。为 excesoft.com 域名设计正向解析代码，并指定具体域名明细，如 www、mail、exam、attendance 等。

3. 反向解析文件配置

反向解析文件为 137.168.192.zone，位于/var/named 目录下。为 excesoft.com 域名设计反向解析代码，并指定具体 IP 地址明细，如 5、42、16 等。

4. 启动 DNS 服务器

```
#systemctl    start    named.service
```

5. 测试 DNS 服务器

用客户端测试 DNS 服务器，在客户端计算机上输入命令 nslookup   -sil 进行测试。

相关知识点见表 9.2。

表 9.2　相关知识点

序号	知识点	详见章节
1	主配置文件 named.conf 的配置	9.2.1 节
2	正向解析文件的配置	9.2.2 节
3	反向解析文件的配置	9.2.3 节
4	DNS 服务器的测试	参见【操作过程】

【操作过程】

1. 主配置文件配置

主配置文件 named.conf 位于/etc 目录下。在该文件中设定监听地址、权威 DNS 服务器、转发方式、服务对象，需要写入 options { } 结构中。

named.conf 文件的内容如图 9.5 所示。其中，通过 include "/etc/named.rfc1912.zones"加载辅助区域文件 named.rfc1912.zones 的内容，而在 named.rfc1912.zones 文件中已经定义了若干 zone 语句。每一条 zone 语句定义一个区域，用于定义与域名相关的正、反向解析文件。在该文件的最后通过两条 zone 语句分别添加与 excesoft.com 域名相关的正向解析文件 excesoft.com.zone 及反向解析文件 137.168.192.zone，增加的内容如图 9.6 所示。

2. 正向解析文件配置

为 excesoft.com 域名设计正向解析代码，位于/var/named 目录下，将 named.empty 复制并重命名为 excesoft.com.zone 文件，对其中内容进行修改。注意 excesoft.com.zone 文件应属于 named 用户组。

```
options {
        listen- on port 53 { any; };
        listen- on- v6 port 53 { ::1; };
        directory        "/var/named";
        dump- file        "/var/named/data/cache_dump. db";
        statistics- file "/var/named/data/named_stats. txt";
        memstatistics- file "/var/named/data/named_mem_stats. txt";
        forwarders{ 219. 216. 129. 5; };
        forward first;
        allow- query      { any; };
        recursion yes;
        dnssec- enable yes;
        dnssec- validation yes;
        /* Path to ISC DLV key */
        bindkeys- file "/etc/named. iscdlv. key";
        managed- keys- directory "/var/named/dynamic";
        pid- file "/run/named/named. pid";
        session- keyfile "/run/named/session. key";
};
logging {
        channel default_debug {
                file "data/named. run";
                severity dynamic;
        };
};

zone "." IN {
        type hint;
        file "named. ca";
};

include "/etc/named. rfc1912. zones";
include "/etc/named. root. key";
```

图 9.5　named.conf 文件的内容

```
zone "excesoft. com" IN {
        type master;
        file "excesoft. com. zone";
        allow- update { none; };
};

zone "137. 168. 192. in- addr. arpa" IN {
        type master;
        file "137. 168. 192. zone";
        allow- update { none; };
};
```

图 9.6　named.rfc1912.zones 文件增加的内容

excesoft.com.zone 文件的内容如图 9.7 所示。

```
$TTL 1D
@        IN SOA   excesoft. com.    root. excesoft. com. (
                                    42        ; serial
                                    3H        ; refresh
                                    15M       ; retry
                                    1W )      ; expire
                                    1D )      ; minimum
        NS       dns. excesoft. com.
        MX       10 mail. excesoft. com.
www  IN A  192. 168. 137. 42
mail IN A  192. 168. 137. 16
exam IN A  192. 168. 137. 5
attendance IN A 192. 168. 137. 6
dns IN A 192. 168. 137. 22
```

图 9.7　excesoft.com.zone 文件的内容

3. 反向解析文件配置

为 excesoft.com 域名设计反向解析代码，在位于/var/named 目录下将 named.empty 文件复制并重命名为 137.168.192.zone 文件，对其中内容进行修改。注意：137.168.192.zone 文件应属于 named 用户组。

137.168.192.zone 文件的内容如图 9.8 所示。

```
$TTL 1D
@       IN SOA   excesoft.com.     root.excesoft.com. (
                                         42      ; serial
                                         3H      ; refresh
                                         15M     ; retry
                                         1W      ; expire
                                         1D )    ; minimum
        NS       dns.excesoft.com.
        MX       10 mail.excesoft.com.
42      PTR      www.excesoft.com.
16      PTR      mail.excesoft.com.
5       PTR      exam.excesoft.com.
6       IN  PTR  attendance.excesoft.com.
22      IN  PTR  dns.excesoft.com.
```

图 9.8　137.168.192.zone 文件的内容

4. 启动 DNS 服务器

```
#systemctl   start   named.service
```

5. 测试 DNS 服务器

用客户端测试 DNS 服务器，在客户端计算机上使用命令 nslookup 进行测试。

输入命令 nslookup   -sil，在"＞"提示符下输入 server 192.168.137.22，然后在"＞"提示符下输入域名 www.excesoft.com，系统如果提示 IP 地址是 192.168.137.42，则说明正向解析正确。

测试反向解析，在"＞"提示符下输入 192.168.137.5，系统如果提示域名 exam.excesoft.com，说明 DNS 反向解析正确。测试结果如图 9.9 所示。

```
[root@localhost ~]# nslookup -sil
> server 192.168.137.22
Default server: 192.168.137.22
Address: 192.168.137.22#53
> www.excesoft.com
Server:          192.168.137.22
Address:         192.168.137.22#53

Name:    www.excesoft.com
Address: 192.168.137.42
> attendance.excesoft.com
Server:          192.168.137.22
Address:         192.168.137.22#53

Name:    attendance.excesoft.com
Address: 192.168.137.6
> 192.168.137.16
Server:          192.168.137.22
Address:         192.168.137.22#53

16.137.168.192.in-addr.arpa     name = mail.excesoft.com.
> 192.168.137.5
Server:          192.168.137.22
Address:         192.168.137.22#53

5.137.168.192.in-addr.arpa      name = exam.excesoft.com.
```

图 9.9　DNS 服务器的测试结果

9.2.1　主配置文件 named.conf

named.conf 是 DNS 服务器的主配置文件，用于实现 DNS 服务器的基本配置，位于/etc 目录下。密钥文件 named.root.key 和区域定义文件 named.rfc1912.zones 通常也存储在/etc 目录下。

named.conf 文件的内容：

```
options {
    listen-on port 53 { 127.0.0.1; };          //named 监听的端口号是 53
    listen-on-v6 port 53 { ::1; };             //支持 IPv6
    directory      "/var/named";               //区域文件默认的存放目录
    dump-file      "/var/named/data/cache_dump.db";  //域名缓存文件的保存位置和文件名
    statistics-file "/var/named/data/named_stats.txt";  //状态统计文件的存放位置和文件名
    memstatistics-file "/var/named/data/named_mem_stats.txt";  //服务器输出的内存使用统计文件的
                                               存放位置和文件名
    allow-query    { localhost; };             //允许 DNS 查询的客户端地址
};
    logging {        //定义 bind 服务的日志
        channel default_debug {    //日志输出方式，只有当服务器的 debug 级别非 0 时，才产生输出。
                                   这里默认保存在/var/named/data 目录下
            file "data/named.run";    //输出到文本文件
            severity dynamic;         //消息的严重性等级
    };
    };
    zone "." IN {              //定义根域。根数据库文件是/var/named/named.ca，这个文件定义了全世界
                               根文件服务器
        type hint;
        file "named.ca";
    };
    include "/etc/named.rfc1912.zones";   //辅助区域文件
    include "/etc/named.root.key";        //用来签名和验证 DNS 资源记录的公共密钥文件
};
```

说明：根域是互联网中所有域名的开始，使用句点（.）表示，只有能够访问 DNS 根服务器，才能提供正常的域名解析服务。因此，在文件 named.conf 中对根域进行了设置。

include 将 named.rfc1912.zones 文件的内容包含到 named.conf 文件中，DNS 服务器的正、反向解析文件在该文件中进行定义。

named.conf 文件支持的主要配置语句见表 9.3。

表 9.3　named.conf 文件支持的主要配置语句

配置语句	说　明	配置语句	说　明
acl	定义一个主机匹配列表，用于访问控制或其他用途	options	设置全局选项
controls	定义 rndc 工具与 bind 服务进程的通信	statistics-channels	定义与 bind 统计信息的通信信道
include	把其他文件中的内容包含进来	server	定义服务器的属性
key	定义加密密钥	trusted-keys	定义信任的 DNSSEC 密钥
logging	定义系统日志信息	view	定义视图
masters	定义主域名列表	zone	定义区域

1．options 语句

options 语句用于设置影响整个 DNS 服务器的全局选项，该语句在 named.conf 文件中只能出现一次。options语句支持的选项较多，如果没有对选项进行设置，那么将使用默认值。下面是一些常见的选项格式：

```
options{
[directory path_name;]
[forward (only | frist);]
[forwarders {[ip_addr[port ip_port];……] };]
[query-source ((ipv4_addr |*)
[port (ip_port |*)] |
[address (ipv4_addr| *)]
[port (ip_port | *)] ); ]
[query-source -v6( (ip6_addr | *)
[port (ip_port |*)] |
[address (ip6_addr| *)] |
[port (ip_port |*)]);]
[statistics-interval number ;]
};
```

directory 选项用于定义服务器的工作目录，在配置文件中所指定的路径都是相对于该路径来定义的。该目录也是服务器中大部分输出文件的存储位置。如果没有设置 directory，那么系统默认使用 "." 作为工作目录。一般会把服务器的工作目录设置为/var/named，例如：directory "/var/named"。

forwarders 选项用于指定域名解析请求转发到其他 DNS 服务器上，该选项默认为空，也就是不进行转发。选项值可以是一个 IP 地址或主机名，也可以是主机的列表。不同主机 IP 地址或名称之间使用分号 ";" 进行分隔。例如：

```
forwarders{219.216.129.5; 219.216.129.4};
```

forward 选项仅仅在 forwareders 选项不为空时生效。该选项用于控制 DNS 服务器的域名解析请求转发操作。如果选项值设置为 first，则表示该 DNS 服务器先将域名转发到 forwarders 声明的服务器去解析域名，当其他 DNS 服务器无法解析时，该服务器再进行解析。有时不希望该 DNS 服务器解析任何域名，而是让 forwarders 声明的 DNS 服务器解析时，则使用 forward only 代替 forward first。

query-source 和 query-source-v6 分别设置 DNS 服务器所使用的 IPv4 或 IPv6 及端口号。默认的端口号为 53，如果指定其他端口号，将无法与其他的 DNS 服务器通信。

statistics-interval 选项用于指定 DNS 服务器记录统计信息的时间间隔，单位为分钟。其默认值为 60，最大值为 28 天（40320 分钟）。如果选项值设置为 0，则 DNS 服务器不记录统计信息。

在设置配置项时，如果需要进行 IP 地址配置，可以参考表 9.4。

表9.4　IP 地址配置列表

地址配置列表	说　　明
any	匹配任何主机
none	不匹配任何主机
location	匹配系统上所有网卡的 IPv4 和 IPv6 地址

2. view 语句

view 语句可以使 DNS 服务器根据客户端的地址决定需要返回的域名解析结果。也就是说，不同的主机通过同一台 DNS 服务器对同一个域名进行解析，可以得到不同的解析结果。其格式如下：

```
view   view_name   [class] {
        match-clients{address_match_list};
        match-destinations{address_match_list};
        match-recursive-onlyyes_or_no;
        [ view_option; …]
        [ zone_statement;…]
    };
```

每一条 view 语句定义了一个客户端集合所能看到的视图，如果客户端匹配视图中的 match-clients 选项定义的客户端列表，那么 DNS 服务器将根据该视图返回解析结果。例如，希望对内网和外网用户进行区分，使他们访问同一个域名时会得到不同的结果。可以通过 view 语句定义两个不同的视图，在两个视图中分别定义不同的属性，以达到上述的效果。配置如下：

```
view "internal" {       //定义内网视图
        match-clients           { 172.0.0.0/8; };
        recursion yes;   //对内网用户提供递归查询服务
        zone    "example.com"{
            type master;
            file "example-internal.zone";    //访问 example.com 域名时，根据 example- internal.zone 文件
                                内容进行解析
        };
    };
view "internet" {       //定义外网视图
        match-clients           { any; };    //匹配外网
        recursion no;   //不进行递归查询
        zone    "example.com"{
            type master;
            file "example-internet.zone";    //访问 example.com 域名时，根据 example- internet.zone 文件
                                内容进行解析
        };
    };
```

3. zone 语句

zone 语句是 named.conf 文件的核心部分。每一条 zone 语句定义一个区域，用户可以在 zone 语句中设置与域名相关的正、反向解析文件。zone 的类型多样，参见表 9.5。

表 9.5   zone 类型及说明

zone 类型	说　　明
master	主 DNS 区域
slave	从 DNS 区域，由主 DNS 区域控制

zone 类型	说　　　明
stub	与从 DNS 区域类似，但是只保存 DNS 服务器的名称
forward	将域名解析请求转发给其他 DNS 服务器
hint	根 DNS 服务器集

其中最常用的是 master 和 hint 两种类型的区域。而主 DNS 区域文件又可以分为正向解析和反向解析两种。正向解析就是通过域名查询对应的 IP 地址，例如：

```
zone    "test.com"{
    type    master;
    file "test.zone";
    allow-update {none;};
}
```

allow-update 选项定义了允许对主 DNS 区域进行动态 DNS 更新的服务器列表。none 表示不进行更新。

一般情况下，用户只进行正向解析，根据域名来查询对应的 IP 地址。但是在一些特殊情况下，也会使用反向解析查询 IP 地址对应的域名，例如：

```
zone    "13.168.192.in-addr.arpa" in {
    type    master;
    file "test.local";
    allow-update {none;};
};
```

13.168.192.in-addr.arpa 是该反向解析区域的名称。其中，in-addr.arpa 是反向解析区域名称中固定的后缀格式，.in-addr.arpa 左边的部分是需要解析的 IP 地址或网段的十进制数表示方法的逆序字符串。

9.2.2　正向解析文件

正向解析文件用于映射域名和 IP 地址，文件中包含该区域的所有参数，包括域名、IP 地址、刷新时间、重试时间、超时等。正向解析文件如下：

```
$TTL    86400       //DNS 客户端缓存数据的有效期
@       IN SOA  excesoft.com.   root.excesoft.com.(  //SOA 域名
        42      //版本号
        3H      //从 DNS 服务器在检查主 DNS 服务器的 SOA 记录之前应等待的时间
        15M     //从 DNS 服务器在主 DNS 服务器不能使用时重试请求应等待的时间
        1W      //从 DNS 服务器与主 DNS 服务器不能通信时其区域信息保存的时间
        1D)     //没有定义 TTL 时，默认使用的 TTL 值
    IN NS dns.excesoft.com.      //DNS 资源记录
    IN MX 10 mail.excesoft.com.  //邮件交换记录
www    IN A 192.168.137.42       //域名记录
mail   IN A 192.168.137.16
exam   IN A 192.168.137.5
```

```
attendance    IN A 192.168.137.6
dns    IN A 192.168.137.22
```

第 1 行的"$TTL　86400"用于设置 DNS 客户端缓存数据的有效期。该值默认的单位为秒，用户可以明确指定使用 H（小时）、D（天）或 W（星期）作为单位。

第 2～7 行用于设置该域的控制信息。可以看到，控制信息包括域名、有效时间、网络地址类型等，其格式如下所示：

```
name  [tti]  class   SOA  origin     contact(
        serial
        refresh
        retry
        expire
        minimum)
```

name：定义 SOA（Start Of Authority）的域名，以"."结束，也可以使用@代替。

ttl：定义有效时间，如果不设置该值，则系统默认使用第一行中定义的 TTL 值。

class：定义网络的递归子类型。针对 TCP/IP 网络，应设置为 IN。

SOA：表示对该 zone 区域数据而言，该 DNS 服务器就是权威的信息来源。每个 zone 数据文件都要有 SOA 记录，并且只能有一个 SOA 记录。

origin：定义 DNS 服务器的主机名，以"."结尾。

contact：定义该 DNS 服务器的管理员邮件地址，因为@在 SOA 记录中表示域名，所以用"."代替，本例中的 root.excesoft.com 表示 root@excesoft.com。

serial：定义正向解析文件的版本号，它是一个整数值。通过它可知正向解析文件的修改时间，每次更改正向解析文件，都应对这个数加 1。

refresh：定义从 DNS 服务器在检查主 DNS 服务器的 SOA 记录之前应等待的时间。该选项及圆括号中除 serial 外的其他选项都以秒为单位，也可以使用 M（分钟）、H（小时）、W（星期）等。如果 SOA 记录不经常改变，可以把这个值设置得大一些。本例中设为 3 小时。

retry：定义从 DNS 服务器在主 DNS 服务器不能使用时重试对主 DNS 服务器发出请求应等待的时间。通常该时间不应超过 1 小时。本例中设置为 15 分钟。

expire：定义从 DNS 服务器在无法与主 DNS 服务器进行通信的情况下其区域信息保存的时间。本例中为 1 个星期。

minimum：当没有定义 TTL 时，默认使用的 TTL 值。本例中为 1 天。

本例中第 8 行是 DNS 服务器的资源记录（NS），指定该域中的 DNS 服务器名称。其格式如下：

```
[name]  [ttl] class NS   name-server-hostname
```

本例中指定的 DNS 服务器为 dns.excesoft.com。

NS 记录：指定在这个区域内的权威 DNS 服务器。

MX 记录：指定邮件交换服务器，MX 后面的数字表示优先级（数字越小，优先级越高），数字后面是邮件服务器地址，本例中表示发给 excesoft.com 域的邮件由 mail.excesoft.com 服务器接收。邮件的域名必须在 A 关键字中设置。如果局域网内没有邮件服务器，则可以没有 MX 关键字的信息。

A：表示域名到 IP 地址的映射。

PTR：表示 IP 地址到域名的映射。

@：表示当前的 zone 名称。

9.2.3 反向解析文件

反向解析文件用于定义 IP 地址到域名的解析，它采用与正向解析文件类似的选项和格式，但由于是反向解析，因此该文件使用 PTR 指针记录，而不是主机记录。反向解析文件如下：

```
$TTL    86400      //DNS 客户端缓存数据的有效期
@          IN SOA   excesoft.com.    root.excesoft.com.(   //SOA 域名
           42       //版本号
           3H       //从 DNS 服务器在检查主 DNS 服务器的 SOA 记录之前应等待的时间
           15M      //从 DNS 服务器在主 DNS 服务器不能使用时重试请求应等待的时间
           1W       //从 DNS 服务器与主 DNS 服务器不能通信时其区域信息保存的时间
           1D)      //没有定义 TTL 时，默认使用的 TTL 值
    IN NS dns.excesoft.com.    //DNS 资源记录
    IN MX 10 mail.excesoft.com.    //邮件交换记录
42   IN   PTR   www.excesoft.com.
16   IN   PTR   mail.excesoft.com.
5    IN   PTR   exam.excesoft.com.
6    IN   PTR   attendance.excesoft.com.
22   IN   PTR   dns.excesoft.com.
```

各字段详解参见 9.2.2 节。

9.3 项目三：DNS 客户端配置

【项目描述】

DNS 服务器的 IP 地址是 192.168.137.22，配置完成后，用户在使用时可以通过 DHCP 服务器来自动获取，也可以手动设置。

【项目分析】

该项目中 DNS 服务器已经成功配置，目前需要配置的是 DNS 客户端。可以使用 nmcli 命令或者修改/etc/resolv.conf 文件来实现。在配置时，要保证 IP 地址、网关、子网掩码等网络信息设置正确，可以参考 7.1.3 节内容来完成。

【操作过程】

方法一   使用 nmcli 命令配置 DNS 服务器：

```
nmcli con mod ens33 ipv4.dns "192.168.137.22"
```

方法二   修改配置文件/etc/resolv.conf：

```
#vim   /etc/resolv.conf
```

写入：

```
nameserver 192.168.137.22
```

9.4 项目四：综合 DNS 服务器配置

【项目描述】

某公司做网络环境配置，要求实现：

内网用户可以正向解析所有内网的计算机及外网的服务器，反向解析内网的计算机，允许使用递归查询；外网用户只能正向解析外网服务器，不能解析内网计算机，不允许使用递归解析。

内网网段为 172.20.1.0/24，其中有 5 台计算机，分别为 server1（172.20.1.1）、server2（172.20.1.2）、server3（172.20.1.3）、server4（172.20.1.4）和 server5（172.20.1.5）。

外网中有 3 台应用服务器：FTP 服务器（主机名为 ftp，IP 地址为 61.124.100.1）、Web 服务器（主机名为 www，IP 地址为 61.124.100.2）和邮件服务器（主机名为 mail，IP 地址为 61.124.100.3）。此外，还有一台 DNS 服务器，其主机名为 dns，内网的 IP 地址为 172.20.1.11，外网的 IP 地址为 61.124.100.11。具体网络拓扑结构如图 9.10 所示。

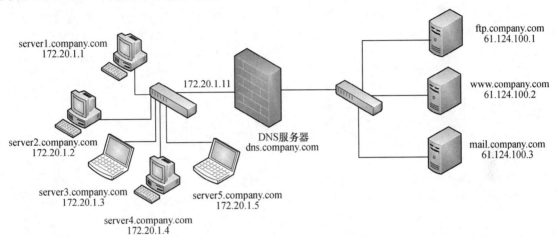

图 9.10　某公司具体网络拓扑结构

【项目分析】

根据项目要求，在解析时需要区分内网和外网用户。针对内网用户，可以正向解析所有内网的计算机及外网的服务器，反向解析内网的计算机，允许使用递归查询；针对外网用户，只能正向解析外网服务器，不能解析内网计算机，不允许使用递归解析。此部分的设置需要在 named.conf 文件中通过定义 view 来实现。

内网网段为 172.20.1.0/24，可以通过设置 match-clients 的属性来实现，同时使用 zone 设置各解析域。

【操作过程】

为了区分内网用户和外网用户，定义两个视图 internal 和 external，分别对应内网用户和外网用户。在这两个视图中分别定义不同的区域文件，从而实现内、外网用户能得到不同的解析结果。

named.conf 文件的基本内容如下：

```
options {
    listen-on port 53 { 127.0.0.1; };      //监听端口 53
    listen-on-v6 port 53 { ::1; };          //支持 IPv6
    directory   "/var/named";        //区域文件存储目录，即 bind 服务的工作目录
    dump-file "/var/named/data/cache_dump.db";      //设置域名缓存文件的保存位置和文件名
    statistics-file "/var/named/data/named_stats.txt";
    memstatistics-file "/var/named/data/named_mem_stats.txt";
    allow-query        { localhost; };
```

```
        allow-query-cache        { localhost; };
    };
    logging {
        channel default_debug {
                file "data/named.run";
                severity dynamic;
            };
    };
    view "internal" {        //定义内网视图
       match-clients        { 172.20.1.0/24; };
       recursion yes;        //对内网用户提供递归查询服务
       //定义根域
       zone    "." IN{
           type hint;
           file "named.root";
       };
//定义本地正向解析区域
    zone    "localhost"    IN{
            type master;
            file "localhost-internal.zone";
            allow-update{none;};
    };
//定义本地反向解析区域
    zone    "0.0.127 in-add.arpa"    IN{
            type master;
            file "localhost-internal.arpa";
            allow-update{none;};
    };
//定义 company.com 的正向解析区域
    zone    "company.com"    {
            type master;
            file " company-internal.zone";
            allow-update{none;};
    };
//定义 company.com 的反向解析区域
    zone    "1.20.172 in-add.arpa"    IN{
            type master;
            file "company-internal.arpa";
            allow-update{none;};
    };
};
```

```
view "external" {      //外网用户所对应的视图及相关的解析域
    match-clients          { any; };   //any 表示所有客户端
    recursion no;   //不进行递归查询
    zone    " company.com "{
        type master;
        file "company-external.zone";
    };
  };
};
```

company-internal.zone 正向解析文件的基本内容如下：

```
$TTL    86400
@           IN SOA    company.com.   root.company.com.(
            42
            3H
            15M
            1W
            1D)
    IN NS dns. company.com.
    IN MX 10 mail.company.com.
server1    IN A 172.20.1.1
server2    IN A 172.20.1.2
server3    IN A 172.20.1.3
server4    IN A 172.20.1.4
server5    IN A 172.20.1.5
ftp    IN A 61.24.100.1
www    IN A 61.24.100.2
mail    IN A 61.24.100.3
```

company-internal.arpa 反向解析文件的基本内容如下：

```
$TTL    86400
@           IN SOA    company.com.   root.company.com.(
            42
            3H
            15M
            1W
            1D)
    IN NS dns. company.com.
    IN MX 10 mail.company.com.
1   IN   PTR    server1.company.com.
2   IN   PTR    server2.company.com.
3   IN   PTR    server3.company.com.
4   IN   PTR    server4.company.com.
```

```
      5   IN   PTR   server5.company.com.
```
company-external.zone 正向解析文件的基本内容如下：

```
$TTL   86400
@       IN SOA   company.com.   root.company.com.(
        42
        3H
        15M
        1W
        1D)
   IN NS dns. company.com.
   IN MX 10 mail.company.com.
ftp      IN A 61.24.100.1
www      IN A 61.24.100.2
mail     IN A 61.24.100.3
```

本 章 小 结

本章通过 4 个项目依次介绍了 DNS 服务器的安装、配置，客户端的配置及综合 DNS 服务器配置。

DNS 服务器通过域名解释 IP 地址的方式称为"正向解析"，根据 IP 地址解析域名的方式称为"反向解析"。DNS 服务器的安装可以采用 RPM、YUM 或源码包安装方式。

DNS 服务器的配置过程可分为 5 步：①配置/etc/named.conf 主配置文件，设定监听地址、权威 DNS 服务器、转发方式、服务对象；②在/var/named 目录下创建并配置正向解析文件；③在/var/named 目录下创建并配置反向解析文件；④使用 systemctl 命令启动 DNS 服务器；⑤使用 nslookup   -sil 命令测试 DNS 服务器。

DNS 客户端的配置可以使用 nmcli 命令或者修改/etc/resolv.conf 文件来实现。

综合 DNS 服务器配置以一个完整的案例实现了 DNS 服务器的配置过程。

习 题 9

1．选择题

（1）DNS 客户端配置文件是（　　　）。

A．passwd　　　　　　B．resolv.conf　　　　　C．named.conf　　　D．httpd.conf

（2）DNS 服务器配置文件是（　　　）。

A．passwd　　　　　　B．resolv.conf　　　　　C．named.conf　　　D．httpd.conf

（3）重新启动 DNS 服务器的命令是（　　　）。

A．systemctl   restart   named.service　　　　　B．systemctl   stop   named.service

C．systemctl   restart   dns.service　　　　　　D．systemctl   start   named.service

（4）DNS 服务器主要负责主机名和（　　　）之间的解析。

A．IP 地址　　　　　　B．MAC 地址　　　　　　C．网络地址　　　D．主机别名

（5）在/etc/named.conf 文件中用下列（　　　）类型定义主 DNS 区域。

A．master   B．slave   C．hint   D．root

（6）在 Linux 环境下，若 DNS 服务器的主配置文件内容如下：

```
options {
    directory "/var/named";
};
zone "localhost" IN {
    type master;
    file "localhost.zone";
};
```

则 localhost 的正向解析域的数据库文件的绝对路径文件名是（   ）。

A．/var/named/localhost   B．/var/named/localhost.zone

C．/etc/localhost.zone   D．/etc/named/localhost.zone

（7）下面哪个 test.com 域的部分 SOA 记录是正确的？（   ）

A．test.com.   IN   SOA   cent7.root.   cent7.test.com

B．test.com.   IN   SOA   cent7.test.com   root.cent7.test.com

C．test.com.   IN   SOA   cent7.test.com.   root@cent7.test.com.

D．test.com.   IN   SOA   cent7.test.com.   root.cent7.test.com.

（8）在 Linux 环境下，若 DNS 服务器的主配置文件内容如下：

```
zone  "0.168.192.in-addr.arpa" {
        type slave;
    file "slaves/192.168.0.zone";
        masters { 192.168.0.1; };
};
```

则以下说法错误的是（   ）。

A．此语句是在声明反向解析区域

B．此 DNS 服务器是区域 0.168.192.in-addr.arpa 的辅助域名服务器

C．区域文件 192.168.0.zone 无须创建，可自动获得

D．此 DNS 服务器地址为 192.168.0.1

（9）关于 DNS 服务器，叙述正确的是（   ）。

A．DNS 服务器配置不需要配置客户端

B．一个域中可以有两台主 DNS 服务器

C．主 DNS 服务器需要启动 named 服务守护进程，而从 DNS 服务器不需要

D．DNS 服务器的/var/named/named.ca 文件包含了根服务器的有关信息

2．简答题

（1）简述 DNS 服务器的作用。

（2）简述正向解析和反向解析的工作原理。

（3）简述 DNS 服务器的配置步骤。

上机实践 9

1．在 Linux 系统下配置 DNS 服务器，IP 地址为 192.168.137.11，域名为 dns.louting.com。要求正、反

向解析：

www.louting.com   192.168.137.42

mail.louting.com   192.168. 137.16

dns.louting.com   192.168. 137.11

当该 DNS 不能解析时，则请求 219.216.129.5 服务器解析。配置完成后，设置 DNS 客户端地址为 192.168.137.11 并测试。

2. 构建主 DNS 服务器。主 DNS 服务器位于 Internet 中，IP 地址为 192.168.1.10，主机名为 nsl.benet.com，所负责的 DNS 域为 benet.com。

要求为以下服务提供正、反向解析：

网站服务器 www.benet.com，IP 地址为 192.168.1.1。

邮件服务器 mail.benet.com，IP 地址为 192.168.1.1。

在线培训点服务器 study.benet.com，IP 地址为 192.168.1.2。

主域名服务器 ns1.benet.com，IP 地址为 192.168.1.10。

从域名服务器 ns2.benet.com，IP 地址为 192.168.1.20。

配置完成后启动 named 服务，验证 DNS 解析是否正常。

第 10 章 DHCP 服务器

动态主机配置协议（Dynamic Host Configuration Protocol，DHCP）是一个局域网的网络协议，使用 UDP 协议工作，给内部网络或网络服务供应商自动分配 TCP/IP 信息。DHCP 是内部网络管理员对所有计算机进行集中管理的手段。本章将介绍 DHCP 服务器配置的入门知识，主要包括以下知识点：

● DHCP 服务器的安装方法（重点）；
● DHCP 服务器配置文件解析（重点、难点）；
● DHCP 服务器和客户端的配置方法（重点）；
● 动态分配 IP 地址、固定分配 IP 地址的方法（难点）。

10.1 项目一：DHCP 服务器的安装与启动

【项目描述】

某公司正处于快速发展阶段，终端数量日益增多，如果仍采用设置静态 IP 地址的方法，会造成设置错误或者 IP 地址冲突的问题，这样既影响正常工作，又会加大管理员的工作量。为此，公司希望采用动态 IP 地址分配的方法来完成对 IP 地址的维护。针对这一需求，管理员计划在服务器上安装配置 DHCP 服务器，用来给局域网用户动态分配 IP 地址等网络信息。首先，管理员需要安装 DHCP 服务器，然后对 DHCP 服务器做简单常规设置。

【项目分析】

在配置 DHCP 服务器之前，需要安装 DHCP 软件包。软件包可以在 CentOS Linux 7 安装光盘中找到，使用 rpm 命令安装即可。注意，在安装 DHCP 服务器时，需要按顺序安装多个软件包。相关知识点见表 10.1。

表 10.1 相关知识点

序号	知识点	详见章节
1	了解 DHCP 服务器	10.1.1 节、10.1.2 节
2	安装 DHCP 服务器的过程	10.1.3 节
3	管理 dhcpd 服务	10.1.3 节

【操作过程】

```
#rpm  -q  dhcp        //检查是否安装 DHCP 软件包，如果没有安装，则下载 DHCP 软件包或者从安装
                        光盘中查找并安装下列软件包
#rpm  -ivh  dhcp-4.2.5-47.el7.centos.x86_64.rpm              //安装服务器软件包
#rpm  -ivh  dhclient-4.2.5-47.el7.centos.x86_64.rpm         //安装客户端软件包
#rpm  -ivh  dhcp-libs-4.2.5-47.el7.centos.x86_64.rpm
#rpm  -ivh  dhcp-common-4.2.5-47.el7.centos.x86_64.rpm
#systemctl  start  dhcpd.service          //开启 DHCP 服务器
#systemctl  enabled  dhcpd.service        //设置 DHCP 服务器开机自启动
```

10.1.1 DHCP 服务器简介

DHCP 称为动态主机配置协议，其目的是减轻网络管理员在网络规划、管理和维护等方面工作的负担。在 TCP/IP 网络上，要使每个工作站都能存取网络上的资源，必须进行基本的网络参数配置，一些主要参数如 IP 地址、子网掩码、默认网关和 DNS 服务器等必不可少，还可能需要一些附加的信息（如 IP 管理策略等）。对于一个稍微大的网络而言，网络的管理和维护任务是相当重的，为了把网络管理员从繁重的网络管理和维护任务中解放出来，可以使用 DHCP 服务器。DHCP 服务器把 TCP/IP 网络设置集中起来，动态配置网络中工作站的网络参数。DHCP 服务器使用 DHCP 租约和预置 IP 地址的策略。DHCP 租约提供了自动在 TCP/IP 网络上安全地分配和租用 IP 地址的机制，实现 IP 地址的集中式管理，基本上不需要网络管理员人为干预；预置 IP 地址可以满足需要固定 IP 地址的系统。

DHCP 分为服务器和客户端两部分。所有的 IP 网络设定数据都由 DHCP 服务器集中管理，并负责处理客户端的 DHCP 请求；而客户端则会使用从 DHCP 服务器分配来的 IP 数据信息。使用 DHCP 服务，计算机可以在一条信息中获得 IP 地址、子网掩码、默认网关、DNS 服务器和其他的 TCP/IP 配置信息。DHCP 的资源分配，要求至少有一台 DHCP 服务器工作在网络上，它会监听网络的 DHCP 请求，并与客户端协商 TCP/IP 的设定环境。

DHCP 提供 3 种 IP 地址分配方式。

（1）人工分配

人工分配获得的 IP 地址也称为静态地址，网络管理员为某些少数特定的在网计算机或者网络设备绑定固定 IP 地址，且地址不会过期。

（2）自动分配

一旦 DHCP 客户端第一次成功地从 DHCP 服务器租用到某个 IP 地址之后，就永远使用这个地址。

（3）动态分配

当 DHCP 客户端第一次从 DHCP 服务器租用到 IP 地址之后，并非永久地使用该地址，只要租约到期，客户端就得释放这个 IP 地址，以给其他主机使用。

动态分配显然比人工分配更加灵活，尤其是当实际 IP 地址不足时。例如，一家互联网服务提供商，只能提供 200 个 IP 地址来给拨号连接用户分配，但并不意味用户最多只能有 200 个。由于用户各自不同的行为习惯或者电话线路的限制，用户不可能全部在同一时间上网。这样，就可以将这 200 个 IP 地址轮租给拨号连接的用户使用。这也是每次拨号成功后查看到的 IP 地址不一样的原因。当然，互联网服务提供商不一定使用 DHCP 来分配地址，但分配原理是一样的。DHCP 除能动态地设定 IP 地址外，还可以将一些 IP 地址保留下来给一些特殊用途的客户端使用，按照硬件地址来固定分配 IP 地址。

10.1.2 DHCP 的运作方式

如果在同一网段内有一台 DHCP 服务器，则客户端可以通过软件广播的方式来达到相互通信的目的。DHCP 客户端与 DHCP 服务器相互通信过程示意图如图 10.1 所示。

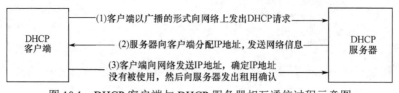

图 10.1　DHCP 客户端与 DHCP 服务器相互通信过程示意图

1．客户端发出 DHCP 请求

如果客户端设定了使用 DHCP 方式获得网络参数，则客户端计算机在开机或重启网卡设备时，会自动发出 DHCP 请求给网络中的每一台计算机，所发出的请求希望网络上的每一台计算机都可以接收，所以除当前主机 MAC 地址不变外，请求的源 IP 地址被设定为 0.0.0.0，而目的地址则为 255.255.255.255（Linux 主机会自动设定）。此时，网络上的所有主机都将接收到这一请求。但是所有不能提供 DHCP 服务的计算机会自动将该请求丢弃。

2．DHCP 服务器响应请求

如果网络上存在 DHCP 服务器，则 DHCP 服务器在接收到客户端的 DHCP 请求后，DHCP 服务器将请求中的 MAC 地址与本身的设定值进行对比，如果 DHCP 服务器的设定值针对该 MAC 地址提供静态 IP 地址（每次都给予一个固定的 IP 地址），则将给客户端提供相应的固定 IP 地址与网络参数等网络信息；如果该请求的 MAC 地址并不在 DHCP 服务器的设定值之内，则 DHCP 服务器会选取目前网络内没有使用的 IP 地址并发送给客户端使用，而网络信息无法指定目的 IP 地址，因此仍然以广播的形式发送。另外，DHCP 服务器发送给客户端的网络信息中会附带一个"租约期限"的信息，告诉客户端这个 IP 地址可以使用的期限。

3．客户端接收来自 DHCP 服务器的网络信息，并设定客户端网络环境

当客户端接收到网络信息后，地址解析协议将在网络内发出信息以确定来自 DHCP 服务器发放的 IP 地址并没有被占用。如果该 IP 地址已经被占用，则客户端拒绝接收这次的 DHCP 网络信息，而再次向网络内发出 DHCP 请求；若该 IP 地址没有被占用，则客户端接收 DHCP 服务器所给的网络信息，同时客户端也会向 DHCP 服务器发出确认数据包，告诉 DHCP 服务器已经确认，而 DHCP 服务器也会将该数据包记录下来。

10.1.3 安装 DHCP 服务器

安装 DHCP 服务器的流程可以具体为查询、挂载、安装 3 个步骤。

1．查询

在安装 DHCP 服务器之前，需要确认当前系统是否已经安装了合适版本的软件包。如果输出如图 10.2 所示信息，表示系统已经安装了 DHCP 服务器，并且可以通过输出结果判定已安装的软件包版本号是 4.2.5。

```
[root@localhost ~]# rpm -q dhcp
dhcp-4.2.5-47.el7.centos.x86_64
```

图 10.2　已安装 DHCP 服务器

如果系统未安装 DHCP 服务器，则会输出如图 10.3 所示"package dhcp is not installed"信息。

```
[root@localhost ~]# rpm -q dhcp
package dhcp is not installed
```

图 10.3　未安装 DHCP 服务器

在对 DHCP 服务器进行查询时，要注意软件包的名字是 dhcp，服务的名称是 dhcpd。注意使用正确的软件包名称进行查询。

另外，也可以使用 systemctl　status　dhcpd.service 命令，通过对 dhcpd 服务状态查询的结果来判断系统是否已经安装了 DHCP 服务器。如果能够查询成功，则说明系统当前安装了 DHCP 服务器；如果系统提示"unrecognized service"，则说明系统当前没有安装 DHCP 服务器。

2．挂载

如果需要安装软件包，首先需要准备好待安装的 RPM 软件包。在 Linux 的安装光盘中提供了相关软件包，在安装过程中需要通过加载光盘的方法寻找到待安装的软件包。

首先将 CentOS Linux 7 安装光盘的映像文件载入虚拟光驱中，确认后系统会自动挂载光盘到/media 目录下，否则使用 mount 命令进行光盘挂载：

```
#mount  /dev/cdrom  /media
```

3. 安装

在安装 DHCP 服务器时，可能需要多个相关的软件包。使用 rpm 命令依次安装下列软件包：

服务器软件包　　dhcp-4.2.5-47.el7.centos.x86_64.rpm

客户端软件包　　dhclient-4.2.5-47.el7.centos.x86_64.rpm

开发软件包　　dhcp-libs-4.2.5-47.el7.centos.x86_64.rpm

　　　　　　　　dhcp-common-4.2.5-47.el7.centos.x86_64.rpm

执行 rpm 命令安装 DHCP 服务器如图 10.4 所示。按照图中的顺序依次安装服务器软件包、客户端软件包、开发软件包。其中，服务器软件包正确安装，其余 3 个软件包由于系统中已经安装，不再进行安装，给出"is already installed"的提示。

```
[root@localhost ~]# rpm -ivh dhcp-4.2.5-47.el7.centos.x86_64.rpm
warning: dhcp-4.2.5-47.el7.centos.x86_64.rpm: Header V3 RSA/SHA256 Signature, ke
y ID f4a80eb5: NOKEY
Preparing...                          ############################### [100%]
Updating / installing...
   1:dhcp-12:4.2.5-47.el7.centos      ############################### [100%]
[root@localhost ~]#
[root@localhost ~]# rpm -ivh dhclient-4.2.5-47.el7.centos.x86_64.rpm
warning: dhclient-4.2.5-47.el7.centos.x86_64.rpm: Header V3 RSA/SHA256 Signature
, key ID f4a80eb5: NOKEY
Preparing...                          ############################### [100%]
        package dhclient-12:4.2.5-47.el7.centos.x86_64 is already installed
[root@localhost ~]#
[root@localhost ~]# rpm -ivh dhcp-common-4.2.5-47.el7.centos.x86_64.rpm
warning: dhcp-common-4.2.5-47.el7.centos.x86_64.rpm: Header V3 RSA/SHA256 Signat
ure, key ID f4a80eb5: NOKEY
Preparing...                          ############################### [100%]
        package dhcp-common-12:4.2.5-47.el7.centos.x86_64 is already installed
[root@localhost ~]#
[root@localhost ~]# rpm -ivh dhcp-libs-4.2.5-47.el7.centos.x86_64.rpm
warning: dhcp-libs-4.2.5-47.el7.centos.x86_64.rpm: Header V3 RSA/SHA256 Signatur
e, key ID f4a80eb5: NOKEY
Preparing...                          ############################### [100%]
        package dhcp-libs-12:4.2.5-47.el7.centos.x86_64 is already installed
```

图 10.4　安装 DHCP 服务器

安装成功后，由于没有对 DHCP 服务器做必需的配置，因此暂不启动 DHCP 服务器，具体配置过程见 10.2 节。

10.1.4　/etc/dhcp/dhcpd.conf 配置文件

DHCP 服务器默认的配置文件是/etc/dhcp/dhcpd.conf，它是一个文本文件，DHCP 服务器中含有一个语法分析器，能对该文件进行语法分析，从而获得 DHCP 服务器的配置参数。该文件对关键字大小写敏感，注释信息以"#"开头，一直持续到该行结束。

/etc/dhcp/dhcpd.conf 文件通常包括 3 部分：parameters（参数），declarations（声明）和 option（选项）。

1. parameters（参数）

parameters（参数）表明如何执行任务，是否要执行任务，或将哪些网络配置选项发送给客户端。主要 parameters（参数）说明见表 10.2。

2. declarations（声明）

declarations（声明）用来描述网络布局、提供给客户端的 IP 地址等。主要 declarations（声明）说明见表 10.3。

表 10.2 主要 parameters(参数)说明

parameters	说　明
ddns-update-style	配置 DHCP-DNS 互动更新模式
default-lease-time	指定默认租用时间的长度，单位为秒
max-lease-time	指定最大租用时间长度，单位为秒
hardware	指定网卡接口类型和 MAC 地址
server-name	通知 DHCP 服务器名称
get-lease-hostnames flag	检查客户端使用的 IP 地址
fixed-address ip	分配给客户端一个固定的地址
authoritative	拒绝不正确的 IP 地址的要求

表 10.3 主要 declarations(声明)说明

declarations	说　明
shared-network	用来告知是否允许某些子网分享相同网络
subnet	描述一个 IP 地址是否属于该子网
range 起始 IP 终止 IP	提供动态分配 IP 地址的范围
host 主机名称	参考特别主机
group	为一组参数提供声明
allow unknown-clients	动态分配 IP 地址给未知的使用者
deny unknown-clients	不动态分配 IP 地址给未知的使用者
allow bootp	响应激活查询
deny bootp	不响应激活查询
allow booting	响应使用者查询
deny booting	不响应使用者查询

3. option（选项）

option（选项）用来配置 DHCP 可选参数，全部用 option 关键字作为开始。主要 option（选项）说明见表 10.4。

表 10.4 主要 option(选项)说明

option	说　明
subnet-mask	为客户端设定子网掩码
domain-name	为客户端指明 DHCP 服务器的名称
domain-name-servers	为客户端指明 DHCP 服务器的 IP 地址
host-name	为客户端指定主机名称
routers	为客户端设定默认网关
broadcast-address	为客户端设定广播地址
ntp-server	为客户端设定网络时间服务器的 IP 地址
time-offset	为客户端设定和格林尼治时间的偏移时间，单位为秒

10.2　项目二：DHCP 服务器的配置

【项目描述】

安装完 DHCP 服务器以后，管理员要为公司局域网完成动态 IP 地址的分配，进一步配置 DHCP 服务器。分配网段为 192.168.137.0/24，IP 地址范围为 192.168.137.60～192.168.137.240，默认网关为 192.168.137.1，该网段其他地址保留为静态分配。另外，为物理地址 00:0C:09:04:ED:35 的主机设置固定 IP 地址：192.168.137.90。

【项目分析】

首先该项目要求定义本地 DHCP 服务器能够自动为 192.168.137.0/24 网段的用户分配范围为 192.168.137.60～192.168.137.240 的 IP 地址，网关是 192.168.137.1，然后为 00:0C:09:04:ED:35 的主机设置固定 IP 地址：192.168.137.90。

分配过程可以分为动态 IP 地址分配和人工固定 IP 地址分配两部分。配置内容需要在 DHCP 配置文件 dhcpd.conf 中完成。

动态 IP 地址分配：网段声明使用 subnet 关键字，子网掩码声明使用 netmask 关键字，IP 地址资源范围和网关写在{}内：

```
subnet    192.168.137.0    netmask    255.255.255.0{
      range    192.168.137.60          192.168.137.240;
      option    routers    192.168. 137.1;
}
```

其中，range 关键字声明 IP 地址的开始和结束，option routers 关键字表示 DHCP 为客户端分配的网关。

人工固定 IP 地址分配：网卡地址和 IP 地址的绑定使用关键字 group 声明，用 host 关键字来绑定网卡地址和 IP 地址。具体格式如下：

```
host    段名 {}
```

在该项目中，段名可以由用户自己命名，假设段名为 staticiphost1，并且使用 option routers 关键字声明相应的网关。当有若干个段时，并列使用 host 声明并且放入 group 的 {} 中。关键字 hardware ethernet 声明具体的网卡物理地址，fixed-address 声明绑定的 IP 地址，代码如下：

```
group{
  option    routers    192.168.137.1;
   host    staticiphost1{
       hardware    Ethernet    00:0C:09:04:ED:35;
       fixed-address    192.168.137.90;
           }
}
```

配置完成后，需要启动 DHCP 服务器并进行测试。相关知识点见表 10.5。

表 10.5　相关知识点

序号	知识点	详见章节
1	文件 dhcpd.conf 的配置	10.1.4 节
2	DHCP 服务器的测试	参见【操作过程】

【操作过程】

1. 编辑配置文件 dhcpd.conf

DHCP 的配置文件 dhcpd.conf 位于系统的/etc/dhcp 目录下。如果该目录下没有该文件，则新建此文件，也可以使用下面命令将服务器提供的/usr/share/doc/dhcp-4.2.5/dhcpd.conf.example 模板复制到/etc/dhcp 目录下：

```
cp /usr/share/doc/dhcp-4.2.5/dhcpd.conf.example    dhcpd.conf
```

编辑 dhcpd.conf 文件，写入配置内容：

```
#vim    /etc/dhcp/dhcpd.conf                         //编辑配置文件，编写下面的内容
ddns-update-style    interim;
subnet    192.168.137.0    netmask    255.255.255.0{   //配置网段和子网掩码
    range    192.168.137.60        192.168.137.240;     //配置分配范围
    option    routers    192.168.137.1;                 //配置网关
}
group{
    option    routers    192.168.137.1;
    host    staticiphost1{                             //配置固定 IP 地址
        hardware    ethernet    00:0C:09:04:ED:35;
        fixed-address    192.168.137.90;
            }
}
```

编辑完成后保存并退出。

2．启动 DHCP 服务器

```
#systemctl    start    dhcpd.service
```

3．测试 DHCP 服务器

首先将客户端主机的 IP 地址设置为动态获取。

（1）对于 Windows 系统，设置比较简单，打开 Windows 系统的【控制面板】，找到【网络和 Internet】→【网络连接】，在本地连接的属性中设置，如图 10.5 所示。

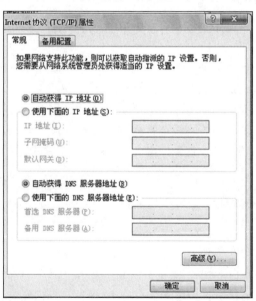

图 10.5　Windows 客户端 DHCP 自动获得 IP 地址设置

然后测试连通性，在 cmd 命令行下输入：ipconfig　/all，查看 IP 地址，如图 10.6 所示。

（2）对于 Linux 系统，编辑客户端主机的配置文件/etc/sysconfig/network-scripts/ifcfg-ens37：

```
#vim    /etc/sysconfig/network-scripts/ifcfg-ens37
```

编辑配置文件中 BOOTPROTO 一项的值为 "dhcp"。

```
C:\Documents and Settings\teacher>ipconfig /all
Ethernet adapter 本地连接:

        Connection-specific DNS Suffix  . :
        Description . . . . . . . . . . . : Realtek RTL8139 Family PCI Fast Ethernet NIC
        Physical Address. . . . . . . . . : 00-19-21-2E-F4-70
        Dhcp Enabled. . . . . . . . . . . : Yes
        Autoconfiguration Enabled . . . . : Yes
        IP Address. . . . . . . . . . . . : 192.168.137.68
        Subnet Mask . . . . . . . . . . . : 255.255.255.1
        IP Address. . . . . . . . . . . . : fe80::219:21ff:fe2e:f470%7
        Default Gateway . . . . . . . . . : 192.168.137.1
        DHCP Server . . . . . . . . . . . : 192.168.137.1
        DNS Servers . . . . . . . . . . . : 202.96.64.68
```

图 10.6　查询 Windows 系统获取的动态 IP 地址

保存文件并退出。然后重新启动 NetworkManager 服务，获取 IP 地址。如图 10.7 所示。

```
[root@localhost ~]# systemctl restart NetworkManager
```

图 10.7　Linux 客户端获取动态 IP 地址

执行#ip addr show ens37 命令，可以查询到自动获取的 IP 地址是 192.168.137.60，如图 10.8 所示。

```
[root@localhost network-scripts]# ip addr show ens37
5: ens37: <BROADCAST,MULTICAST,UP,LOWER_UP> mtu 1500 qdisc pfifo_fast state UP qlen 1000
    link/ether 00:0c:29:7a:57:6f brd ff:ff:ff:ff:ff:ff
    inet 192.168.137.60/24 brd 192.168.137.255 scope global dynamic ens37
       valid_lft 42966sec preferred_lft 42966sec
    inet6 fe80::8e44:5f95:d874:ec01/64 scope link
       valid_lft forever preferred_lft forever
```

图 10.8　查询 Linux 系统获取的 IP 地址

最后，测试与网关的连通性，输入命令#ping 192.168.137.1。

10.3　常见问题分析

常见问题 1：在配置 DHCP 服务器时，有时客户端会出现“Determining IP information for ens33... Failed; no link present.Check cable”提示信息。

解决方法：信息提示 IP 地址获取错误，检查是否连接。这个问题在虚拟机条件下，由于没有真正的网线，因此并不存在真实的网线连接问题。这种虚拟机问题需要按如下设置解决。

以 root 权限在/etc/sysconfig/network-scripts/ifcfg- ens33 文件中添加：

```
check_link_down () {
return 1;
}
```

保存文件并退出。

常见问题 2：客户端无法获得 IP 地址。

解决方法：首先判断此故障是某个客户端发生还是多个客户端都发生。如果仅有一个客户端出现此故障，应检查网卡的设置，设置动态获取 IP 地址，确保它使用了 DHCP。然后检查交换机，确认端口和 VLAN 信息，查看是否配置了 VLAN 成员，并检查这个 VLAN 上的其他设备是否可以获得 IP 地址。

如果多个客户端都无法获得 IP 地址，问题可能是由于路由器没有将 DHCP 请求转发给 DHCP 服务器造成的。如果多个子网上的多个客户端都有这个问题，则可能是 DHCP 服务器自身造成的。此时，可能没有运行 DHCP 服务器或者没有足够的 IP 地址可供分配。

本 章 小 结

本章通过两个项目介绍了 DHCP 服务器的安装、配置和测试方法，以及 DHCP 配置文件，并对其常见问题进行分析。

在 DHCP 服务器的安装中，主要介绍了 DHCP 服务器的原理和运行方式，以及使用 rpm 命令安装该服务器的方法。针对配置文件 dhcpd.conf，解读主要的参数、声明和选项。

在 DHCP 服务器配置过程中，主要介绍了为指定网段的用户分配指定范围的 IP 地址的方法，此外还介绍了设置固定 IP 地址的方法。针对 Windows 和 Linux 系统，分别介绍了客户端的配置方法。

习 题 10

1.选择题

（1）DHCP 是动态主机配置协议的简称，其作用是可以使网络管理员通过一台服务器来管理一个网络系统，自动地为一个网络中的主机分配（　　）地址。

A．网络　　　　　　B．MAC　　　　　　C．TCP　　　　　　D．IP

（2）DHCP 服务器的配置文件是（　　）。

A．dhcpd.conf　　　B．resolv.conf　　　C．named.conf　　　D．httpd.conf

（3）在配置 DHCP 服务器时，声明参考特别主机的关键字是（　　）。

A．range　　　　　　B．group　　　　　　C．subnet　　　　　　D．host

（4）在配置 DHCP 服务器时，声明动态 IP 地址范围的关键字是（　　）。

A．range　　　　　　B．group　　　　　　C．subnet　　　　　　D．host

（5）在配置 DHCP 服务器时，声明子网段的关键字是（　　）。

A．range　　　　　　B．group　　　　　　C．subnet　　　　　　D．host

（6）在配置 DHCP 服务器时，声明一组参数的关键字是（　　）。

A．range　　　　　　B．group　　　　　　C．subnet　　　　　　D．host

（7）在配置 DHCP 服务器时，指明 DNS 名称的选项是（　　）。

A．subnet-mask　　　B．domain-name　　　C．host-name　　　D．routers

（8）在配置 DHCP 服务器时，设定子网掩码的选项是（　　）。

A．subnet-mask　　　B．domain-name　　　C．host-name　　　D．routers

2．简答题

（1）简述 DHCP 的作用。

（2）简述 DHCP 的运作方式。

（3）简述在局域网内使用 DHCP 的优点。

（4）DHCP 能够为客户端分配什么网卡资源？

（5）简述 DHCP 中"租约"的作用。

（6）把 IP 地址与主机的什么信息绑定，就可以保证该主机一直获取到固定的 IP 地址？

上机实践 10

1．完成以下操作：

（1）要为某局域网配置 DHCP 服务器，为 192.168.1.0/24 网段的用户提供动态 IP 地址分配服务。IP 地址范围为 192.168.1.66~192.168.1.244，默认网关为 192.168.1.1，该网段其他地址保留为静态分配。另外，为物理地址 00:0C:09:04:DD:35 的主机设置静态 IP 地址 192.168.1.111。

（2）在（1）的基础上进行测试，使 Windows 系统能够获取 IP 地址。

（3）将 Linux 客户端的网卡地址改为 00:0C:09:04:DD:35，再次实验，验证客户端是否可以获取到静态 IP 地址 192.168.1.111。

2．添加两台 Linux 虚拟机，分别作为 DHCP 服务器和 DHCP 客户端。在其中一台虚拟机上安装 DHCP 服务器。在 192.168.1.0/24 网段中构建一台 DHCP 服务器，IP 地址为 192.168.1.2，默认网关为 192.168.1.1，要求能够为 192.168.1.0/24 网段中的客户端动态分配 IP 地址等网络参数。对应于这个物理网段，用于动态分配的 IP 地址范围为 192.168.1.20~192.168.1.200。将服务器的主机名称设置为 dhcp.benet.com，将服务器使用的 DNS 服务器地址设置为 192.168.1.5,202.106.0.20，默认搜索域为 benet.com。设置完成后，重新启动服务器，分别使用 Linux 和 Windows 系统测试使用结果。

第11章 Web服务器

Web服务器的功能是在网络上发布Web站点。Web服务器的种类很多，其中Apache服务器和Nginx服务器是目前使用比较广泛的Web服务器。本章将分别介绍这两种服务器的安装和配置方法，主要包括以下知识点：

- Apache服务器的安装（重点）；
- Apache服务器的基本配置（重点、难点）；
- 部署Web站点（重点）；
- 配置虚拟主机（重点、难点）；
- Nginx服务器的安装（重点）；
- Nginx服务器的配置（重点、难点）。

11.1 项目一：Apache服务器的安装与测试

【项目描述】

管理员将根据公司设计部需要发布项目考核信息发布网站的要求，在服务器上部署该网站。首先要安装Web服务器，然后对服务器进行必要测试，服务器IP地址为192.168.137.129，测试网站首页index.html，其内容是"hello ,this is index.html."。

测试效果：在浏览器中输入http://192.168.137.129，即可看到index.html的内容。

【项目分析】

在本项目中，管理员首先需要安装Apache软件包，软件包的安装可以使用YUM工具来实现，然后对Apache服务器进行必要的测试。由于/var/www/html目录是Apache服务器的默认站点根目录，因此可以在/var/www/html目录下创建Web站点的首页index.html并使用vim编辑器编写内容，最后通过浏览器查看Web站点的首页。相关知识点见表11.1。

表11.1 相关知识点

序号	知识点	详见章节
1	了解Apache服务器	11.1.1节
2	安装并配置Apache服务器	11.1.2节
3	测试Apache服务器	11.1.2节
4	理解Apache服务器的根目录	11.1.3节

【操作过程】

```
#yum  –y  install  httpd              //安装Apache软件包
#systemctl  start  httpd.service      //开启Apache服务器
#systemctl  status  httpd.service     //查询Apache服务器状态
#systemctl  enable  httpd.service     //设置Apache服务器开机自启动
#systemctl  is-enabled  httpd.service //查询Apache服务器开机启动状态
```

测试：开启浏览器，在地址栏中输入http://192.168.137.129，如果出现图11.1所示页面，则表示 Apache 服务器安装成功。

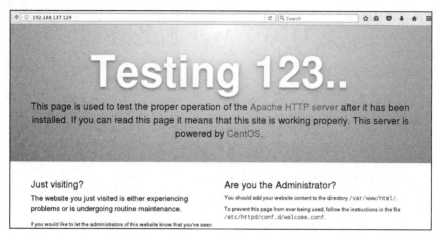

图 11.1　Apache 服务器的测试页面

| #cd　/var/www/html | //切换到 Apache 服务器默认 Web 站点根目录 |
| #vim　index.html | //使用 vim 编辑器创建并编辑 index.html 页面 |

输入"hello ,this is index.html.",保存后退出。

测试:开启浏览器,在地址栏中输入 http://192.168.137.129,如果出现图 11.2 所示页面,则表示测试成功。

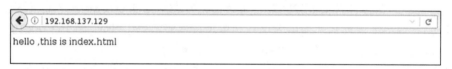

图 11.2　网站首页

11.1.1　Apache 服务器简介

目前Web服务器是Internet上最流行的服务器之一,Web服务器也称为WWW(World Wide Web)服务器,主要功能是提供网上信息浏览服务,它也成为人们在网上搜索、浏览信息的主要手段。Web服务器采用浏览器/服务器结构,其作用是整理和存储各种WWW资源,并响应客户端软件的请求,把用户所需的资源传送到客户端上,然后通过简单的图形界面展现在用户面前。

常用的浏览器有 IE、Netscape、Mozilla 等,用户可以在浏览器的地址栏内输入统一资源定位地址(Uniform Resource Locator,URL)来访问 Web 页面。Web 最基本的概念是超文本(Hypertext),它使得文本不再是传统的书页式文本,而是可以在阅读过程中从一个页面位置跳转到另一个页面位置。用来书写 Web 页面的语言称为超文本标记语言(Hyper Text Markup Language,HTML)。WWW 服务遵从 HTTP 协议,默认的 TCP/IP 端口是 80,浏览器(Web Client)与服务器(Web Server)的通信过程简述如图 11.3 所示。

浏览器根据用户输入的URL连接到相应的远端服务器上,从指定的服务器获得指定的Web文档,然后断开与远端服务器的连接。也就是说,平时用户在浏览某网站时是每取一个网页就建立一次连接,读完后马上断开,当需要另一个网页时再重新连接,周而复始。

Apache 服务器源于 NCSAhttpd 服务器,经过多次修改,成为目前世界上最流行的 Web 服务器之一。Apache 服务器取自"a patchy server",意思是充满补丁的服务器,因为它是自由开放的,所以不断有人为它开发新的功能、新的特性并修改原来的缺陷。Apache 服务器的特点是简单、速度快、性能稳定,并可用作代理服务器。

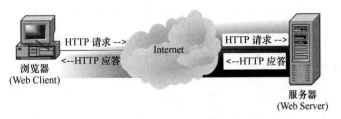

图 11.3　浏览器与服务器的通信过程简述

初期 Apache 服务器只用于小型或实验 Internet 网络，后来逐步扩充到各种 UNIX 系统中，尤其是对 Linux 系统的完美支持。Apache 服务器有多种产品，支持 SSL 技术，也支持多个虚拟主机。Apache 服务器采用以进程为基础的结构，进程要比线程消耗更多的系统开支，不太适合于多处理器环境，因此，在一个 Apache Web 站点扩容时，通常是增加服务器或扩充集群节点而不是增加处理器。本章将以 Apache 2.4 为例，详细叙述 Apache 服务器的安装和配置方法。

11.1.2　安装 Apache 服务器

软件包的安装一般有 RPM 安装、YUM 安装和源码包安装 3 种方法，当然也可以在 Linux 图形界面，利用 Linux 软件包管理工具来自动安装 Apache 服务器。

相比较而言，以图形界面安装软件包的方法最为简单，但是如果系统没有安装图形界面，则需要选择其他的安装方法。其中，源码包在安装时，除解压缩外，还需执行 make、make install 命令进行配置、编译和安装；由于 Apache 服务器与其他的软件包存在依赖关系，因而在使用 RPM 安装时，需要事先安装好依赖的软件包，安装过程比较烦琐；相对而言，使用 YUM 的安装过程比较简单。

1．使用 YUM 安装软件包

安装 Apache 软件包的过程具体分为查询、安装、测试 3 个步骤。

（1）查询

在安装 Apache 软件包之前，需要确认当前系统是否已经安装了合适版本的软件包，如图 11.4 所示表示系统已经安装了 Apache 服务器，并且可以通过输出结果判定已安装的软件包版本号是 httpd-2.4.6-45，此时不需要再继续安装软件包，可以直接进行测试。

```
[root@localhost ~]# rpm -q httpd
httpd-2.4.6-45.el7.centos.4.x86_64
```

图 11.4　已安装 Apache 软件包

如果系统未安装 Apache 服务器，则会输出"package httpd is not installed"，如图 11.5 所示。

```
[root@localhost ~]# rpm -q httpd
package httpd is not installed
```

图 11.5　未安装 Apache 软件包

Apache 软件包名称为 httpd，服务名称也为 httpd。但有的服务器，其软件包名称与服务名称是不一致的，在执行相应命令时要使用正确的名称。

（2）安装

使用 YUM 的安装过程比较简单，执行#yum　-y　install　httpd 命令即可。如图 11.6 所示，安装过程显示在安装 httpd 的同时，还安装了有关的依赖包，如 apr、apr-util、httpd-tools 和 mailcap。

（3）测试

在测试之前，需要确认管理 Apache 服务器的 httpd 服务是否已经正常启动。默认情况下，httpd 服务在软件包安装完成后并不启动。启动及查询 httpd 服务的操作过程如图 11.7 所示。

```
===============================================================================
 Package               Arch           Version                      Repository     Size
===============================================================================
Installing:
 httpd                 x86_64         2.4.6-45.el7.centos.4         updates       2.7 M
Installing for dependencies:
 apr                   x86_64         1.4.8-3.el7                   base          103 k
 apr-util              x86_64         1.5.2-6.el7                   base           92 k
 httpd-tools           x86_64         2.4.6-45.el7.centos.4         updates        84 k
 mailcap               noarch         2.1.41-2.el7                  base           31 k

Transaction Summary
===============================================================================
Install  1 Package (+4 Dependent packages)
```

图 11.6　安装 Apache 软件包

```
[root@localhost ~]# systemctl start httpd.service
[root@localhost ~]# systemctl status httpd.service
● httpd.service - The Apache HTTP Server
   Loaded: loaded (/usr/lib/systemd/system/httpd.service; disabled; vendor prese
t: disabled)
   Active: active (running) since Sat 2017-08-12 22:23:09 CST; 7min ago
     Docs: man:httpd(8)
           man:apachectl(8)
 Main PID: 6294 (httpd)
   Status: "Total requests: 49; Current requests/sec: 0; Current traffic:   0 B/
sec"
   CGroup: /system.slice/httpd.service
           ├─6294 /usr/sbin/httpd -DFOREGROUND
           ├─6295 /usr/sbin/httpd -DFOREGROUND
           ├─6296 /usr/sbin/httpd -DFOREGROUND
           ├─6297 /usr/sbin/httpd -DFOREGROUND
           ├─6298 /usr/sbin/httpd -DFOREGROUND
           ├─6299 /usr/sbin/httpd -DFOREGROUND
           ├─6436 /usr/sbin/httpd -DFOREGROUND
           ├─6437 /usr/sbin/httpd -DFOREGROUND
           ├─6504 /usr/sbin/httpd -DFOREGROUND
           ├─6505 /usr/sbin/httpd -DFOREGROUND
           └─6506 /usr/sbin/httpd -DFOREGROUND
```

图 11.7　启动及查询 httpd 服务的操作过程

启动 Apache 服务器，执行命令：systemctl　start　httpd.service

查询 Apache 服务器的状态，执行命令：systemctl　status　httpd.service

停止 Apache 服务器，执行命令：systemctl　stop　httpd.service

重启 Apache 服务器，执行命令：systemctl　restart　httpd.service

Apache 服务器启动后，切换至图形界面下，单击"万维网浏览器"，启动浏览器，然后在地址栏中输入 http://localhost 或 http://127.0.0.1，如果出现如图 11.8 所示的页面，则说明 Apache 服务器启动成功，工作正常。

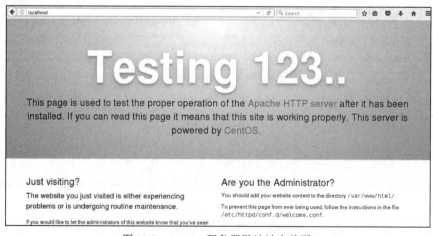

图 11.8　Apache 服务器默认站点首页

到目前为止，Apache 服务器在系统中已经安装并测试成功，为了方便日常的管理和应用，还可以对服务器进行如下的配置。

为了使 Apache 服务器在系统重启时可以自启动，需要设置服务器的自启动状态。操作过程如图 11.9 所示。

```
[root@localhost ~]# systemctl enable httpd.service
Created symlink from /etc/systemd/system/multi-user.target.wants/httpd.service t
o /usr/lib/systemd/system/httpd.service.
[root@localhost ~]# systemctl is-enabled httpd.service
enabled
```

图 11.9　设置 Apache 服务器的自启动状态

2. 使用 Linux 软件包管理工具安装

如果当前的系统安装了图形界面，则可以使用 Linux 软件包管理工具进行软件包的安装。这种安装方法简单且直观。

将系统切换至图形界面，依次单击【Applications】→【System Tools】→【Software】，打开 Linux 软件包管理工具，在【Web Services】选项下选中【Web Server】，单击【Apache HTTP Server】，选择【Install Packages】完成安装。如果【Apache HTTP Server】一项默认选中，则表示 Apache 服务器已经安装，如图 11.10 所示，此时只需要直接进行测试。

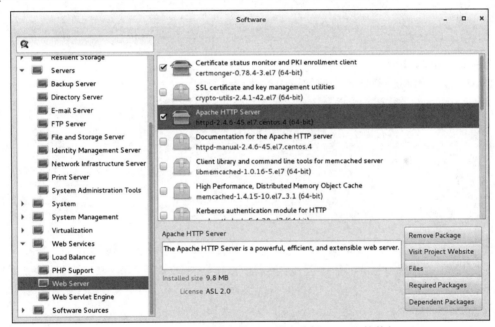

图 11.10　在 Linux 软件包管理工具中选择 Apache 软件包

Apache 服务器安装完毕后，执行#systemctl　start　httpd.service 命令启动服务器，可参考图 11.8 对服务器进行测试。

3. 使用源码包安装

在对 Apache 服务器进行源码包编译时，首先需要下载相关的源码包，此时需要的源码包主要包括以下 4 个文件：apr-1.7.0.tar.gz、apr-util-1.6.1.tar.gz、pcre-8.45.zip、httpd-2.4.52.tar.bz2，需要将上述 4 个文件置于同一个目录中，并严格按照上述顺序依次完成源码包的安装。

（1）安装 apr-1.7.0.tar.gz

将 apr-1.7.0.tar.gz 存放于当前目录中，然后进行安装。安装操作如下：

```
#tar -xzvf apr-1.7.0.tar.gz                    //解压缩源码包
#cd apr-1.7.0/                                 //切换到当前目录下
#./configure --prefix=/usr/local/apr           //配置
#make && make install                          //编译安装
#libtool --finish /usr/local/apr/lib           //更新配置
```

（2）安装 apr-util-1.6.1.tar.gz

将 apr-util-1.6.1.tar.gz 存放于当前目录中，然后进行安装。安装操作如下：

```
#tar -xzvf apr-util-1.6.1.tar.gz               //解压缩源码包
#cd apr-util-1.6.1/                            //切换到当前目录下
#./configure --with-apr= /usr/local/apr        //配置
#make && make install                          //编译安装
#libtool --finish /usr/local/apr-util/lib      //更新配置
```

（3）安装 pcre-8.45.zip

将 pcre-8.45.zip 存放于当前目录中，然后进行安装。安装操作如下：

```
#unzip pcre-8.45.zip                           //解压缩源码包
#cd pcre-8.45/                                 //切换到当前目录下
# ./configure --prefix=/usr/local/pcre         //配置
#make && make install                          //编译安装
```

（4）安装 httpd-2.4.52.tar.bz2

将 httpd-2.4.52.tar.bz2 存放于当前目录中，然后进行安装。安装操作如下：

```
#tar -jxvf httpd-2.4.52.tar.bz2                //解压缩源码包
#cd httpd-2.4.52/                              //切换到当前目录下
#yum groupinstall Development Tools            //准备安装工具
#./configure --prefix=/usr/local/apache --with-apr=/usr/local/apr   --with-pcre=/usr/local/pcre
                                               //配置
#make && make install                          //编译安装
```

（5）环境配置

在完成上述 4 个文件安装的基础上，需要进一步配置系统文件，操作如下：

```
#cp /usr/local/apache/bin/apachectl   /etc/rc.d/init.d/
#mv /etc/rc.d/init.d/apachectl /etc/rc.d/init.d/httpd
#vim /etc/profile
```

在最后一行加入如下的配置：

```
PATH=$PATH:/usr/local/apache/bin
```

保存后退出文件。

```
#yum install lynx
```

开启 httpd 服务、查询 httpd 服务的状态，操作如下：

```
#systemctl   start   httpd.service
#systemctl   status   httpd.service
```

系统提示如下信息：

```
AH00558: httpd: Could not reliably determine the server's fully qualified domain name, using localhost.
localdomain. Set the 'ServerName' directive globally to suppress this message
```

httpd (pid 93190) already running

说明 httpd 服务安装成功，并且已经开启，但是由于 httpd 服务的配置尚未完成，因此无法正常查看服务器的运行结果。

关于 httpd 服务的配置方法，可参考本章中的后续内容。

11.1.3 Apache 软件包的安装位置

采用 Linux 软件包管理工具和 RPM 安装的 Apache 服务器，都会将 Apache 服务器的配置文件、日志文件和实用程序安装在固定的目录下，下面对此进行简单介绍。

/etc/httpd/conf：该目录用于存放 Apache 服务器的配置文件 httpd.conf。

/var/www/html：该目录是 Apache 服务器的默认 Web 站点根目录。网站的网页文件及其相关文件可以存放在该目录下。

/etc/httpd/logs：Apache 服务器日志文件的默认存放路径。

由于 Apache 服务器的默认 Web 站点根目录是/var/www/html，因此只需要将 Web 站点的页面放置到该目录下，就可以直接通过浏览器进行访问。

有关 Apache 服务器的配置文件 httpd.conf 的详细讲解与应用将在 11.2.1 节和 11.2.2 节介绍。

11.2 项目二：发布 Web 站点

【项目描述】

项目考核信息发布网站已经开发完毕，由于该网站包含的元素很多，如若干页面、图片、样式文件、程序文件等，因此为了方便管理，管理员采用将同一网站的元素存放于一个目录中(称为 Web 站点目录)，然后进行部署。目前该网站的 Web 站点目录为 exam，目录中存放该网站的所有文件，网站首页是 index.html。

效果：在浏览器中输入 http://192.168.137.5 或者 http://localhost，可以看到站点首页。

【项目分析】

由于/var/www/html/是默认站点根目录，因此可以将 exam 目录及 exam 目录中所有的内容存放于/var/www/html/下。

为了将 Apache 服务器的默认站点根目录设置为/var/www/html/exam，需要修改 Apache 服务器配置文件 httpd.conf 中的配置项 DocumentRoot。修改配置文件后，需重启 httpd 服务使修改生效。

本项目中 Apache 服务器配置文件 httpd.conf 的修改和应用是一个新的知识点，详见 11.2.1 节和 11.2.2 节。

【操作过程】

```
#cd  /var/www/html                        //切换当前工作目录
#cp  -r /root/exam    exam                 //将开发完毕的网站复制到站点根目录下
#vim  /etc/httpd/conf/httpd.conf           //编辑 httpd.conf 配置文件
DocumentRoot  "/var/www/html/exam"         //设置 Apache 服务器的默认站点根目录
#httpd  -t                                 //检查 httpd.conf 配置文件的语法
# systemctl  restart  httpd.service        //重启 httpd 服务，使配置文件的修改生效
```

测试：在浏览器中输入 http://192.168.137.5 后，可以看到如图 11.11 所示页面。

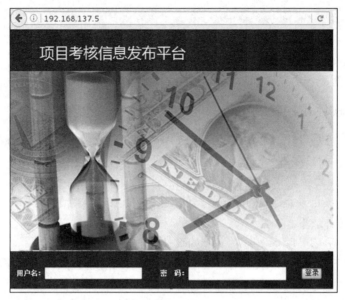

图 11.11　项目考核信息发布网站首页

11.2.1　Apache 服务器配置文件简介

Apache 服务器的配置文件是包含若干指令的纯文本文件，其文件名为 httpd.conf。在 Apache 服务器启动时，会自动读取配置文件中的内容。配置文件修改后，只有在启动或重启 Apache 服务器后才会生效。

配置文件中的内容包含注释和服务器配置命令行。以"#"开头的行被视为注释并被服务器忽略，注释不能出现在指令的后边。空白行和指令前的空白字符将被忽略，因此可以采用缩进方式以保持配置文件层次的清晰。

配置文件中的指令是不区分大小写的，但是指令的选项通常是对大小写敏感的。Apache 服务器配置文件的每一行包含一个指令，如果配置命令较长，可以在行尾使用"\"续行，但是反斜杠与下一行之间不能有任何其他字符（包括空白字符）。

对配置文件修改后，可以使用 apachectl　configtest 或者 httpd　-t 命令检查配置文件中的错误，无误后再重启 Apache 服务器使配置生效。

Apache 服务器配置文件的内容可以划分为 3 部分。

① 全局环境配置：主要用于控制整个 Apache 服务器的行为。

② 主服务器配置：定义主要或者默认服务器参数的指令，也为所有虚拟主机提供默认的设置参数。

③ 虚拟主机配置：用于设置和创建虚拟主机。

11.2.2　配置 Apache 服务器

Apache 服务器配置文件的配置命令很多，下面介绍一些常用的配置命令。

1．全局环境配置命令

ServerRoot：用于设置 Apache 服务器的根目录，通常不需要修改。根目录是 Apache 服务器配置文件和日志文件的基础目录。配置命令用法：

> ServerRoot　　Apache 服务器的目录

Timeout：设置超时的时间，单位为秒。如果客户端超过规定时间还没有连上服务器或服务器超过规定时间还没有传送信息给客户端，即断线。

KeepAlive：是否允许客户端的连线有多个请求，设为 Off 表示不允许，On 表示允许。

MaxKeepAliveRequests：每次连线最大的请求数目，数字越大，效能越好。0 表示不限制。

MinSpareServer：表示处理程序的最少闲置数目，如果实际数目少于此数目，则会增加处理程序。

MaxSpareServers：表示处理程序的最大闲置数目，如果网站需求量很大，可以将此数目设置得大一些，但不要随便将此数目设得太大。

StartServers：启动时创建的子进程的数目。

MaxClients：限制同时间最大的连线数目，不能设置得太小，一旦达到此数目，就无法再增加客户端。

MaxRequestPerChild：限制子处理程序的要求数目，0 表示不限制。

Listen：服务器监听的端口号。

2．主服务器配置命令

ServerAdmin：设置管理员的电子邮件地址，如果 Apache 服务器有问题，会发邮件通知管理员。

ServerName：设置主机名称，如果没有域名，也可以用 IP 地址。

DocumentRoot：设置 Apache 服务器的默认站点根目录。

UserDir public_html：用户可以在自己的目录下建立 public_html 目录来放置网页。

DirectoryIndex：用来设定主页，可以设置多个页面，前面的页面优先级高。

UseCanonicalName：使用标准的名称，预设是 On。

HostLookups：如果设为 On，则每次都会请求 DNS 服务器解析该 IP 地址；若设为 Off，仅记录 IP 地址。

ErrorLog/usr/local/httpd/logs/error_log：指定发生错误的记录文件（error_log）位置。如果没有指定记录错误的文件，则会沿用此文件。

AllowOverride：访问权限设置。

11.3　项目三：发布个性化 Web 站点

【项目描述】

项目考核信息发布网站部署完成后，考虑到站点是内部网站，为了保证网站的安全性，将首页名字改为 exam.html，并且需要使用 8080 端口进行访问。

效果：在浏览器中输入 http://192.168.137.5:8080 或者 http://localhost:8080，可以看到 exam.html 页面内容。

【项目分析】

本项目关键点之一在于如何使 Apache 服务器将 exam.html 设置为 exam 站点的默认首页，这需要通过修改 Apache 服务器配置文件 httpd.conf 中的配置项 DirectoryIndex 来完成；另一个关键点是如何修改 Apache 服务器的监听端口号为 8080，这需要通过修改 Apache 服务器配置文件 httpd.conf 中的配置项 Listen 来完成。修改配置文件后，需重启 httpd 服务使修改生效。

【操作过程】

#cd　/var/www/html	//切换当前工作目录
#cd　　exam	//切换当前工作目录

```
#mv    index.html   exam.html              //修改首页的名称为 exam.html
#vim   /etc/httpd/conf/httpd.conf          //编辑 httpd.conf 配置文件
DirectoryIndex   exam.html   index.html    //设置默认首页
Listen   8080                              //设置监听端口号
#httpd   -t                                //检查 httpd.conf 配置文件的语法
#systemctl   restart   httpd.service       //重启 httpd 服务，使配置文件的修改生效
```

测试：在浏览器中输入 http://192.168.137.5:8080 后，可以看到如图 11.11 所示页面。

11.4　项目四：虚拟主机配置

【项目描述】

项目考核信息发布网站部署完毕后，公司人力资源部计划部署一个员工考勤网站。因此，管理员需要在一台服务器上部署多个站点，为了方便今后公司内部网站的部署和管理，管理员可以采用基于域名的虚拟主机或基于 IP 地址的虚拟主机两种方法来配置多个站点。在实施过程中，除了要部署员工考勤网站，还要对项目考核信息发布网站进行重新部署。

为了方便对网站的访问，分别为两个网站设置本地域名：exam.excesoft.com 和 attendance.excesoft.com，站点根目录：/var/www/html/exam 和/var/www/html/attendance，首页为根目录下的 index.html 页面。

当前服务器的 IP 地址是 192.168.137.5，使用标准 80 端口。

效果：在浏览器地址栏输入 http://exam.excesoft.com，可以看到项目考核信息发布网站的首页；输入 http://attendance.excesoft.com，可以看到员工考勤网站的首页。

【项目分析】

本项目可以采用基于域名的虚拟主机或基于 IP 地址的虚拟主机两种方法实现。

针对基于域名的虚拟主机的配置，首先需要设置本地域名，然后确认 Apache 服务器的监听端口号，最后明确各网站的域名与默认站点目录的对应关系，详见 11.4.2 节。

针对基于 IP 地址的虚拟主机的配置，首先需要设置多个 IP 地址，然后配置本地域名、端口号和网站与域名的对应关系，详见 11.4.3 节。

【操作过程】

1．配置基于域名的虚拟主机

（1）域名注册，在/etc/hosts 中追加一行：

```
192.168.137.5   exam.excesoft.com   attendance.excesoft.com
```

编辑完成后，使用 ping 命令测试所设置的域名是否生效：

```
#ping   exam.excesoft.com
#ping   attendance.excesoft.com
```

（2）将两个网站的所有元素复制到对应的站点根目录下，假设网站目前存放于/root 目录下。

```
#cd   /var/www/html
#cp   -r   /root/exam   exam
#cp   -r   /root/attendance   attendance
```

（3）切换到/etc/http/conf 目录下，在 httpd.conf 配置文件中，设置站点 Listen 监听端口是 80：

```
#cd   /etc/http/conf
```

```
#vim    httpd.conf
Listen 80
```

（4）在 httpd.conf 配置文件的末尾，加入以下配置：

```
Include   conf/vhost/*.conf
```

（5）新建 vhost 目录并切换至 vhost 目录中，利用 vim 编辑器新建且编辑每个域名的配置文件，并编辑其内容。

```
#mkdir   /etc/httpd/conf/vhost
#cd    vhost
#vim    exam.conf
```

exam.conf 作为第一个域名的配置文件，该文件内容如下：

```
<VirtualHost    192.168.137.5 >
ServerName    exam.excesoft.com
DocumentRoot      /var/www/html/exam
<Directory    "/var/www/html/exam">
    Options   Indexes   FollowSymLinks
    AllowOverride    None
Require   all   granted
</Directory>
</VirtualHost>
#vim    attendance.conf
```

attendance.conf 作为第二个域名的配置文件，该文件内容如下：

```
<VirtualHost    192.168.137.5>
ServerName     attendance.excesoft.com
DocumentRoot       /var/www/html/attendance
<Directory "/var/www/html/attendance">
    Options   Indexes   FollowSymLinks
  AllowOverride   None
Require   all   granted
</Directory>
</VirtualHost>
```

（6）用 httpd   -t 检查虚拟主机配置是否正确：

```
#httpd   -t
```

（7）重启 Apache 服务器，然后测试。

```
#systemctl   restart   httpd.service
```

测试：在浏览器地址栏分别输入 http://exam.excesoft.com 和 http://attendance.excesoft.com 后，可以看到相应首页。

2. 配置基于 IP 地址的虚拟主机

（1）为网卡添加多个 IP 地址：

```
#ip   addr   add 192.168.137.5/24 dev ens33
#ip   addr   add 192.168.137.6/24 dev ens33
```

测试 IP 地址是否连通：

```
#ping   192.168.137.5
#ping   192.168.137.6
```

（2）域名注册，在/etc/hosts 中追加两行：

```
192.168.137.5   exam.excesoft.com
192.168.137.6   attendance.excesoft.com
```

编辑完成后，使用 ping 命令测试所设置的域名是否生效：

```
ping   exam.excesoft.com
ping   attendance.excesoft.com
```

（3）将两个网站的所有元素复制到对应的站点根目录下，假设网站目前存放于/root 目录下。

```
#cd   /var/www/html
#cp   -r   /root/exam   exam
#cp   -r   /root/attendance   attendance
```

（4）切换到/etc/http/conf 目录下，在 httpd.conf 配置文件中，设置站点 Listen 监听端口是 80。

```
#cd   /etc/http/conf
#vim   httpd.conf
Listen 80
```

（5）在 httpd.conf 配置文件的末尾，加入以下配置：

```
Include   conf/vhost/*.conf
```

（6）新建 vhost 目录并切换至 vhost 目录中，利用 vim 编辑器新建且编辑每个域名的配置文件，并编辑其内容。

```
#mkdir   /etc/httpd/conf/vhost
#cd   vhost
#vim   exam.conf
```

exam.conf 作为第一个域名的配置文件，该文件内容如下：

```
<VirtualHost   192.168.137.5>
ServerName   exam.excesoft.com
DocumentRoot   /var/www/html/exam
<Directory   "/var/www/html/exam">
    Options   Indexes   FollowSymLinks
    AllowOverride   None
    Require   all   granted
</Directory>
</VirtualHost>
#vim   attendance.conf
```

attendance.conf 作为第二个域名的配置文件，该文件内容如下：

```
<VirtualHost   192.168.137.6>
ServerName   attendance.excesoft.com
DocumentRoot   /var/www/html/attendance
<Directory   "/var/www/html/attendance">
    Options   Indexes   FollowSymLinks
```

```
         AllowOverride  None
         Require  all  granted
    </Directory>
    </VirtualHost>
```

（7）用 httpd -t 检查虚拟主机配置是否正确：

```
#httpd  -t
```

（8）重启 Apache 服务器，然后测试。

```
#systemctl  restart  httpd.service
```

测试：在浏览器地址栏分别输入 http://exam.excesoft.com 和 http://attendance.excesoft.com 后，可以看到相应首页。

11.4.1 虚拟主机简介

虚拟主机是指在一个主机上运行多个 Web 站点，每个站点均有自己独立的域名，通过不同的域名可以访问不同的站点。虽然多个 Web 站点部署在同一台计算机内，但是对于用户是透明的。用户在访问时，只需要在浏览器中输入相应的域名即可。

虚拟主机主要分为两类：基于域名的虚拟主机和基于 IP 地址的虚拟主机。如果每个 Web 站点的 IP 地址相同，但是域名不同，则称为基于域名的虚拟主机；如果每个 Web 站点拥有不同的 IP 地址，则称为基于 IP 地址的虚拟主机。

11.4.2 基于域名的虚拟主机配置

基于域名的虚拟主机的配置相对比较简单，只需要将每个域名与同一个 IP 地址映射，然后配置 Apache 服务器，令其辨识不同的域名即可。同时基于域名的服务器也可以缓解 IP 地址不足的问题。

配置基于域名的虚拟主机的步骤可以归纳为以下 5 步。

1．域名注册

由于每个站点具有不同的域名，因此配置的第一步需要在系统中注册不同的域名，使系统可以区分域名对应的 IP 地址。域名的注册可以通过 DNS 服务器来实现。在本机实现时可以通过编写/etc/hosts 文件来实现。

2．设置 Listen 命令

在 http.conf 配置文件中设置 Listen 命令，通常情况下选择标准 80 端口来监听服务的请求。设置方法：

```
Listen  端口号
```

3．引用域名的配置文件

在 http.conf 配置文件中引用每个域名的配置文件，通常情况下可以引用指定目录下后缀为.conf 的文件。

设置方法：在 http.conf 文件的末尾增加

```
Include  conf/vhost/*.conf
```

4．为每个虚拟主机新建配置文件

在/etc/httpd/conf/vhost 目录下为每个虚拟主机新建一个配置文件，在配置文件中，使用<VirtualHost>容器定义每一个虚拟主机，<VirtualHost>容器中的 IP 地址必须与域名对应的 IP 地址保持一致。在<VirtualHost>容器中至少指定 ServerName、Directory 和 DocumentRoot 配置项，在 Directory 内部可指定 AllowOverride None（不可重写）、Options Indexes FollowSymLinks（可显示目录结构）、Require all granted（允许所有请求访问资源），另外可选择的配置有 ServerAdmin、ErrorLog、CustomLog、TransferLog、ServerAlias、ScrIPtAlias 等，大部分的配置命令都可以用在<VirtualHost>容器中，但是与进程相关的 PidFile、TypesConfig、ServerRoot 和 Listen 不能使用。

当有一个请求到达时，服务器会查找每一个与这个 IP 地址相对应的<VirtualHost>配置项，并尝试找出一个 ServerName 或 ServerAlias 配置项与请求的域名相同。若找到，则使用该虚拟主机的配置，并响应其访问请求，否则将使用符合这个 IP 地址的第一个列出的虚拟主机。由此可见，排在最前面的虚拟主机成为默认虚拟主机。

5. 重启 Apache 服务器并测试

执行命令#systemctl restart httpd.service 完成 Apache 服务器的重启操作，随后，在浏览器的地址栏输入网址，可以看到对应首页的内容。

11.4.3 基于 IP 地址的虚拟主机配置

基于 IP 地址的虚拟主机的配置相对比较复杂，除要将每个域名映射到正确的 IP 地址，令其辨识不同的域名外，还需要设置多个 IP 地址。

配置基于 IP 地址的虚拟主机的步骤可以归纳为以下 6 步。

1. 设置多个 IP 地址

设置多个 IP 地址的方法有多种，用虚拟网卡的方法可以实现，也可以使用"ip addr add"命令为网卡添加多个 IP 地址。

2. 域名注册

由于每个站点具有不同的域名，因此需要在系统中注册不同的域名，使系统可以区分域名对应的 IP 地址。域名的注册可以通过 DNS 服务器来实现。在本机实现时，可以通过编写/etc/hosts 文件来实现。

3. 设置 Listen 命令

在 http.conf 配置文件中设置 Listen 命令，通常情况下选择标准 80 端口来监听服务的请求。

设置方法：

```
Listen    端口号
```

其中，端口号是可选项，如果虚拟主机使用的不是标准 80 端口，需要在这里进行说明。

4. 引用域名的配置文件

在 http.conf 配置文件中引用每个域名的配置文件，通常情况下可以引用指定目录下后缀为.conf 的文件。

设置方法：在 http.conf 文件的末尾增加

```
Include    conf/vhost/*.conf
```

5. 为每个虚拟主机新建配置文件并定义一个<VirtualHost>容器

在/etc/httpd/conf/vhost 目录下为每个虚拟主机新建一个配置文件，在配置文件中，使用<VirtualHost>容器定义每一个虚拟主机，这与基于域名的虚拟主机配置步骤相似。

6. 重启 Apache 服务器并测试

与基于域名的虚拟主机配置步骤相似。

11.5 项目五：Nginx 服务器的安装与配置

【项目描述】

管理员将根据公司设计部需要再次发布项目考核信息发布网站的需求，在 Nginx 服务器上部署该网站。为了方便今后公司内部网站的部署和管理，仍旧采用基于域名的虚拟主机来配置站点。

网站设置本地域名：http://exam.excesoft.com，站点根目录：/var/www/html/exam，首页为根目录下的 index.html 页面。

当前服务器的 IP 地址是 192.168.137.5，使用标准 80 端口。

效果：在浏览器地址栏输入 http://exam.excesoft.com，可以看到项目考核信息发布网站首页。

【项目分析】

相对于 Apache 服务器，Nginx 服务器占用更少的内存及资源。由于其处理请求是异步非阻塞的，在高并发下能保持低资源、低消耗和高性能。

本项目首先使用 YUM 方式和源码包方式安装 Nginx 服务器，涉及的安装内容有 gcc-c++、pcre、pcre-devel、zlib、zlib-devel、openssl、openssl-devel 和 nginx，在服务器启动成功后，采用基于域名的虚拟主机方法，创建虚拟主机配置文件，内含虚拟主机监听的 IP 地址、端口、主机域名等信息，并修改 nginx.conf 配置文件，创建日志文件，修改/etc/hosts 配置文件，创建站点根目录及首页文件，从而实现该网站的配置。相关知识点见表 11.2。

表 11.2　相关知识点

序号	知识点	详见章节
1	了解 Nginx 服务器	11.5.1 节
2	掌握 Nginx 服务器安装方法	11.5.2 节
3	理解 Nginx 服务器的虚拟主机概念	11.5.3 节
4	理解虚拟主机的配置流程	11.5.3 节

【操作过程】

```
#yum  install  gcc-c++                        //安装 gcc
#yum  install  -y  pcre  pcre-devel           //安装 pcre 和 pcre-devel 库
#yum  install  -y  zlib  zlib-devel           //安装 zlib 和 zlib-devel 库
#yum  install  -y  openssl  openssl-devel     //安装 openssl 和 openssl-devel 库
#tar  -xzvf  nginx-1.12.1.tar.gz
#cd  nginx-1.12.1/
#./configure
#make
#make  install
#cd  /usr/local/nginx/sbin
#./nginx                                       //启动 Nginx 服务器
#cd  /usr/local/nginx/conf
#mkdir  vhost
```

```
#cd    vhost
#vim    exam.conf            //创建虚拟主机配置文件，内含虚拟主机监听的 IP 地址、端口、主机域名等信
                             息，类似 Apache 服务器中的<VirtualHost>。文件内容如下：
    server{
        listen    192.168.137.5;
        server_name    http://exam.excesoft.com;
        access_log             /data/logs/http://exam.excesoft.com.log  main;
        error_log    /data/logs/http://exam.excesoft.com.error.log;
        location    / {
            root    /var/www/html/exam;
            index index.html index.htm;
        }
    }
#vim    nginx.conf
```

在文件最后一个花括号内部，增加以下语句：

```
        include    vhost/*.conf
#mkdir   -p   /data/logs
#touch   /data/logs/http://exam.excesoft.com.log          //创建日志文件
#touch   /data/logs/http://exam.excesoft.com.error.log
#cd    /usr/local/nginx/sbin/
#./nginx   -t                              //检查服务器配置
#./nginx                                   //启动服务器
#vim    /etc/hosts                         //在最后一行增加内容
    192.168.137.5              http://exam.excesoft.com
#mkdir    -p   /var/www/html/exam          //创建站点根目录
```

此时打开浏览器，在地址栏输入 http://exam.excesoft.com，可以看到网站首页。

11.5.1 Nginx 服务器简介

Nginx 是一个高性能的 HTTP 和反向代理服务器，也是一个 IMAP/POP3/SMTP 服务器。Nginx 是由伊戈尔·赛索耶夫为俄罗斯访问量较大的 Rambler.ru 站点开发的，第一个公开版本 Nginx0.1.0 发布于 2004 年 10 月 4 日。Nginx 将源代码以类 BSD 许可证的形式发布，因它的稳定性、丰富的功能集、示例配置文件和低系统资源的消耗而闻名。2017 年 1 月，Nginx 1.11.9 版本发布。Nginx 可以在大多数 UNIX 和 Linux 系统上编译运行，并有 Windows 移植版。

Nginx 具有很多优越的特性：

① 在连接高并发的情况下，Nginx 服务器是 Apache 服务器很好的替代品，它能够支持高达 50000 个并发连接数的响应。

② Nginx 服务器作为负载均衡服务器，既可以在内部直接支持 Rails 和 PHP 程序对外进行服务，也可以支持作为 HTTP 代理服务器对外进行服务。Nginx 代码采用 C 语言编写，不论是系统资源开销还是 CPU 使用效率都比较优秀。

③ Nginx 代码已经移植到许多体系结构和操作系统中，包括 Linux、FreeBSD、Solaris、Mac OS X、AIX 及 Windows 等。Nginx 有自己的函数库，并且除 zlib、PCRE 和 OpenSSL 外，标准模

块只使用系统 C 库函数。而且，如果不需要或者考虑到潜在的授权冲突，可以不使用第三方库。

④ Nginx 服务器是一个安装简单、配置简洁、Bug 较少的服务器，几乎可以做到每天不间断运行。此外，还能够在不间断服务情况下进行软件版本的升级。

11.5.2 安装 Nginx 服务器

在一些 Linux 发行版和 BSD 的各个变种版本的安装包中都有 Nginx，通过各个系统自带的软件包管理方法即可安装。需要注意的是，很多预先编译好的安装包都比较陈旧，大多数情况下还是推荐直接从源码包编译。

Nginx 在安装时存在模块依赖性：gzip 模块需要 zlib 库，rewrite 模块需要 pcre 库，ssl 功能需要 openssl 库。

1. gcc 安装

安装 Nginx 服务器，需要先将官网下载的源码包进行编译，编译依赖 gcc 环境，如果没有 gcc 环境，则需要安装，安装过程如图 11.12 所示。

```
[root@localhost ~]# yum  install  gcc-c++
Installed:
  gcc-c++.x86_64 0:4.8.5-11.el7

Dependency Installed:
  cpp.x86_64 0:4.8.5-11.el7
  gcc.x86_64 0:4.8.5-11.el7
  glibc-devel.x86_64 0:2.17-157.el7_3.5
  glibc-headers.x86_64 0:2.17-157.el7_3.5
  kernel-headers.x86_64 0:3.10.0-514.26.2.el7
  libmpc.x86_64 0:1.0.1-3.el7
  libstdc++-devel.x86_64 0:4.8.5-11.el7

Dependency Updated:
  glibc.x86_64 0:2.17-157.el7_3.5       glibc-common.x86_64 0:2.17-157.el7_3.5

Complete!
```

图 11.12　安装 gcc

2. 语言兼容正则表达式安装

语言兼容正则表达式（Perl Compatible Regular Expressions，PCRE）是一个 Perl 库，包括 Perl 兼容的正则表达式库。Nginx 的 http 模块使用 pcre 库来解析正则表达式，所以需要在 Linux 系统中安装 pcre 库，pcre-devel 是使用 pcre 库开发的一个二次开发库。安装 pcre 库和 pcre-devel 库如图 11.13 所示。

```
[root@localhost ~]# yum  install  -y pcre  pcre-devel
Installed:
  pcre-devel.x86_64 0:8.32-15.el7_2.1

Complete!
```

图 11.13　安装 pcre 库和 pcre-devel 库

3. zlib 库安装

zlib 库提供了很多种压缩和解压缩方式，Nginx 使用 zlib 库对 http 包的内容进行 gzip，所以需要在 CentOS 上安装 zlib 库，如图 11.14 所示。

```
[root@localhost ~]# yum  install  -y zlib  zlib-devel
Installed:
  zlib-devel.x86_64 0:1.2.7-17.el7

Complete!
```

图 11.14　安装 zlib 库

4．openssl 库安装

openssl 库是一个强大的安全套接字层密码库，涵盖主要的密码算法、常用的密钥和证书封装管理功能及 SSL 协议，并提供丰富的应用程序，供测试或其他目的使用。

Nginx 不仅支持 HTTP 协议，还支持 HTTPS 即在安全套接字层协议（Secure Sockets Layer，SSL）上传输 HTTP 协议，所以需要在 CentOS 系统中安装 openssl 库，如图 11.15 所示。

```
[root@localhost ~]# yum  install  -y  openssl  openssl-devel
Installed:
  openssl-devel.x86_64 1:1.0.1e-60.el7_3.1

Dependency Installed:
  keyutils-libs-devel.x86_64 0:1.5.8-3.el7    krb5-devel.x86_64 0:1.14.1-27.el7_3
  libcom_err-devel.x86_64 0:1.42.9-9.el7      libselinux-devel.x86_64 0:2.5-6.el7
  libsepol-devel.x86_64 0:2.5-6.el7           libverto-devel.x86_64 0:0.2.5-4.el7

Updated:
  openssl.x86_64 1:1.0.1e-60.el7_3.1

Dependency Updated:
  krb5-libs.x86_64 0:1.14.1-27.el7_3     krb5-workstation.x86_64 0:1.14.1-27.el7_3
  libkadm5.x86_64 0:1.14.1-27.el7_3      openssl-libs.x86_64 1:1.0.1e-60.el7_3.1

Complete!
```

图 11.15　安装 openssl 库

5．Nginx 服务器安装

首先在 https://nginx.org/en/download.html 下载源码包 nginx-1.12.1.tar.gz，然后进行解压缩，如图 11.16 所示。

```
[root@localhost ~]# tar -xzvf nginx-1.12.1.tar.gz
[root@localhost ~]# cd nginx-1.12.1/
[root@localhost nginx-1.12.1]# █
```

图 11.16　解压源码包

接下来配置 Nginx 服务器，准备进行安装，安装过程采用传统的源码包的安装方法，如图 11.17 所示。

```
[root@localhost nginx-1.12.1]# ./configure
Configuration summary
  + using system PCRE library
  + OpenSSL library is not used
  + using system zlib library

  nginx path prefix: "/usr/local/nginx"
  nginx binary file: "/usr/local/nginx/sbin/nginx"
  nginx modules path: "/usr/local/nginx/modules"
  nginx configuration prefix: "/usr/local/nginx/conf"
  nginx configuration file: "/usr/local/nginx/conf/nginx.conf"
  nginx pid file: "/usr/local/nginx/logs/nginx.pid"
  nginx error log file: "/usr/local/nginx/logs/error.log"
  nginx http access log file: "/usr/local/nginx/logs/access.log"
  nginx http client request body temporary files: "client_body_temp"
  nginx http proxy temporary files: "proxy_temp"
  nginx http fastcgi temporary files: "fastcgi_temp"
  nginx http uwsgi temporary files: "uwsgi_temp"
  nginx http scgi temporary files: "scgi_temp"
[root@localhost nginx-1.12.1]# make
[root@localhost nginx-1.12.1]# make install
```

图 11.17　安装源码包

在安装 Nginx 服务器后，首先执行#whereis   nginx 命令查找安装路径，根据安装路径启动 Nginx 服务器，如图 11.18 所示。

```
[root@localhost nginx-1.12.1]# whereis  nginx
nginx: /usr/local/nginx
[root@localhost nginx-1.12.1]# cd  /usr/local/nginx/sbin/
[root@localhost sbin]# ./nginx
```

图 11.18   启动 Nginx 服务器

启动成功后，在浏览器可以看到如图 11.19 所示页面。

图 11.19   Nginx 服务器启动成功页面

11.5.3 配置 Nginx 服务器

与 Apache 服务器类似，Nginx 服务器支持多种虚拟主机配置方式，如基于 IP 地址的虚拟主机配置和基于域名的虚拟主机配置，本节主要以基于域名的虚拟主机配置为例说明此服务器的具体配置过程。例如，虚拟主机的域名为 www.test.com，IP 地址为 192.168.19.11，端口号为 80，站点目录为/data/www.test.com。

首先需要在/usr/local/nginx/conf 目录下新建目录vhost，在 vhost 目录中新建虚拟主机配置文件。如图 11.20 所示。

```
[root@localhost ~]# cd /usr/local/nginx/conf
[root@localhost conf]# mkdir vhost
[root@localhost conf]# cd vhost
[root@localhost vhost]# vim www.test.com.conf
```

图 11.20   新建目录 vhost 和虚拟主机配置文件

利用 vim 编辑器编辑 www.test.com.conf 文件的内容，如图 11.21 所示。

```
server{
        listen   192.168.19.11:80;
        server_name     www.test.com;
        access_log      /data/logs/www.test.com.log       main;
        error_log                 /data/logs/www.test.com.error.log;
        location  / {
             root  /data/www.test.com;
             index   index.html       index.htm;
}
}
```

图 11.21   www.test.com.conf 文件的内容

之后，将虚拟主机配置文件包含到主文件中，主文件是位于/usr/local/nginx/conf 目录下的 nginx.conf，利用 vim 命令打开文件，在 http 段中找到 log_format 及以下 3 行内容并删除每行前面的"#"，如图 11.22 所示。

```
http {
    include       mime.types;
    default_type  application/octet-stream;

    log_format  main  '$remote_addr - $remote_user [$time_local] "$request" '
                      '$status $body_bytes_sent "$http_referer" '
                      '"$http_user_agent" "$http_x_forwarded_for"';
```

图 11.22 nginx.conf 配置文件修改 1

此外，在 nginx.conf 文件末尾的最后一个花括号内，增加语句：include /vhost/*.conf，如图 11.23 所示。

```
            include /vhost/*.conf;
}
```

图 11.23 nginx.conf 配置文件修改 2

完成以上内容后，开始创建日志文件，当日志文件不存在时，服务器无法正确启动，如图 11.24 所示。

```
[root@localhost vhost]# mkdir  -p  /data/logs
[root@localhost vhost]# touch  /data/logs/www.test.com.log
[root@localhost vhost]# touch  /data/logs/www.test.com.error.log
```

图 11.24 创建日志文件

最后进行 Nginx 服务器的测试。首先测试配置文件，如图 11.25 所示。

```
[root@localhost vhost]# cd  /usr/local/nginx/sbin/
[root@localhost sbin]# ./nginx  -t
nginx: the configuration file /usr/local/nginx/conf/nginx.conf syntax is ok
nginx: configuration file /usr/local/nginx/conf/nginx.conf test is successful
[root@localhost sbin]# ./nginx
```

图 11.25 测试配置文件

然后，在/etc/hosts 文件中添加域名和 IP 地址的对应关系，如图 11.26 所示，在/etc/hosts 中增加最后一行内容。

```
[root@localhost sbin]# vim /etc/hosts
127.0.0.1    localhost localhost.localdomain localhost4 localhost4.localdomain4
::1          localhost localhost.localdomain localhost6 localhost6.localdomain6
192.168.19.11        www.test.com
```

图 11.26 /etc/hosts 文件操作

若 Nginx 服务器可以正常启动，可以创建虚拟主机目录，并创建测试文件，如图 11.27 所示。

```
[root@localhost sbin]# mkdir  -p  /data/www.test.com
[root@localhost sbin]# vim  /data/www.test.com/index.html
hello,this is index.html in  /data/www.test.com/
```

图 11.27 创建虚拟主机目录

然后启动浏览器，输入 http://192.168.19.11，可以看到 Nginx 服务器的主页显示内容为首页的内容。

本 章 小 结

本章由 5 个项目展开介绍，其中前 4 个项目是 Apache 服务器的安装过程、配置文件的使用方法、Web 站点的创建与发布过程及虚拟主机的设置、测试方法，最后一个项目是 Nginx 服务器的安装与配置方法。

Apache 服务器的安装过程中主要介绍了 Apache 服务器的背景和功能、使用 YUM 方式安装 Apache 服务器的方法、使用 systemctl 命令启动服务器的方法及软件包的安装位置。

Web 站点的创建与发布中主要解析了 Apache 服务器配置文件的基本内容、完成 Apache 服务器的基本配置和个性化站点的发布方法，其中主要涉及配置文件/etc/httpd/conf/httpd.conf 中的 DocumentRoot、DirectoryIndex、Listen 等配置项。

虚拟主机的设置中主要介绍了虚拟主机的含义、基于域名的虚拟主机设置及基于 IP 地址的虚拟主机设置的方法和步骤。

Nginx 服务器的安装与配置中主要介绍了 Nginx 服务器的背景与功能、使用源码包方式安装 Nginx 服务器的方法、采用基于域名的虚拟主机的配置方法，其中涉及虚拟主机配置文件、/usr/local/nginx/conf/nginx.conf 配置文件、日志文件、/etc/hosts 等内容的修改。

习 题 11

1．选择题

（1）配置 Apache 服务器时，若要设置 Web 站点的首页，应在配置文件中通过（   ）配置语句来实现。

A．ServerRoot   B．DocumentRoot

C．Listen   D．DirectoryIndex

（2）配置 Apache 服务器时，若要设置 Web 站点的监听端口号，应在配置文件中通过（   ）配置语句来实现。

A．ServerRoot   B．Listen

C．DocumentRoot   D．DirectoryIndex

（3）配置 Apache 服务器时，配置文件中的 DocumentRoot 配置项用来设置（   ）。

A．Web 站点根目录的位置   B．Web 站点的监听端口号

C．Web 站点的首页   D．Web 站点的域名

（4）启动 Apache 服务器的命令是（   ）。

A．systemctl   start   httpd.service   B．systemctl   restart   httpd.service

C．systemctl   status   httpd.service   D．systemctl   stop   httpd.service

2．填空题

（1）Apache 服务器的配置文件所在路径是＿＿＿＿＿＿。

（2）Nginx 服务器的配置文件名称是＿＿＿＿＿＿。

（3）Apache 服务器的配置文件修改完成后，需要通过＿＿＿＿＿＿命令判断该配置是正确的。

3．简答题

（1）简述 Apache 服务器配置虚拟主机的方法。

（2）简述基于域名的虚拟主机和基于 IP 地址的虚拟主机两者之间的区别。

上机实践 11

1．在 Apache 服务器上创建 Web 站点/var/www/html/myjob，在站点下创建网站首页 myjob.html，编辑页面内容为"It is my homepage！"。

效果：在浏览器地址栏输入 http://localhost 后，可以看到 myjob.html 页面内容。

2．配置基于 IP 地址的虚拟主机：在 192.168.75.128 地址上配置 test1 站点，域名为 www.test1.com，默认站点根目录为/var/www/html/test1，使用 80 端口；在 192.168.75.228 地址上配置 test2 站点，域名为 www.test2.com，

默认站点根目录为/var/www/html/test2，使用 80 端口。

效果：在浏览器地址栏输入 http:// www. test1.com，可以看到 test1 站点的首页，输入 http:// www. test2.com，可以看到 test2 站点的首页。

3. 配置 Nginx 服务器：设置本地域名为 www.test.com，站点根目录为/data/www.test.com，首页为根目录下的 index.html 页面。当前服务器的 IP 地址是 192.168.137.25，使用标准 80 端口。

效果：在浏览器地址栏输入 http://192.168.137.25，可以看到站点的首页。

第12章 MySQL 服务器

Linux 系统中可以安装多种关系数据库管理系统（Relational Database Management System，RDBMS），如 Oracle、MySQL、PostSQL 和 DB2 等。其中，MySQL 是最具有竞争力的数据库，它是一个高性能、多线程、多用户、建立在客户/服务器结构上的 RDBMS，是专门为速度和稳定性而设计的小型数据库。目前，MySQL 服务器已经在商业、教育、科学和工程领域得到了广泛的应用。本章将介绍在 CentOS Linux 7 系统中安装和配置 MySQL 服务器的过程，主要包括以下知识点：

- MySQL 服务器的安装与测试（重点、难点）；
- 数据库的创建与操作（重点）；
- 数据库的权限管理（重点）；
- 数据库的备份与恢复（重点）。

12.1 项目一：MySQL 服务器的安装与启动

【项目描述】

某公司设计部需要在服务器上部署一个用于发布项目考核信息的网站，在该网站上实现员工对考核内容的选择和考核成绩的查询等基本操作。为此，除需要部署前台相关 Web 服务外，还需要部署后台的数据库服务。管理员选取目前比较常用的数据库 MySQL，因此需要对 MySQL 服务器进行安装并测试。

【项目分析】

该项目是搭建后台 MySQL 服务器的第一步，由于安装 MySQL 服务器需要的 RPM 包较多，存在包依赖的问题，因此这里采用 YUM 方式来完成安装。安装后，启动 MySQL 服务器并进行测试。相关知识点见表 12.1。

表 12.1 相关知识点

序号	知识点	详见章节
1	了解 MySQL 数据库	12.1.1 节
2	安装 MySQL 服务器的过程	12.1.2 节
3	管理 mysqld 服务	12.1.3 节
4	测试 MySQL 服务器	12.1.4 节
5	重置 MySQL 服务器管理员 root 密码	12.1.5 节

【操作过程】

由于 CentOS Linux 7 默认的 YUM 库中没有 MySQL 资源，因此需要到 https://dev.mysql.com/downloads/repo/yum/ 下载 MySQL 的 YUM 库文件：mysql57-community-release- el7-11.noarch.rpm。

```
#yum  localinstall  mysql57-community-release-el7-11.noarch.rpm    //安装 MySQL 资源
#yum install mysql-community-server    //安装 MySQL 服务器
```

```
#systemctl start mysqld.service          //开启 MySQL 服务器,注意服务器名为 mysqld
#systemctl enable    mysqld.service      //设置 MySQL 服务器自启动
#cat /var/log/mysqld.log|grep password   //查看 MySQL 服务器中 root 用户的默认密码
#mysql -u root -p                        //使用默认密码登录 MySQL 服务器
mysql>set password for root@localhost=password('MYsql123!');  //修改 root 登录 MySQL 服务器的密码
```

12.1.1 MySQL 数据库简介

MySQL 由瑞典 MySQL AB 公司开发,是一个开放源码的小型关系数据库管理系统。关系数据库将数据保存在不同的表中,而不是将所有数据放在一个大仓库内,这样就增加了对数据库的访问速度并提高了灵活性。由于 MySQL 具有体积小、速度快、拥有成本低等特点,许多中小型网站为了降低网站总体成本而选择 MySQL 作为网站数据库。

12.1.2 安装 MySQL 服务器

1. YUM 方式安装 MySQL 服务器

由于安装 MySQL 服务器涉及的软件包较多,相互之间存在包依赖,因此这里采用 YUM 方式来安装。但是由于在 CentOS Linux 7 的 YUM 库中默认是没有 MySQL 服务的,因此在安装 MySQL 服务器时首先需要到 https://dev.mysql.com/downloads/repo/yum/上下载 MySQL 的 YUM 库文件:mysql57-community-release-el7-11.noarch.rpm,然后进行安装,安装命令如下:

```
#yum localinstall mysql57-community-release-el7-11.noarch.rpm
```

在安装 mysql57-community-release-el7-11.noarch.rpm 后,可以使用下面的命令来检查 MySQL 服务器的 YUM 库安装是否正确,安装正确的执行结果如图 12.1 所示。

```
#yum repolist enabled | grep "mysql"
```

```
[root@localhost ~]# yum repolist enabled | grep "mysql"
!mysql-connectors-community/x86_64      MySQL Connectors Community          36
!mysql-tools-community/x86_64           MySQL Tools Community               47
!mysql57-community/x86_64               MySQL 5.7 Community Server         207
```

图 12.1 YUM 库安装正确的执行结果

然后执行#yum   install   mysql-community-server 命令安装 MySQL 服务器,在此过程中会安装多个软件包,直到出现安装成功提示。

2. 源码包方式安装 MySQL 服务器

采用源码包方式安装 MySQL 服务器的方法较复杂,这里以安装 MySQL 5.7 版本为例介绍从官网上下载含 boost 的源码包,下载地址为 https://dev.mysql.com/downloads/mysql/ 5.7.html,下载位置如图 12.2 所示。

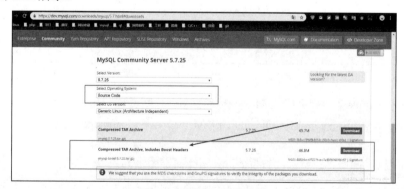

图 12.2 源码包下载位置

下载完成后，在终端中依次完成如下操作：

```
#useradd -s /sbin/nologin mysql                          //添加用户
#mkdir -p /data/mysql/data                               //建立所需目录
#chown -R mysql:mysql /data/mysql                        //更改所有者为 mysql
#mkdir /usr/local/mysql                                  //建立所需安装目录
#tar -xzvf mysql-boost-5.7.37.tar.gz -C /usr/local/mysql //将下载好的 mysql 解压到/usr/local/mysql 目录下
#cd /usr/local/mysql/mysql-5.7.37/                       //切换到/usr/local/mysql 目录下
#yum install -y   gcc gcc-c++ cmake ncurses ncurses-devel bison    //安装所需的依赖包
#yum install –y openssl openssl-devel ncurses ncurses-devel        //安装所需的依赖包
#cmake -DDEFAULT_CHARSET=utf8 -DDEFAULT_COLLATION=utf8_general_ci -DWITH_BOOST= boost
                                                         //配置
#make && make install                                    //编译安装
```

接下来继续对 MySQL 服务器进行配置。

首先，使用 vim   /etc/my.cnf 命令编辑/etc/my.cnf 文件，文件内容如下：

```
[client]
port           = 3306
socket         = /tmp/mysql.sock
[mysqld]
port           = 3306
socket         = /tmp/mysql.sock
user = mysql
basedir = /usr/local/mysql
datadir = /data/mysql/data
pid-file = /data/mysql/mysql.pid
log_error = /data/mysql/mysql-error.log
slow_query_log = 1
long_query_time = 1
slow_query_log_file = /data/mysql/mysql-slow.log
skip-external-locking
key_buffer_size = 32M
max_allowed_packet = 1024M
table_open_cache = 128
sort_buffer_size = 768K
net_buffer_length = 8K
read_buffer_size = 768K
read_rnd_buffer_size = 512K
myisam_sort_buffer_size = 8M
thread_cache_size = 16
query_cache_size = 16M
tmp_table_size = 32M
performance_schema_max_table_instances = 1000
```

```
explicit_defaults_for_timestamp = true
#skip-networking
max_connections = 500
max_connect_errors = 100
open_files_limit = 65535
log_bin=mysql-bin
binlog_format=mixed
server_id      = 232
expire_logs_days = 10
early-plugin-load = ""
default_storage_engine = InnoDB
innodb_file_per_table = 1
innodb_buffer_pool_size = 128M
innodb_log_file_size = 32M
innodb_log_buffer_size = 8M
innodb_flush_log_at_trx_commit = 1
innodb_lock_wait_timeout = 50
[mysqldump]
quick
max_allowed_packet = 16M
[mysql]
no-auto-rehash
[myisamchk]
key_buffer_size = 32M
sort_buffer_size = 768K
read_buffer = 2M
write_buffer = 2M
```

然后继续执行以下指令：

```
#chown -R mysql:mysql /usr/local/mysql          //把安装目录用户和组更改为 mysql
#cd ../bin                                       //切换到 bin 目录
#./mysqld --initialize-insecure --user=mysql --basedir=/usr/local/mysql --datadir=/data/mysql/data
                                                 //初始化 mysql
#cd ../support-files/                            //切换到 support-files 目录
#cp mysql.server /etc/init.d/mysqld              //复制可执行配置文件
```

此时已完成 MySQL 服务器的配置。

12.1.3 管理 mysqld 服务

MySQL 服务器安装成功后，需要启动相应的服务才能做进一步的操作。管理 MySQL 服务器的服务是 mysqld。可以采用 systemctl 命令对其进行管理，常见操作包括启动、停止、重新启动、查看状态、设置自启动等。相关命令依次如下：

```
#systemctl   start   mysqld.service          //启动 mysqld 服务
```

```
#systemctl   stop    mysqld.service          //停止 mysqld 服务
#systemctl   restart  mysqld.service          //重新启动 mysqld 服务
#systemctl   status   mysqld.service          //查看 mysqld 服务状态
#systemctl   enable   mysqld.service          //设置 mysqld 服务开机自启动
#systemctl   disable  mysqld.service          //禁止 mysqld 服务开机自启动
```

12.1.4　测试登录 MySQL 服务器

MySQL 5.7 之前的版本安装后，root 用户登录时默认是没有密码的。可以在启动 MySQL 服务器后，运行#mysql 命令进行登录并修改 root 密码，进而对 MySQL 服务器做其他操作。但是，MySQL 5.7 在安装过程中除创建数据库超级管理员"root@localhost"外，还为数据库超级管理员生成了默认的密码，该密码保存在/var/log/mysqld.log 文件中。

因此在测试登录 MySQL 服务器之前，需要到/var/log/mysqld.log 文件中查看默认密码，如图 12.3 所示。

```
[root@localhost ~]# cat /var/log/mysqld.log| grep password
2017-07-23T05:29:20.434993Z 1 [Note] A temporary password is generated for root@
localhost: uyMntxV%!1d8
```

图 12.3　查看数据库超级管理员 root@localhost 的默认密码

图 12.3 显示的默认密码是"uyMntxV%!1d8"。取得该密码后，再执行#mysql 命令登录数据库。mysql 命令位于/usr/bin 目录下，用来登录本地或远程的 MySQL 服务器。在登录过程中输入默认密码，出现 mysql>提示符，表示登录成功，如图 12.4 所示。

```
[root@localhost ~]# mysql -u root -p
Enter password:
Welcome to the MySQL monitor.  Commands end with ; or \g.
Your MySQL connection id is 4
Server version: 5.7.19 MySQL Community Server (GPL)

Copyright (c) 2000, 2017, Oracle and/or its affiliates. All rights reserved.

Oracle is a registered trademark of Oracle Corporation and/or its
affiliates. Other names may be trademarks of their respective
owners.

Type 'help;' or '\h' for help. Type '\c' to clear the current input statement.

mysql>
```

图 12.4　成功登录 MySQL 数据库

12.1.5　重置 MySQL 服务器管理员 root 密码

测试登录 MySQL 服务器成功后，需要重置 root 密码，才能执行其他操作。在设置密码时，注意MySQL 服务器的默认密码策略要求密码必须包含大小写字母、数字和特殊符号，并且长度不能少于 8 位。否则会提示 ERROR 1819 (HY000): Your password does not satisfy the current policy requirements 错误。

重置 root 密码操作如图 12.5 所示。

```
mysql> set password for root@localhost=password('MYsql123!');
Query OK, 0 rows affected, 1 warning (0.00 sec)
```

图 12.5　重置 root 密码操作

12.2 项目二：数据库的创建与使用

【项目描述】

在项目一基础上，管理员准备在 MySQL 数据库中创建项目考核信息发布网站需要的数据库（couman）和相关数据表。数据表包括：employee（员工信息）表、exam（考核内容）表、scores（员工考核信息）表，各个表的结构如下。

employee 表，字段：eno（员工号）、ename（姓名）、sex（性别）、groups（项目组）。

exam 表，字段：exid（内容序号）、cname（考核内容）。

scores 表，字段：scid（序号）、eno（员工号）、exid（内容序号）、score（成绩）。

数据表创建成功后，管理员将对数据进行增、删、改、查的测试。

【项目分析】

本项目主要涉及 MySQL 数据库中基本的 SQL 操作，首先需要创建数据库（couman）和数据表（employee 表、exam 表、scores 表），在创建数据表时要完成对数据完整性的约束，然后对数据进行测试。相关知识点主要涉及 MySQL 数据库的使用和 SQL 语言，见表 12.2。

表 12.2 相关知识点

序号	知识点	详见章节
1	数据库的创建	12.2.1 节
2	数据表的创建	12.2.2 节
3	对数据的增、删、改、查操作	12.2.3 节

【操作过程】

```
#mysql -u root -p            //登录 MySQL 服务器
mysql>create database couman;            //创建 couman 数据库
mysql>show databases;            //显示目前所有数据库的列表
mysql>use couman;            //选择 couman 数据库
mysql>create table employee (eno varchar(10) not null,ename varchar(30) not null, sex int(5) default   0 ,
groups varchar(20),primary key(eno));            //创建 employee 表，eno、ename 字段不为空，sex 字段默认值为0
mysql>describe employee ;            //查看 employee 表结构
mysql>create table exam(exid varchar(10) not null,exname varchar(50) not null ,primary key (exid));
                         //创建 exam 表，exid、exname 字段不为空
mysql>describe exam;            //查看 exam 表结构
mysql>create table scores(scid int(10) not null auto_increment,eno varchar(10) not null,exid varchar(10) not
null,score int(5),primary key (scid), constraint foreign key (exid) references exam(exid) , constraint foreign key (eno)
references employee(eno));            //创建 scores 表，设置 scid 字段为自动递增主键，eno、exid 字段为
                         外键，不为空
mysql>describe scores;            //查看 scores 表结构
mysql>show tables;            //显示所有的表
mysql>insert into employee   (eno,ename,sex,groups) values(1001,'wangli',1,'dgroup01');
                         //向 employee 表插入数据
mysql>insert into employee   (eno,ename,sex,groups) values(1002,'liuning',1,'dgroup01');
mysql>insert into employee   (eno,ename,sex,groups) values(1003,'zhangqi',0,'dgroup02');
```

```
mysql>select * from employee;          //查看 employee 表中内容
mysql>insert into exam (exid,exname) values(10001,'test');          //向 exam 表插入数据
mysql>insert into exam (exid,exname) values(10002,'program');
mysql>insert into exam (exid,exname) values(10003,'english');
mysql>select * from exam;          //查看 exam 表中内容
mysql>insert into scores (eno,exid,score) values(1001,10001,87);          //向 scores 表插入数据
mysql>insert into scores (eno,exid,score) values(1001,10002,94);
mysql>insert into scores (eno,exid,score) values(1002,10003,72);
mysql>insert into scores (eno,exid,score) values(1003,10001,85);
mysql>select * from scores;          //查看 scores 表中内容
```

12.2.1 数据库操作

在使用数据库存储数据之前，首先要完成数据库的创建，然后在数据库中创建数据表，才能通过对数据的增、删、改、查来完成对数据库信息的使用。同时作为数据库管理员，还需要对数据库的权限、备份等进行管理，这些由结构化查询语言（Structured Query Language，SQL）完成。

对数据库的常用操作包括创建数据库、选择数据库和删除数据库。

1. 创建数据库

登录数据库后，使用"create database 数据库名;"完成对数据库的创建。然后可以使用"show databases;"命令来查看目前所有数据库的信息，如图 12.6 所示。

```
mysql> create database couman;
Query OK, 1 row affected (0.48 sec)

mysql> show databases;
+--------------------+
| Database           |
+--------------------+
| information_schema |
| couman             |
| mysql              |
| performance_schema |
| sys                |
+--------------------+
5 rows in set (0.05 sec)
```

图 12.6　创建并显示数据库

MySQL 数据库默认自带 4 个数据库：information_schema 数据库，提供了访问数据库元数据的方式；mysql 数据库，存储授权表；performance_schema 数据库，存储数据库性能参数；sys 数据库，存储数据库性能数据，用来提升数据库的性能。

2. 选择数据库

当需要对某一数据库进行操作时，首先需要选择该数据库，使用"use 数据库名;"命令来完成。选择 couman 数据库的操作如图 12.7 所示。

```
mysql> use couman;
Database changed
```

图 12.7　选择 couman 数据库

3. 删除数据库

使用"drop database 数据库名;"命令删除指定数据库。删除 couman 数据库的操作如

图 12.8 所示，删除数据库时，连同数据库里的所有数据表（包括其中的数据）和数据库目录都将被删除。

```
mysql> drop database couman;
Query OK, 0 rows affected (0.05 sec)
```

图 12.8 删除 couman 数据库

当删除不存在的数据库时，会提示错误信息。为了避免这种情况的发生，可以在命令中添加 if exists 子句，如图 12.9 所示。

```
mysql> drop database couman;
ERROR 1008 (HY000): Can't drop database 'couman'; database doesn't exist
mysql> drop database if exists couman;
Query OK, 0 rows affected, 1 warning (0.00 sec)
```

图 12.9 使用 if exists 子句删除 couman 数据库

12.2.2 数据表操作

创建数据库后，需要进一步创建和管理数据表。每个表由行和列组成，每一行是一条记录，每个记录包含多个列（字段）。对数据表的常用操作包括创建表、修改表、复制表和删除表。

1. 创建表

创建表的 SQL 语句格式：

```
create table 表名(字段名 1 字段类型[字段约束],
                字段名 2 字段类型[字段约束],...,
                字段名 n 字段类型[字段约束],
                [表约束]) [Type|Engine=表类型|存储引擎];
```

其中字段类型，也称作列类型，规定了某个字段所允许输入的数据类型。常用的字段类型见表 12.3。

表 12.3 常用的字段类型

字段类型	说　　明
INT	整型，4 字节
FLOAT	数值类型，支持浮点数或小数
DOUBLE	数值类型，支持双精度浮点数
TIME	HH:MM:SS 格式的时间字段
DATE	YYYYMMDD 格式的日期字段
CHAR(n)	固定长度字符串类型，最大长度为 255
VARCHAR(n)	可变长度字符串类型，最大长度为 255
YEAR	YYYY 或 YY 格式的年字段
BLOB	可变数据的二进制类型
ENUM	枚举类型

字段约束用于进一步约束某个字段允许输入的数据，常见的字段约束见表 12.4。

表 12.4 常见的字段约束

字段约束	说　　明
Null（或 Not Null）	允许字段为空或不为空，默认为 Null
Default	指定字段的默认值
Auto_Increment	设置 INT 型字段能够自动生成递增 1 的整数

表约束用于确定表的主键、外键和索引等，见表 12.5。

表类型指明了表中数据的存储格式，MySQL 支持多个存储引擎作为不同类型的处理器。默认为"MyISAM"处理器，对应的存储引擎为"MyISAM"。表 12.6 列出了常用的表存储引擎。

表 12.5　表约束

表约束	说明
Primary Key	指定主键
Foreign Key	指定外键
Index	指定索引
Unique	指定唯一索引
Fulltext	指定全文索引

表 12.6　常用的表存储引擎

表存储引擎	说明
ARCHIVE	档案存储引擎
BDB	带页面锁定的事物安全表
CSV	值之间用逗号隔开的表
EXAMPLE	示例引擎
MyISAM	二进制存储引擎

一旦数据库创建成功，会在/var/lib/mysql 目录下生成一个与数据库同名的目录。表创建成功后，会在该目录中生成"表名.frm"文件表示新建的表格式，"表名.MYD"文件表示数据信息，"表名.MYI"文件表示索引，见表 12.7。

在项目二中创建 employee（员工信息）表，字段：eno（员工号）、ename（姓名）、sex（性别）、groups（项目组）；

exam（考核内容）表，字段：exid（内容序号）、exname（考核内容）；

scores（员工考核信息）表，字段：scid（序号）、eno（员工号）、exid（内容序号）、score（成绩）。

创建过程如图 12.10～图 12.12 所示。

表 12.7　MyISAM 表文件

文件	说明
表名.frm	表格式（定义）文件
表名.MYD	数据文件
表名.MYI	索引文件

```
mysql> create table employee (eno varchar(10) not null,ename varchar(30) not null,
 sex int(5) default  0 , groups varchar(20),primary key(eno));
Query OK, 0 rows affected (0.08 sec)

mysql> describe employee ;
+--------+-------------+------+-----+---------+-------+
| Field  | Type        | Null | Key | Default | Extra |
+--------+-------------+------+-----+---------+-------+
| eno    | varchar(10) | NO   | PRI | NULL    |       |
| ename  | varchar(30) | NO   |     | NULL    |       |
| sex    | int(5)      | YES  |     | 0       |       |
| groups | varchar(20) | YES  |     | NULL    |       |
+--------+-------------+------+-----+---------+-------+
4 rows in set (0.09 sec)
```

图 12.10　创建 employee 表

```
mysql> create table exam(exid varchar(10) not null,exname varchar(50) not null ,
primary key (exid));
Query OK, 0 rows affected (0.01 sec)

mysql> describe exam;
+--------+-------------+------+-----+---------+-------+
| Field  | Type        | Null | Key | Default | Extra |
+--------+-------------+------+-----+---------+-------+
| exid   | varchar(10) | NO   | PRI | NULL    |       |
| exname | varchar(50) | NO   |     | NULL    |       |
+--------+-------------+------+-----+---------+-------+
2 rows in set (0.00 sec)
```

图 12.11　创建 exam 表

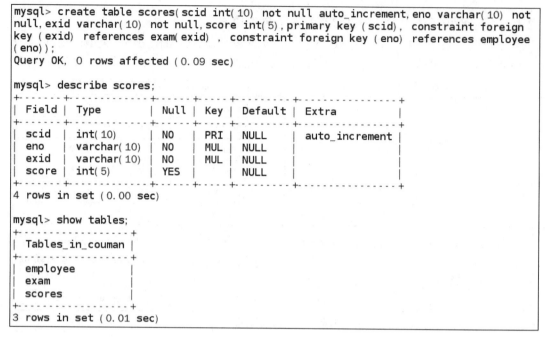

```
mysql> create table scores( scid int( 10) not null auto_increment,eno varchar( 10) not
null,exid varchar( 10) not null,score int( 5) , primary key ( scid) , constraint foreign
key ( exid) references exam( exid) , constraint foreign key ( eno) references employee
( eno) ) ;
Query OK, 0 rows affected (0.09 sec)

mysql> describe scores;
+--------+-----------+------+------+---------+----------------+
| Field  | Type      | Null | Key  | Default | Extra          |
+--------+-----------+------+------+---------+----------------+
| scid   | int( 10)  | NO   | PRI  | NULL    | auto_increment |
| eno    | varchar( 10)| NO | MUL  | NULL    |                |
| exid   | varchar( 10)| NO | MUL  | NULL    |                |
| score  | int( 5)   | YES  |      | NULL    |                |
+--------+-----------+------+------+---------+----------------+
4 rows in set (0.00 sec)

mysql> show tables;
+------------------+
| Tables_in_couman |
+------------------+
| employee         |
| exam             |
| scores           |
+------------------+
3 rows in set (0.01 sec)
```

图 12.12　创建 scores 表

其中 "describe 表名" 用于查看所创建的表的结构，"show tables" 用于列出已经创建的表。

2．修改表

修改表的 SQL 语句格式：

alter table　表名　操作 1[,操作 2,...];

可以对表的结构进行修改，包括添加、删除或修改字段，更改表名或类型等。操作包括 add、change、modify、drop 和 rename 等。

例如，在 employee 表中增加一个字段 email，可以使用 add，如图 12.13 所示。

```
mysql> alter  table employee add email varchar( 20) ;
Query OK, 0 rows affected (0.56 sec)
Records: 0  Duplicates: 0  Warnings: 0

mysql> describe employee ;
+--------+-----------+------+-----+---------+-------+
| Field  | Type      | Null | Key | Default | Extra |
+--------+-----------+------+-----+---------+-------+
| eno    | varchar( 10)| NO | PRI | NULL    |       |
| ename  | varchar( 30)| NO |     | NULL    |       |
| sex    | int( 5)   | YES  |     | 0       |       |
| groups | varchar( 20)| YES|     | NULL    |       |
| email  | varchar( 20)| YES|     | NULL    |       |
+--------+-----------+------+-----+---------+-------+
5 rows in set (0.04 sec)
```

图 12.13　在 employee 表中增加一个字段 email

使用 change 把 employee 表中的字段 email 改为 mail，如图 12.14 所示。

使用 modify 把 employee 表中字段 mail 的类型改为 char(50)，如图 12.15 所示。

使用 drop 删除 employee 表中的 mail 字段，如图 12.16 所示。

使用 rename 更改数据库的表名，将 employee 表名改为 employee_info，如图 12.17 所示。

```
mysql> alter  table employee change  email mail varchar(20) ;
Query OK, 0 rows affected (0.01 sec)
Records: 0  Duplicates: 0  Warnings: 0

mysql> describe employee ;
+---------+-------------+------+-----+---------+-------+
| Field   | Type        | Null | Key | Default | Extra |
+---------+-------------+------+-----+---------+-------+
| eno     | varchar(10) | NO   | PRI | NULL    |       |
| ename   | varchar(30) | NO   |     | NULL    |       |
| sex     | int(5)      | YES  |     | 0       |       |
| groups  | varchar(20) | YES  |     | NULL    |       |
| mail    | varchar(20) | YES  |     | NULL    |       |
+---------+-------------+------+-----+---------+-------+
5 rows in set (0.01 sec)
```

图 12.14　把 employee 表中的字段 email 改为 mail

```
mysql> alter  table employee modify   mail char(50) ;
Query OK, 0 rows affected (0.09 sec)
Records: 0  Duplicates: 0  Warnings: 0

mysql> describe employee ;
+---------+-------------+------+-----+---------+-------+
| Field   | Type        | Null | Key | Default | Extra |
+---------+-------------+------+-----+---------+-------+
| eno     | varchar(10) | NO   | PRI | NULL    |       |
| ename   | varchar(30) | NO   |     | NULL    |       |
| sex     | int(5)      | YES  |     | 0       |       |
| groups  | varchar(20) | YES  |     | NULL    |       |
| mail    | char(50)    | YES  |     | NULL    |       |
+---------+-------------+------+-----+---------+-------+
5 rows in set (0.01 sec)
```

图 12.15　把 employee 表中字段 mail 的类型改为 char

```
mysql> alter  table employee drop mail;
Query OK, 0 rows affected (0.07 sec)
Records: 0  Duplicates: 0  Warnings: 0

mysql> describe employee ;
+---------+-------------+------+-----+---------+-------+
| Field   | Type        | Null | Key | Default | Extra |
+---------+-------------+------+-----+---------+-------+
| eno     | varchar(10) | NO   | PRI | NULL    |       |
| ename   | varchar(30) | NO   |     | NULL    |       |
| sex     | int(5)      | YES  |     | 0       |       |
| groups  | varchar(20) | YES  |     | NULL    |       |
+---------+-------------+------+-----+---------+-------+
4 rows in set (0.00 sec)
```

图 12.16　删除 employee 表中的 mail 字段

```
mysql> alter  table employee rename to employee_info;
Query OK, 0 rows affected (0.03 sec)

mysql> show tables;
+------------------+
| Tables_in_couman |
+------------------+
| employee_info    |
| exam             |
| scores           |
+------------------+
3 rows in set (0.01 sec)
```

图 12.17　将 employee 表名改为 employee_info

3．复制表

复制表的 SQL 语句格式：

create table　新表名　like　原表名；

复制的内容包括表结构、表中的数据和约束。

例如，将 employee_info 表复制为另一个 employee 表，如图 12.18 所示。

```
mysql> create table employee like employee_info;
Query OK, 0 rows affected (0.09 sec)

mysql> show tables;
+-------------------+
| Tables_in_couman  |
+-------------------+
| employee          |
| employee_info     |
| exam              |
| scores            |
+-------------------+
4 rows in set (0.01 sec)
```

图 12.18　将 employee_info 表复制为另一个 employee 表

4．删除表

删除表的 SQL 语句格式：

drop table 表名 1[,表名 2,...];

用于删除一个或多个已存在的表，表结构和表中的数据都将被删除。

例如，删除 employee_info 表，如图 12.19 所示。

```
mysql> drop table employee_info;
Query OK, 0 rows affected (0.04 sec)

mysql> show tables;
+-------------------+
| Tables_in_couman  |
+-------------------+
| employee          |
| exam              |
| scores            |
+-------------------+
3 rows in set (0.00 sec)
```

图 12.19　删除 employee_info 表

12.2.3　处理表数据

创建数据库和表后，下一步就是处理数据。一般情况下，需要使用 SQL 语句来插入、更新、查询和删除数据库中的记录，在这里仅简单介绍。

1．插入记录

插入记录的 SQL 语句格式：

insert into 表名 (字段 1,字段 2,...,字段 n)
　　　values (字段 1 的值,字段 2 的值,...,字段 n 的值);

例如，分别向 employee 表、exam 表、scores 表中插入记录，如图 12.20～图 12.22 所示。

```
mysql> insert into employee  (eno, ename, sex, groups) values( 1001, 'wangli', 1, 'dgroup01');
Query OK, 1 row affected (0.01 sec)

mysql> insert into employee  (eno, ename, sex, groups) values( 1002, 'liuning', 1, 'dgroup01');
Query OK, 1 row affected (0.01 sec)

mysql> insert into employee  (eno, ename, sex, groups) values( 1003, 'zhangqi', 0, 'dgroup02');

Query OK, 1 row affected (0.00 sec)

mysql> select * from employee;
+------+---------+-----+----------+
| eno  | ename   | sex | groups   |
+------+---------+-----+----------+
| 1001 | wangli  |   1 | dgroup01 |
| 1002 | liuning |   1 | dgroup01 |
| 1003 | zhangqi |   0 | dgroup02 |
+------+---------+-----+----------+
3 rows in set (0.00 sec)
```

图 12.20　向 employee 表中插入记录

```
mysql> insert into exam (exid, exname) values( 10001, 'test' );
Query OK, 1 row affected (0.00 sec)

mysql> insert into exam (exid, exname) values( 10002, 'program' );
Query OK, 1 row affected (0.01 sec)

mysql> insert into exam (exid, exname) values( 10003, 'english' );
Query OK, 1 row affected (0.01 sec)

mysql> select * from exam;
+-------+---------+
| exid  | exname  |
+-------+---------+
| 10001 | test    |
| 10002 | program |
| 10003 | english |
+-------+---------+
3 rows in set (0.00 sec)
```

图 12.21　向 exam 表中插入记录

```
mysql> insert into scores (eno, exid, score) values( 1001, 10001, 87 );
Query OK, 1 row affected (0.02 sec)

mysql> insert into scores (eno, exid, score) values( 1001, 10002, 94 );
Query OK, 1 row affected (0.01 sec)

mysql> insert into scores (eno, exid, score) values( 1003, 10001, 85 );
Query OK, 1 row affected (0.00 sec)

mysql> insert into scores (eno, exid, score) values( 1002, 10003, 72 );
Query OK, 1 row affected (0.01 sec)

mysql> select * from scores;
+------+------+-------+-------+
| scid | eno  | exid  | score |
+------+------+-------+-------+
|    1 | 1001 | 10001 |    87 |
|    2 | 1001 | 10002 |    94 |
|    3 | 1003 | 10001 |    85 |
|    4 | 1002 | 10003 |    72 |
+------+------+-------+-------+
4 rows in set (0.00 sec)
```

图 12.22　向 scores 表中插入记录

2．更新记录

更新记录的 SQL 语句格式：

update 表名 set 字段名 1=值,字段名 2=值,...,字段名 n=值,where 匹配条件;

例如，修改 employee 表中 wangli 的姓名为 wanglili，项目组改为 dgroup02，如图 12.23 所示。

```
mysql> update employee set ename='wanglili', groups='dgroup02' where ename='wangli';
Query OK, 1 row affected (0.37 sec)
Rows matched: 1  Changed: 1  Warnings: 0

mysql> select * from employee;
+------+----------+------+----------+
| eno  | ename    | sex  | groups   |
+------+----------+------+----------+
| 1001 | wanglili |    1 | dgroup02 |
| 1002 | liuning  |    1 | dgroup01 |
| 1003 | zhangqi  |    0 | dgroup02 |
+------+----------+------+----------+
3 rows in set (0.01 sec)
```

图 12.23　更新记录

3. 查询记录

查询记录的 SQL 语句格式：

> select 字段名 from 表名 where 匹配条件;

例如，查询 employee 表中所有员工的姓名，如图 12.24 所示。

```
mysql> select ename from employee;
+----------+
| ename    |
+----------+
| wanglili |
| liuning  |
| zhangqi  |
+----------+
3 rows in set (0.00 sec)
```

图 12.24 查询 employee 表中的记录

4. 删除记录

删除记录的 SQL 语句格式：

> delete from 表名 where 匹配条件;

例如，删除 scores 表中 wanglili 员工的所有信息，如图 12.25 所示。

```
mysql> delete from scores where eno=(select eno from employee where ename='wanglili')
Query OK, 2 rows affected (0.01 sec)

mysql> select * from scores;
+------+------+-------+-------+
| scid | eno  | exid  | score |
+------+------+-------+-------+
|    3 | 1003 | 10001 |    85 |
|    4 | 1002 | 10003 |    72 |
+------+------+-------+-------+
2 rows in set (0.00 sec)
```

图 12.25 删除 scores 表中的记录

12.3 项目三：数据库的权限管理与备份

【项目描述】

管理员在创建完成 couman 数据库后，为了数据库的使用安全，对数据库的使用权限进行了授权，具体如下：

（1）创建并授予 dpuser0101 用户对数据库的本地登录、数据查询（SELECT）权限；

（2）创建并授予 dpuser0102 用户对数据库的远程登录、数据库的所有权限；

（3）创建并授予 dpuser0201 用户对数据库的远程登录，数据的增、删、改、查（INSERT、DELETE、UPDATE、SELECT）权限；

（4）创建并授予 dpuser0202 用户对数据库的所有权限；

（5）同时为了保障数据库的意外恢复，管理员对 couman 数据库做了备份操作。

【项目分析】

在现实工作中，对数据库进行访问权限管理和定期备份是一项极为重要的事情。恰当的权限管理可以保障数据库运行的安全性和稳定性，而对数据库的定期备份也为应对数据库突发状况提供了保障。本项目主要涉及数据库管理和维护方面内容，相关知识点见表 12.8。

表 12.8　相关知识点分析

序号	知识点	详见章节
1	数据库的权限管理	12.3.1 节
2	数据库的备份与恢复	12.3.2 节

【操作过程】

```
# mysql  -u  root  -p        //登录 MySQL 服务器
mysql>grant   select on *.* to 'dpuser0101'@'localhost' identified by 'Mabc123! ' with grant option;
      //授予 dpuser0101 用户对数据库的本地登录、数据查询（SELECT）权限
mysql>grant all privileges on couman.* to 'dpuser0102'@'%' identified by 'Mabc123! ' with grant option;
      //授予 dpuser0102 用户对数据库的远程登录、数据库的所有权限
mysql>grant select,insert,update,delete on *.* to 'dpuser0201'@'%' identified by 'Mabc123! ' with grant option;
      //授予 dpuser0201 用户对数据库的远程登录，数据的增、删、改、查权限
mysql>grant   all   privileges on *.* to 'dpuser0202'@'%' identified by 'Mabc123! ' with grant option;
      //授予 dpuser0202 用户对数据库的所有权限
#/usr/bin/mysqldump   couman   --user=root –password= Mysql123! >db01.sql
//将 couman 数据库备份为 db01.sql
```

12.3.1　数据库的权限管理

1．数据库权限介绍与设置

当首次安装 MySQL 时，安装程序会自动创建一个名为 mysql 的数据库，该数据库中包含 5 个与数据库授权相关的表（user、db、host、tables_priv、columns_priv），这 5 个授权表决定用户连接服务器及操作的权限。表 12.9 说明了 MySQL 数据库中这 5 个授权表的功能。

表 12.9　MySQL 数据库中的授权表

表名	说明
user	定义了允许连接 MySQL 服务器的用户名、密码和可以连接的主机
db	定义了连接到 MySQL 服务器的用户可以使用的数据库及在这些数据库中能进行的操作
host	如果 db 表中 host 字段为空，由 host 表定义可以连接到 MySQL 服务器的主机，并且不同的主机对指定的数据库可以有不同的权限
tables_priv	定义了连接到 MySQL 服务器的用户可以访问的具体的表，以及对表可执行的操作
columns_priv	定义了连接到 MySQL 服务器的用户可以访问表中的具体字段，以及对字段可执行的操作

当用户登录数据库时，会根据这 5 个表中的内容来决定用户的访问权限，决定过程如下：首先从 user 表中的 host、user、password 这 3 个字段判断连接的 IP 地址、用户名、密码是否存在表中，存在则通过身份验证；然后通过权限验证，进行权限分配时，按照 user、db、tables_priv、columns_priv 的顺序进行分配，即先检查全局权限表 user，如果 user 表中对应的操作权限为 Y，则此用户对所有数据库的该操作权限都为 Y，将不再检查 db、tables_priv 和 columns_priv 表中的权限；如果为 N，则到 db 表中检查此用户对应的具体数据库，并得到 db 表中为 Y 的权限；如果 db 表中为 N，则检查 tables_priv 表中此数据库对应的具体表，取得表中的权限 Y，以此类推。

对于表 host、db 和 user，除了可用于绑定用户、密码和主机的字段，还有若干字段用于对数据库访问权限的设置。表 12.10 描述了可设置权限的字段。

表 12.10 可设置权限的字段

字段	权限名	说　明
Select_priv	SELECT	确定用户是否可以通过 select 命令查询数据
Insert_priv	INSERT	确定用户是否可以通过 insert 命令插入数据
Update_priv	UPDATE	确定用户是否可以通过 update 命令修改现有数据
Delete_priv	DELETE	确定用户是否可以通过 delete 命令删除现有数据
Create_priv	CREATE	确定用户是否可以创建新的数据库和表
Drop_priv	DROP	确定用户是否可以删除现有数据库和表
Reload_priv	RELOAD	确定用户是否可以执行刷新和重新加载 MySQL 服务器
Shutdown_priv	SHUTODWN	确定用户是否可以关闭 MySQL 服务器。在将此权限授予给 root 账户之外的任何用户时，应非常谨慎
Process_priv	PROCESS	确定用户是否可以通过 show processlist 命令查看其他用户的进程
Grant_priv	GRANT	确定用户是否可以将已经授予给自己的权限再授予其他用户
File_priv	FILE	确定用户是否可以执行 select into outfile 和 load data infile 命令在 MySQL 服务器上读和写文件
Index_priv	INDEX	确定用户是否可以创建和删除表索引
Alter_priv	ALTER	确定用户是否可以重命名和修改表结构
References_priv	REFERENCES	确定用户是否可以创建、编辑和删除外键
Show_db_priv	SHOW DATABASES	确定用户是否可以查看 MySQL 服务器上所有数据库的名字
Super_priv	SUPER	确定用户是否可以执行某些强大的管理功能
Create_tmp_table_priv	CREATE TEMPORARY TABLES	确定用户是否可以创建临时表
Lock_tables_priv	LOCK TABLES	确定用户是否可以使用 lock tables 命令阻止对表的访问/修改
Execute_priv	EXECUTE	确定用户是否可以执行存储过程

MySQL 数据库提供了两种方法修改授权表中的访问权限：可以使用 insert、update 和 delete 等 SQL 语句手工修改，或者使用 grant 和 revoke 命令。对比两种方法，后一种更加简单且方便。

grant 命令用于授予权限，而 revoke 命令用于撤销权限。

grant 命令的格式：

grant 权限级别 [(字段名)]　on　数据库名.表名　to 用户名@域名或 IP 地址[Identified by 'password'] [with grant option];

revoke 命令的格式：

revoke 权限级别 [(字段名)]　on　数据库名.表名　from 用户名@域名或 IP 地址;

其中，权限级别见表 12.11，如果针对数据库所有内容或所有访问地址进行设置可以使用"%"。

表 12.11　MySQL 数据库的权限级别

权限级别	对应 user 表中的列	操作对象	权限说明
CREATE	Create_priv	数据库、表或索引	创建数据库、表或索引权限
DROP	Drop_priv	数据库或表	删除数据库或表权限
GRANT OPTION	Grant_priv	数据库、表或保存的程序	赋予权限选项
ALTER	Alter_priv	表	更改表，比如添加字段、索引等
DELETE	Delete_priv	表	删除数据权限

权限级别	对应 user 表中的列	操作对象	权限说明
INDEX	Index_priv	表	索引权限
INSERT	Insert_priv	表	插入权限
SELECT	Select_priv	表	查询权限
UPDATE	Update_priv	表	更新权限
CREATE VIEW	Create_view_priv	视图	创建视图权限
SHOW VIEW	Show_view_priv	视图	查看视图权限
ALTER ROUTINE	Alter_routine	存储过程	更改存储过程权限
CREATE ROUTINE	Create_routine_priv	存储过程	创建存储过程权限
EXECUTE	Execute_priv	存储过程	执行存储过程权限
FILE	File_priv	服务器主机上的文件访问	文件访问权限
CREATE TEMPORARY TABLES	Create_temp_table_priv	服务器管理	创建临时表权限
LOCK TABLES	Lock_tables_priv	服务器管理	锁表权限
CREATE USER	Create_user_priv	服务器管理	创建用户权限
PROCESS	Process_priv	服务器管理	查看进程权限
RELOAD	Reload_priv	服务器管理	执行 flush-hosts, flush-logs, flush-privileges, flush-status, flush-tables, flush-threads, refresh, reload 等命令的权限
REPLICATION CLIENT	Repl_client_priv	服务器管理	复制权限
REPLICATION SLAVE	Repl_slave_priv	服务器管理	复制权限
SHOW DATABASES	Show_db_priv	服务器管理	查看数据库权限
SHUTDOWN	Shutdown_priv	服务器管理	关闭数据库权限
SUPER	Super_priv	服务器管理	执行 kill 线程权限

权限的分布用于描述针对表可以设置的权限、针对列可以设置的权限等，见表 12.12。

表 12.12　权限的分布

权限分布	可能设置的权限
表权限	'Select', 'Insert', 'Update', 'Delete', 'Create', 'Drop', 'Grant', 'References', 'Index', 'Alter'
列权限	'Select', 'Insert', 'Update', 'References'
过程权限	'Execute', 'Alter Routine', 'Grant'

在管理数据库权限时，通常可以基于以下几点来设置用户权限。

① 只赋予能满足用户需要的最小权限，防止用户操作不当。比如，用户只是需要查询数据信息，则只赋予 SELECT 权限，不用给用户赋予 UPDATE、INSERT 或 DELETE 权限。

② 创建用户时限制用户的登录主机，一般限制成指定 IP 地址或者内网 IP 地址段。

③ 如果安装完数据库自动创建了无密码用户，则最好将这些用户删除。

④ 为每个用户设置满足密码复杂度的密码。

⑤ 定期清理不需要的用户，回收权限或者删除用户。

2．设置数据库权限举例

（1）grant 命令

创建一个只允许从本地登录的用户 jack，并允许将权限授予别的用户，密码为：Jack11!!。

```
mysql>grant all privileges on *.* to jack@'localhost' identified by " Jack11!!" with grant option;
```

all privileges：表示所有权限，也可以使用 SELECT、UPDATE 等具体权限。

on：用来指定权限针对的数据库和表。

.：前面的*号用来指定数据库名，后面的*号用来指定表名。*号表示所有的数据或表。

to：表示将权限授予某个用户。

jack@'localhost'：表示 jack 用户，@后面接限制的主机，可以是 IP 地址、IP 地址段、域名及%（%表示任何地方）。

identified by：指定用户的登录密码。

with grant option：表示该用户可以将自己拥有的权限授予别人。

可以使用 grant 命令重复给用户添加权限，即权限叠加，比如先给用户添加一个 SELECT 权限，然后又给用户添加一个 INSERT 权限，那么该用户就拥有了 SELECT 和 INSERT 权限。

（2）刷新权限

使用 flush 命令可以使权限生效，尤其是当授权表 user、db、host 等做了 update 或者 delete 更新等操作时。

```
mysql>flush   privileges;
```

（3）查看权限

查看当前用户的权限：

```
mysql>show   grants;
```

查看 jack 用户的权限：

```
mysql>show   grants   for   'jack'@'localhost';
```

（4）回收权限

回收 jack 用户的权限：

```
mysql>revoke   delete   on   *.*   from   'jack'@'localhost';
```

（5）对账号重命名

将数据库用户 jack 修改为 jim：

```
mysql>rename   user   'jack'@'localhost'   to   'jim'@'localhost';
```

（6）删除用户

删除 MySQL 用户 jim：

```
mysql>drop   user   ' jim '@'localhost';
```

12.3.2 数据库的备份与恢复

在数据库管理的实际工作中，数据库的定期备份是一件至关重要的事情。通常管理员以批处理的方式进行数据库的自动备份，这样一旦数据库发生故障或者误操作时，可以进行数据库的恢复来保证服务器的正常运行。

MySQL 自身提供了许多命令行工具，例如，mysql 命令可以用来与 MySQL 数据库、数据、用户和配置变量进行交互，mysqladmin 命令则可以进行各种管理任务，而下面将要介绍的 mysqldump 命令可以用于数据库的备份。mysqldump 命令不仅可以对一台服务器上的所有数据库进行"地毯式"的备份，还可以选择性地备份某个数据库，甚至数据库中指定的某些表。

mysqldump 命令格式：

```
mysqldump   备份数据库的名称   --user=用户名   --password=密码>备份的文件名
```

例如，备份 couman 数据库，备份 db01.sql 文件：

```
#/usr/bin/mysqldump   couman --user=root --password=MYsql123! >db01.sql
```

备份数据库中指定的表：

```
mysqldump  备份数据库的名称  表名 1 (表名 2  ...) --user=用户名 --password=密码  >备份的文件名
```

从备份文件中恢复数据库和表：

```
mysql  -u 用户名 -p 数据库名 <备份文件
```

输入命令后，根据提示输入相应密码，就可以完成数据库的恢复。需要注意，在恢复数据库之前，首先要创建数据库，然后才能恢复数据库。

本 章 小 结

本章通过 3 个项目依次介绍了 MySQL 服务器的安装与启动、数据库的创建与使用，以及数据库权限管理与备份。

MySQL 服务器的安装采用 YUM 或源码包安装。需要注意，MySQL 5.7 在安装过程中为数据库超级管理员"root@localhost"生成了默认的密码，该密码保存在/var/log/mysqld.log 文件中。

数据库的创建与使用由 SQL 语言完成，数据定义主要由 create、alter 和 drop 命令完成，数据操作主要由 insert、delete、update 和 select 命令完成。以上命令需要在 MySQL 服务器自带的 mysql 命令下执行。

数据库的权限控制由 grant 和 revoke 命令完成，同样需要在 mysql 命令下执行。数据库的备份与恢复由 MySQL 服务器自带的 mysqldump 命令实现。

习 题 12

1．选择题

（1）修改 MySQL 服务器登录密码的命令是（   ）。

A．passwd   B．mysql   C．mysqladmin   D．chmod

（2）登录 MySQL 服务器使用（   ）命令。

A．passwd   B．mysql   C．mysqladmin   D．chmod

（3）重新启动 MySQL 服务器的命令（   ）。

A．systemctl restart mysqld.service   B．systemctl stop mysqld.service

C．systemctl start mysqld.service   D．systemctl restart mysql.service

2．简答题

（1）简述 MySQL 服务器的作用。

（2）简述重置 MySQL 数据库管理员 root 密码的方法。

上机实践 12

1．在 CentOS Linux 7 系统下安装 MySQL 服务器，创建 news 数据库及两个数据表，表结构如下。

ntype（新闻类型）表，字段：tid（序号）、tname（类型名称），其中 tid 字段为主键。

new（新闻）表，字段：nid（序号）、head（标题）、tid（类型序号）、sstart（发布时间）、limit（有效期），其中 nid 字段为主键，tid 字段为外键。

向每个表中至少插入 3 条合法记录。

为 guestuser1 用户授予对该数据库的查询权限，为 guestuser2 用户授予对该数据库所有数据表的操作权限。

对 news 数据库进行备份并恢复成 news_info 数据库。

2. 管理员准备在 MySQL 数据库中创建课程管理网站需要的 couman 数据库和相关表。数据表包括 student（学生信息）表、course（课程描述）表、stucou（学生选课）表，各个表的结构如下。

student 表，字段：sid（序号）、sno（学号）、sname（姓名）、sex（性别）、class（班级），其中 sid 字段为主键。

course 表，字段：cid（序号）、cno（课程号）、cname（课程名），其中 cid 字段为主键。

stucou 表，字段：scid（序号）、sno（学号）、cno（课程号）、score（成绩），其中 scid 字段为主键，sno 字段和 cno 字段为外键。

数据表创建成功后，向每个表中至少插入 3 条合法记录。

授予 guestuser1 用户对数据库的远程登录、数据查询（SELECT）权限。

授予 guestuser2 用户对数据库的远程登录、数据库的所有权限。

授予 guestuser3 用户对数据库的远程登录，数据的增、删、改、查（INSERT、DELETE、UPDATE、SELECT）权限。

授予 guestuser4 用户对数据库的所有权限。

同时管理员对 couman 数据库进行备份。

第13章 FTP服务器

文件传输协议（File Transfer Protocol，FTP）是不同架构的计算机之间进行文件传输所遵循的共同标准，是用来在不同计算机之间上传/下载文件的基础软件。FTP在Linux系统中以服务的形式存在，在网络环境中以客户/服务器模式运行。本章将介绍在CentOS Linux 7系统中安装配置FTP服务器的方法，主要知识点如下：
- FTP服务器用户的分类（重点）；
- FTP服务器的安装与启动（重点）；
- FTP服务器的远程连接与访问（重点、难点）；
- FTP服务器的配置（重点）。

13.1 项目一：FTP服务器的安装与启动

【项目描述】

管理员为了满足公司项目组成员对文件共享的需求，计划在服务器上配置FTP服务器。首先需要安装FTP软件包，然后使用匿名用户进行测试，确认FTP软件包安装正常，vsftpd服务可用。

【项目分析】

该项目是搭建FTP服务器的第一步。安装FTP服务器，需要安装vsftpd服务和FTP客户端，安装后可以启动vsftpd服务并设置自启动状态，最后使用匿名用户测试服务。除了要使用已经学过的内容安装和管理FTP服务器，还需要了解FTP服务器的传输原理和用户分类等内容。相关知识点见表13.1。

表 13.1 相关知识点

序号	知识点	详见章节
1	FTP服务器的传输原理	13.1.1节
2	FTP服务器用户分类	13.1.2节
3	安装FTP服务器	13.1.3节
4	管理vsftpd服务	13.1.3节
5	测试FTP服务器	13.1.3节

【操作过程】

```
#yum  -y  install  vsftpd              //安装FTP服务器
#yum  -y  install  ftp                 //安装FTP客户端
#systemctl  start  vsftpd.service      //启动FTP服务器
#systemctl  enable  vsftpd.service     //设置FTP服务器自启动
#ftp 192.168.137.22                    //登录FTP服务器进行测试
Name:anonymous                         //默认匿名用户anonymous
Password:                              //密码为空
```

230 Login successful	//登录成功提示
ftp> quit	//退出

13.1.1 FTP 服务器简介

用户联网的首要目的就是实现信息共享，文件传输是信息共享非常重要的一项内容。连接在 Internet 上的数亿台计算机可能运行不同的操作系统，而各种操作系统之间的文件交流，需要建立一个统一的文件传输协议，即 FTP。虽然基于不同的操作系统有不同的 FTP 应用程序，但是所有这些应用程序都遵守同一种协议，这样用户就可以把自己的文件传送给他人，或者从其他用户获得文件。

与大多数 Internet 服务一样，FTP 采用客户/服务器模式。用户通过一个支持 FTP 协议的客户端，连接到远程 FTP 服务器，然后向服务器发出命令，服务器执行用户所发出的命令，并将执行的结果返回客户端。例如，用户发出一条命令，要求服务器向用户传送某个文件的一份拷贝，服务器会响应这条命令，将指定文件送至用户的计算机上。客户端将接收到这个文件，并将其保存在本地。

在 FTP 的使用中，经常遇到两个概念：下载（Download）和上传（Upload）。下载文件就是从远程服务器中复制文件至本地计算机上；上传文件就是将文件从本地计算机中复制至远程服务器上。使用 FTP 时必须首先登录，在远程服务器上获得相应的权限后，方可上传或下载文件。

当然，用户若想与服务器传送文件，就必须具有这台服务器的适当授权，否则便无法传送文件。为了有更大的共享性，FTP 服务器通常会设置匿名用户，用户名为 anonymous。匿名 FTP 是一种机制，用户可通过它连接到远程服务器上，并下载文件，而无须成为其注册用户。

当远程服务器提供匿名 FTP 服务时，会指定某些目录向公众开放，允许匿名存取，其余目录则处于隐匿状态。作为一种安全措施，大多数 FTP 服务器都允许匿名用户下载文件，而不允许匿名用户上传文件。

FTP 文件传输原理如图 13.1 所示。

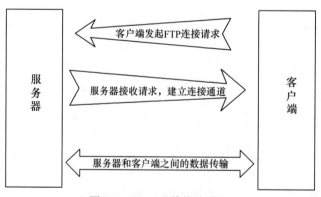

图 13.1 FTP 文件传输原理

FTP 文件传输采用 3 次握手的可信传输，其通信过程如下。

（1）客户端主动向服务器发送 FTP 连接请求

为连接到服务器，客户端将随机选取一个 1024 以上的端口并主动连接到 FTP 主机提供的 FTP 端（通常为 21 端口），在连接数据包中会包含握手信号（Synchronous，SYN）标志。

（2）服务器接收到信息后发出响应

当服务器接收到客户端的请求后，向客户端发出响应，同时服务器建立等待连接的资源，将带有 SYN 标志与确认的数据包送回客户端。

（3）客户端回应确认数据包

客户端接收到来自服务器的数据包后，会再次发送一个确认数据包给主机，此时，双方才正式建立起联机的通道，即所谓的 3 次握手。

以上建立连接的通道仅能执行 FTP 的命令，如果该命令涉及数据的传送，如上传或下载，就需要另外建立一条数据传输的信道。步骤如下所示。

（1）客户端发送数据传输请求的命令给服务器

当需要进行数据传输时，客户端会启用另一个高于 1024 的端口进行连接准备。同时客户端会主动利用命令通道（端口 21）发送一个命令给服务器，表示已经准备好一个数据传输的端口可进行传输，此时客户端通过命令通道向服务器发送请求，而且已经通知了服务器要启用的端口。

（2）服务器以 ftp-data 端口主动联机到客户端

收到命令之后的服务器会以 ftp-data 端口（一般为 20 端口）通知客户端已经与那个高于 1024 的端口进行联机，因为是服务器主动向客户端联机，所以该联机的 TCP 数据包会带有 SYN 标志。

（3）客户端响应服务器，完成 3 次握手

在接收到服务器发来的数据包之后，客户端会响应一个带有确认字符（Acknowledgement，ACK）的数据包，完成另一个 3 次握手，此时，数据传输的通道才正式建立。

由以上过程来看，用到的主要端口有以下两个：

① 命令通道的 FTP 端口（预设为端口 21），主要用于命令传输；

② 数据传输的 ftp-data 端口（预设为端口 20），主要用于数据传输。

13.1.2　FTP 服务器的用户分类

使用 FTP 服务器的用户需要经过验证后才能登录，FTP 服务器的用户可分成 3 类。

1．实体用户

实体用户指 Linux 系统中的用户，即系统本机的用户。Linux 系统一般不会对实体用户进行限制，因此实体用户可以针对整个文件系统进行工作。通常系统不希望实体用户通过 FTP 方式远程访问系统。

2．访客用户

访客用户指只能采用 FTP 方式使用系统的用户，不能直接使用 Shell 登录系统，即虚拟用户，访问服务器时需要验证。大多数 FTP 服务器用户属于这类用户。

3．匿名用户

对于公共性质的服务器可以提供匿名用户访问，用户名为 anonymous。但在使用匿名用户时，对其进行了尽可能多的限制，权限较低。例如，同时连接的用户数量受限、访问的文件数目受限、不能上传文件、允许操作的命令较少等。

13.1.3　FTP 服务器的安装

FTP 服务器的安装可分为挂载、安装、启动服务、设置自启动状态、测试几个步骤。

1．挂载

在确定了需要安装的软件包后，首先需要准备好待安装的 RPM 软件包。CentOS Linux 7 的安装光盘中提供了相关软件包，在安装过程中可以通过挂载光盘的方法找到待安装的软件包。

首先将安装光盘的映像文件载入虚拟光驱中,确认后系统会自动挂载光盘到/media目录下,否则使用 mount 命令进行光盘挂载:

```
#mount    /dev/cdrom    /media
```

在挂载目录下面的 Packages 目录中可以找到 vsftpd-3.0.2-10.el7.x86_64.rpm 和 ftp-0.17-66.el7.x86_64.rpm 软件包,前者是服务器软件包,后者是客户端软件包。可以将这两个软件包复制到其他目录中待安装。

2. 安装

采用 rpm 命令安装:

```
#rpm    -ivh    vsftpd-3.0.2-10.el7.x86_64.rpm
#rpm    -ivh    ftp-0.17-66.el7.x86_64.rpm
```

也可以执行以下命令直接安装:

```
#yum    -y    install    vsftpd
#yum    -y    install    ftp
```

3. 启动服务

启动 vsftpd 服务可以使用 systemctl 命令:

```
#systemctl    start    vsftpd.service
```

4. 设置自启动状态

```
#systemctl    enable    vsftpd.service
```

5. 测试

在本地对 FTP 服务器的安装进行测试,使用命令"ftp IP 地址"登录 FTP 服务器。初始安装时,可以使用匿名用户 anonymous 登录,登录密码为空。如果登录成功,则说明 FTP 服务器安装成功,如图 13.2 所示,登录成功后出现 ftp>提示符。

```
[root@localhost ~]# ftp 192.168.137.22
Connected to 192.168.137.22 (192.168.137.22).
220 (vsFTPd 3.0.2)
Name (192.168.137.22: root): anonymous
331 Please specify the password.
Password:
230 Login successful.
Remote system type is UNIX.
Using binary mode to transfer files.
ftp> quit
221 Goodbye.
```

图 13.2　FTP 服务器的测试

13.2　项目二：远程连接与访问 FTP 服务器

【项目描述】

FTP 软件包成功安装之后,为了使 FTP 服务器的使用更加规范和安全,管理员针对公司各个部门对资源共享的需求设置访客账号:为技术部、网络部、行政部和市场部分别创建一个访客账号,分别为 techftp、netftp、admftp 和 markftp,指定默认访问路径为/var/ftp/账号名目录。各部门员工可以在相应路径下完成资源的上传和下载,从而实现资源共享。

【项目分析】

FTP 服务器安装成功后,为了实现远程访问,首先需要对 SELinux 和防火墙中与 FTP 相关的内容进行设置。然后创建 FTP 访客账号,访客账号的创建使用 useradd 命令。由于 FTP 访客账号只以 FTP 方式访问 FTP 服务器,不直接登录 Linux 系统,因此在创建账号时需要设置 Shell 为/sbin/nologin;为访客账号指定访问路径可以防止用户的越权访问,实现时只需要将指定路径设置为用户主目录即可。

访客账号创建完成后,还需要对该账号进行测试。测试时可以使用 FTP 客户端,为保证满足用户的使用要求,可以在指定位置完成文件的上传和下载。相关知识点见表 13.2。

表 13.2 相关知识点

序号	知识点	详见章节
1	对 SELinux 和防火墙的设置	13.2.1 节
2	FTP 账号的创建	13.2.2 节
3	连接 FTP 服务器	13.2.3 节
4	FTP 常用命令	13.2.3 节

【操作过程】

```
#setsebool  -P  ftpd_full_access  on  //将 SELinux 中的 ftpd_full_access 设置为 on,使得所有通过验
                                          证的用户都可以进行上传、下载
#firewall-cmd  --permanent  --zone=public  --add-service=ftp      //永久开放 FTP
#firewall-cmd  --reload      //重新加载防火墙
#useradd  -g  ftp  -d  /var/ftp/techftp  -s  /sbin/nologin  techftp      //创建 FTP 用户
#passwd   techftp        //设置密码
#useradd  -g  ftp  -d  /var/ftp/netftp  -s  /sbin/nologin  netftp
#passwd   netftp
#useradd  -g  ftp  -d  /var/ftp/admftp  -s  /sbin/nologin  admftp
#passwd   admftp
#useradd  -g  ftp  -d  /var/ftp/markftp  -s  /sbin/nologin  markftp
#passwd   markftp
```

以 techftp 账号为例登录测试:

```
#ftp 192.168.137.22          //连接 FTP 服务器
Name: techftp                //使用 techftp 登录
Password:                    //输入密码
230 Login successful         //登录成功提示
ftp>                         //默认进入"/var/ftp/techftp"路径下
ftp>put  /tmp/ftpfile  ftpfile    //将/tmp/ftpfile 上传至 FTP 服务器
ftp>mkdir  source            //在服务器上创建 source 目录
ftp> cd  source              //切换目录位置
ftp>put  project  project    //上传 project 文件
ftp>quit                     //断开 FTP 连接
```

13.2.1 设置 SELinux 和防火墙

1. SELinux 对 FTP 服务器的控制

SELinux 全称为 Security Enhanced Linux,意为安全强化 Linux,是强制访问控制(Mandatory Access Control,MAC)系统的一个实现,目的在于明确地指明某个进程可以访问哪些资源(文件、网络端口等)。强制访问控制系统的用途在于增强系统抵御利用尚未公开的漏洞进行攻击的

能力。

在 SELinux 中对 FTP 做了相应的控制，执行# getsebool -a | grep ftp 命令可以看到具体的布尔变量设置清单，如下所示：

```
ftpd_anon_write --> off          //不允许上传
ftpd_connect_db --> off          //不允许 FTP 连接数据库
ftpd_full_access --> off         //不允许用户上传和下载
ftpd_use_cifs --> off            //不允许 FTP 使用 Samba 文件系统
ftpd_use_nfs --> off             //不允许 FTP 使用 NFT 文件系统
httpd_enable_ftp_server --> off  //不允许 httpd 作为 FTP 服务器
```

默认情况下，变量都设置为 off，因此为了让访客用户可以完成 FTP 的上传和下载功能，需要对相应的变量值做修改。执行命令：

```
#setsebool  -P  ftpd_full_access  on //将 SELinux 中的 ftpd_full_access 设置为 on，使得所有通过验证的用户都可以进行上传和下载
```

需要注意上述修改布尔变量值的方法立即生效，且为永久设置。去掉命令中的"-P"参数，则为临时设置。

2. 防火墙对 FTP 服务器的控制

防火墙（Firewall）可以防御通过端口号对系统造成的攻击，因此防火墙通常禁止某些远程访问。所以，在远程访问 FTP 服务器时，需要对防火墙做相应的设置。

最简单的方法是执行#systemctl stop firewalld.service 命令关闭防火墙。如果想在开启防火墙的状态下远程访问 FTP 服务器，需要执行以下命令：

```
#firewall-cmd  --permanent  --zone=public  --add-service=ftp     //永久开放 FTP
#firewall-cmd  --reload          //重新加载防火墙
```

13.2.2 创建 FTP 账号

为了访问 FTP 服务器，用户可以通过匿名方式，也可以通过经管理员设置的访客账号登录。由于匿名用户权限低，通常使用访客账号访问 FTP 服务器，因此管理员需要创建既符合用户需求又能保证系统安全的访客账号。

通常访客账号的主目录设置在/var/ftp 目录下，当用户登录系统后，只可以在主目录下进行操作，实现文件共享。为了避免用户对 Linux 系统的访问，在创建账号时，取消其登录 Linux 系统的权限，将其 Shell 设置为 sbin/nologin。另外与实体账号不同，访客账号必须属于 FTP 用户组。综上所述，创建 FTP 访客账号的命令：

```
#useradd  -d  /var/ftp/主目录名  -s /sbin/nologin  -g  ftp  用户名
```

当 FTP 访客账号创建后，必须立即创建密码，使用 passwd 命令，格式如下：

```
#passwd  用户名
```

如果想使用实体账号而实体用户不能登录 FTP 服务器，则需要修改 FTP 配置文件 vsftpd.conf 中的 local_enable=YES 配置项。

13.2.3 连接 FTP 服务器

客户端访问 FTP 服务器时，通常有字符界面访问方式、第三方客户端软件访问方式、浏览器访问方式等。其中，字符界面访问方式多用于管理员对服务器的管理，第三方客户端软件访问方式和浏览器访问方式多用于用户的远程访问。

1. 字符界面访问方式

字符界面访问方式通常称为"黑色屏幕"方式或对话方式，使用该方式访问时，需要用户掌握 FTP 命令，交互过程均以字符体现，对用户要求较高。使用时，首先要登录 FTP 服务器，命令格式：

> ftp　FTP 服务器 IP 地址

连接成功后，则出现字符界面，显示 Name:表示输入用户和密码。当用户和密码输入正确，系统会提示 "Login successful."，同时出现 ftp>提示符。例如，使用 techftp 用户登录，如图 13.3 所示。

```
[ root@localhost ~]# ftp 192.168.137.22
Connected to 192.168.137.22 (192.168.137.22).
220 ( vsFTPd 3.0.2)
Name (192.168.137.22: root): techftp
331 Please specify the password.
Password:
230 Login successful.
Remote system type is UNIX.
Using binary mode to transfer files.
ftp>
```

图 13.3　字符界面访问方式

出现 ftp>提示符，表示 FTP 服务器正在等待用户输入命令。此时用户可以根据需求输入相关命令，完成上传、下载和查看目录等功能。

FTP 命令部分与 Linux 的操作命令相同，例如，当需要列出 FTP 服务器当前目录下的文件列表时，采用 ls 命令；当需要切换目录时，使用 cd　目录名；当离开 FTP 服务器时，使用 quit 命令；建立新目录时，使用 mkdir　新目录名。除此之外，最常用的上传和下载命令如下。

上传文件时，需要在 ftp>提示符下输入 put 命令，格式如下：

> put　本地文件路径　FTP 服务器路径

下载文件时，需要在 ftp>提示符下输入 get 命令，格式如下：

> get　FTP 服务器路径　本地文件路径

常用的 FTP 命令见表 13.3。

表 13.3　常用的 FTP 命令

命令	说　　明	命令	说　　明
?	查询列出 FTP 命令	get	从远程服务器上下载一个文件
pwd	显示远程主机上的当前工作目录	put	上传一个文件到远程服务器上
ls	显示当前远程目录下的内容	mget	下载多个文件
cd	切换远程目录	mput	上传多个文件
lcd	切换本地工作目录	bye	断开与服务器的连接
asc	纯文本方式传输	quit	退出服务器
bin	二进制方式传输		

2. 第三方客户端软件访问方式

为了使 FTP 的访问方便且友好，可以使用第三方客户端软件来访问。常用的第三方客户端软件有 gFTP、CuteFTP、FlashFXP、FileZilla、LeapFTP 等，它们的使用方法大同小异，下面以 gFTP 为例介绍。

首先需要安装并启动 gFTP，启动后可以看到如图 13.4 所示窗口。在【Host】中输入 FTP 服务器的 IP 地址，在【Port】中输入端口号 21，在【User】中输入用户名，在【Pass】中输入密码，最后单击【Host】左侧的 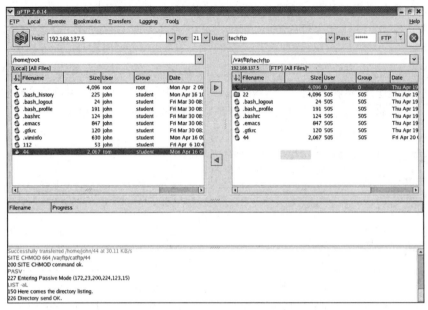 按钮，这时就可以连接 FTP 服务器了。

图 13.4　gFTP 客户端登录窗口

图 13.4 中，左侧【Local】下面列出的是用户本地文件列表，右侧【FTP】下面列出的是远程 FTP 服务器文件列表，此时只需要单击中间的左、右箭头，就可以实现文件上传、下载、更名、删除、创建目录等操作。对本地文件的操作，可在 Local 菜单下进行；对远程 FTP 服务器的操作，可在 Remote 菜单下进行。

3．浏览器访问方式

访问 FTP 服务器还可以使用浏览器，在浏览器地址栏中输入：

> ftp://用户名:密码@FTP 服务器地址

如果没有密码或不指定密码，也可以在浏览器地址栏中输入：

> ftp://用户名@FTP 服务器地址

接下来继续输入密码即可。

如果匿名访问 FTP 服务器，可以输入：

> ftp://FTP 服务器地址

对于上传文件来说，操作起来很方便，直接把本地文件拖入浏览器窗口中即可。如果下载文件，可以直接将文件从浏览器窗口拖入本地文件窗口。文件删除也可以在浏览器窗口中进行，选中被删除文件，然后按 Del 键即可。

13.3　项目三：FTP 服务器的配置

【项目描述】

管理员为了使 FTP 服务器的使用更加安全并具有个性化，计划对服务器做以下配置：不允许匿名用户登录；设置用户登录信息为 "welcome to our home!"；最大连接数为 30；用户成功连接服务器，无任何操作，空闲时间超过 60s 后自动断开。

【项目分析】

FTP 服务器能够为用户提供可靠、良好的服务，如果希望服务具有个性化，需要对 FTP 服务器进行配置，这通过修改配置文件 vsftpd.conf 来实现。首先需要理解 vsftpd.conf 配置文件中各配置项的含义和修改方法，修改完成后保存，然后重新启动 FTP 服务器，最后对配置内容进行测试，验证修改是否成功。本项目涉及的配置项如下。

ftpd_banner：设置登录提示信息。

anonymous_enable：设置匿名用户登录。

max_clients：设置最大连接数。

idle_session_timeout：设置空闲超时时间。

本项目主要涉及的相关知识点见表 13.4。

表 13.4 相关知识点

序号	知识点	详见章节
1	vsftpd.conf 配置文件介绍	13.3.1 节
2	vsftpd.conf 配置项介绍	13.3.2 节～13.3.5 节

【操作过程】

#vim /etc/vsftpd/vsftpd.conf	//安装 FTP 软件包

设置以下配置项内容：

ftpd_banner= welcome to our home!	//设置用户登录信息为 "welcome to our home!"
anonymous_enable=no	//不允许匿名用户登录
max_clients=30	//最大连接数为 30
idle_session_timeout=60	//空闲超时 60s 后自动断开

保存并退出。

#systemctl restart vsftpd.service	//重新启动 vsftpd 服务
#ftp 192.168.137.22	//连接服务器，测试

13.3.1 vsftpd.conf 配置文件介绍

默认情况下，vsftpd.conf 配置文件在/etc/ftp 目录下，文件格式非常简单。每一行不是一个注释就是一个配置项，注释行以#号开头并且是被忽略的。配置项格式如下：

option=value (选项=值)

需要注意，在 option、=、value 之间不允许有空白字符（空格等），每一个配置项在编译时都有一个默认的设置，可以在配置文件中修改。

vsftpd.conf 配置文件中的配置项很丰富，主要涉及匿名用户设置、本地用户设置、服务相关设置、主动与被动服务设置等。

13.3.2 匿名用户设置

对匿名用户的设置包括是否允许登录，是否具有上传、删除、创建等访问权限。匿名用户配置项见表 13.5。

表 13.5 匿名用户配置项

配 置 项	描 述	可 选 值
anonymous_enable	设置是否允许匿名登录	yes|no
anon_upload_enable	设置是否开放上传权限，允许匿名上传	yes|no
anon_mkdir_write_enable	设置是否允许匿名用户创建目录的同时可以在此目录中上传文件	yes|no
anon_root	设置匿名用户登录后所在的目录	默认值为/var/ftp

13.3.3 本地用户设置

设置本地用户对 FTP 服务器的访问权限。本地用户配置项见表 13.6。

表 13.6 本地用户配置项

配 置 项	描 述	可 选 值
local_root	设置本地用户登录后的目录	默认值为/var/ftp
write_enable	设置是否开放本地用户的写权限	yes|no
local_enable	设置本地账号是否能够登录。如果设置为 yes，则/etc/passwd 内的账号都可以使用 FTP 登录系统、使用 FTP 上传和下载文件资源	yes|no
userlist_enable	设置 user_list 文件是否生效	yes|no
local_max_rate	设置本地用户所能使用的最大传输速度，单位是 B/s。设置为 0 表示不受速度限制	默认值为 0

13.3.4 服务相关设置

服务相关设置包括对服务器的控制等。服务配置项见表 13.7。

表 13.7 服务配置项

配 置 项	描 述	可 选 值
connect_form_port_20	启用 FTP 端口 20 的数据连接	yes|no
listen_port	设置 FTP 服务器监听客户端连接的端口	默认值为 21
listen	设置独立的 vsftpd 服务	yes|no
dirmessage_enable	设置是否显示目录信息。当切换目录时，显示目录下.message 的内容	yes|no
ftpd_banner	设置登录欢迎信息	
anon_max_rate	匿名用户所能使用的最大传输速度，单位是 B/s。设置为 0 表示不受速度限制	默认值为 0
max_clients	表示服务器最多可以连接多少个客户端。0 表示不限制，具体的数字表示客户端最大的限制数目	默认值为 0
max_per_IP	表示同一个 IP 地址的客户端最多连接数量	默认值为 2
accept_timeout	表示连接服务器的超时时间，单位为秒	
data_connection_timeout	表示数据传输超时时间，单位为秒	
idle_session_timeout	表示多长时间对服务器没有任何操作后断开服务器连接，单位为秒	
ascii_download_enable	设置是否启用 ASCII 模式下载文件	yes|no
ascii_upload_enable	设置是否启用 ASCII 模式上传文件	yes|no

13.3.5 主动与被动服务设置

FTP 服务器的主动与被动服务是从 FTP 工作方式划分的。主动方式标记为 PORT FTP，被动方式标记为 PASV FTP。无论主动和被动，服务器首先用端口 21 接收客户端的连接，接下来的数据传输才分主动和被动方式。

主动方式是服务器主动采用端口 20 发送数据给客户端。被动方式是客户端主动接收 FTP 服务器的数据，这样服务器变成了被动方式。被动方式传输数据使用的端口号通常是一个范围，这个范围使用如下配置：

```
passv_min_prot=65400
passv_max_prot=654200
```

同时，具体使用什么端口号是客户端提出的。为了保证客户端提出的端口号与该范围相适应，客户端在连接的同时要指定被动方式。

13.4 常见问题分析

常见问题 1：使用不同的用户账号登录到 FTP 服务器，会看到不同的目录。匿名账号登录能够看到 techftp 目录、pub 目录，使用 techftp 账号登录却看不到 pub 目录，而是进入到 techftp 目录。

解决方法：这是因为每个 FTP 账号无论从远程登录还是本地登录，登录后都会进入账号用户的主目录。匿名用户的主目录可以看作/var/ftp，而 techftp 的主目录是在创建该账号时设定的，所以当匿名登录时可以看到 techftp 目录，而当 techftp 账号登录时却看不到 pub 目录。

常见问题 2：匿名登录已经看到了 techftp 目录，但匿名用户不能在 techftp 目录里面上传文件。

解决方法：能够看到仅说明 techftp 目录在匿名用户主目录里面，但是不能说明 techftp 目录可以访问。一个目录能否被某用户访问，主要取决于用户对该目录的使用权限。如果想访问目录，可以考虑使用 chmod 命令修改权限，例如：

```
#chmod o+rwx   /var/ftp/techftp
```

这时不需要重启 FTP 服务器就可以访问了。

常见问题 3：FTP 服务器与 Apache 服务器都是用来在 Internet 中进行信息共享的，二者有何区别？

解决方法：Apache 服务器是 Web 服务器，用户使用浏览器进行访问，是网页信息的共享。FTP 服务器主要用来在 Internet 中传输文件，是文件的共享。

本 章 小 结

本章通过 3 个项目依次介绍了 FTP 服务器的安装与启动、远程连接与访问及服务器的配置。

FTP 用户多为访客用户，即只能采用 FTP 方式使用系统的用户，访问服务器时仍然需要验证。FTP 服务器的安装采用 RPM 软件包方式。

为实现远程访问 FTP 服务器，首先需要对 SELinux(#setsebool -P ftpd_full_access   on)和防火墙(#firewall-cmd --permanent --zone=public --add-service=ftp   #firewall-cmd –reload)中与 FTP 相关的内容进行设置，然后创建 FTP 的访客账号，连接测试时可以采用自带的 ftp 命令或者第三方客户端软件的方式。

FTP 服务器的配置通过设置/etc/vsftpd.conf 配置文件中的配置项完成。

习 题 13

1．选择题

（1）FTP 服务器的配置文件是（   ）。

A．dhcpd.conf   B．resolv.conf   C．vsftpd.conf   D．httpd.conf

（2）启动 FTP 服务器的命令是（   ）。

A．systemctl restart vsftpd.service   B．systemctl status vsftpd.service

C．systemctl stop vsftpd.service   D．systemctl start vsftpd.service

（3）在配置 FTP 服务器时，anonymous_enable 配置项用于设置（　　　）。

A. 匿名用户下载权限　　　B. 所有用户登录权限　　　C. 匿名用户登录权限　　　D. 匿名用户上传权限

（4）在配置 FTP 服务器时，anon_upload_enable 配置项用于设置（　　　）。

A. 所有用户上传权限　　　B. 用户下载权限　　　C. 匿名用户上传权限　　　D. 匿名用户下载权限

（5）在配置 FTP 服务器时，write_enable 配置项用于设置（　　　）。

A. 用户读权限　　　B. 本地用户写权限　　　C. 写权限目录　　　D. 读权限目录

（6）在配置 FTP 服务器时，idle_session_timeout 配置项用于设置（　　　）。

A. 传输超时时间　　　B. 连接请求超时时间　　　C. 无操作超时时间　　　D. 数据传输时间

（7）下面（　　　）不是 vsftpd 服务的配置指令。

A. listen　　　B. listen_port　　　C. listen_address　　　D. listen_hostname

2．简答题

（1）简述 FTP 文件传输原理。

（2）简述 FTP 服务器的用户分类。

（3）简述 FTP 服务器的作用及所占用的端口号。

（4）vsftpd 服务提供的 3 类用户认证模式各有什么特点？

（5）使用匿名用户登录到一台用 vftpd 服务部署的 FTP 服务器时，默认的 FTP 根目录是什么？

上机实践 13

1．创建 FTP 访客账号 mouseftp。主目录设置为/var/ftp/mouseftp，上传不少于 3 个文件，并使用浏览器访问，完成对文件的下载。

2．在上题的基础上，设置允许匿名登录服务器但不能上传文件，并设置欢迎词为"welcome to our FTP!!"。

3．在 Linux 系统中按以下要求配置 FTP 服务器，然后在 Windows 系统中使用 CuteFTP 软件连接到该服务器上。配置要求：

（1）允许匿名用户上传、下载文件和创建目录。

（2）服务器使用非标准端口 3000。

4．搭建 FTP 服务器。要求采用 FTP 虚拟用户方式，添加 3 个用户 devadm、sales、saleadm。用户访问及文件权限控制如下：

（1）开放匿名访问，任何用户均可下载服务器/var/ftp/soft 目录中的软件资料。

（2）用户 devadm 可以对服务器/var/ftp/soft 目录进行管理（上传文件、创建目录、删除文件等）。

（3）用户 sales 可以下载服务器/var/maket 目录中的软件资料。

（4）用户 saleadm 可以对服务器/var/maket 目录进行管理（上传文件、创建目录、删除文件等）。

（5）所有经 FTP 账户上传的文件，均去除非文件所有者的写权限（将权限设为 022）。

（6）对于服务器中没有明确授权的其他目录，均禁止以上用户访问。

第 14 章　NFS 服务器

网络文件系统（Network File System，NFS）是 FreeBSD 支持的文件系统中的一种，最早是由 SUN 公司发展出来的。NFS 允许网络中的计算机之间通过 TCP/IP 共享资源。在 NFS 的应用中，本地 NFS 客户端可以透明地可读可写位于远端 NFS 服务器上的文件，就像访问本地文件一样。本章将介绍在 CentOS Linux 7 系统中安装和配置 NFS 服务器的过程，主要知识点如下：

- NFS 服务器的安装（重点）。
- NFS 服务器的配置（重点、难点）。

14.1　项目一：NFS 服务器的安装与启动

【项目描述】

某公司的 Web 服务器存储容量已达 80%，技术部准备在不改变原有部署的情况下，增加存储容量，以达到节省本地存储空间、增加服务器存储容量的目的。为此需要远程添加存储设备。管理员选取目前比较常用的 NFS 服务器，因此需要对 NFS 服务器进行安装。

【项目分析】

该项目首先需要安装 NFS 的相关组件。NFS 的组件由 NFS 相关的内核模块、NFS 用户空间工具和 RPC 相关服务组成，并且主要由以下两个 RPM 软件包提供。

nfs-utils：包含 NFS 服务器守护进程和 NFS 客户端相关工具。

rpcbind：提供 RPC 端口映射的守护进程及其相关文档、执行文件等。

这里采用 YUM 方式来完成安装，安装后启动 NFS 服务器。相关知识点见表 14.1。

表 14.1　相关知识点

序号	知识点	详见章节
1	了解 NFS 服务器	14.1.1 节
2	安装 NFS 服务器的过程	14.1.2 节
3	管理 nfs 服务	14.1.3 节

【操作过程】

```
# yum install nfs-utils rpcbind      //安装 NFS 的相关组件
# rpm -qa | grep nfs-utils           //查看 nfs-utils 是否安装成功
# rpm -qa | grep rpcbind             //查看 rpcbind 是否安装成功
# systemctl start rpcbind            //开启 rpcbind
# systemctl start nfs                //开启 nfs
# systemctl enable rpcbind           //设置 rpcbind 开机自启动
# systemctl enable nfs-server        //设置 nfs 开机自启动
```

14.1.1　NFS 服务器简介

目前 NFS 有 3 个版本，分别为 NFSv2、NFSv3、NFSv4。NFSv2 是一个古老的版本，却被众多操作系统所支持,兼容性非常好;NFSv3 拥有更多的特点,包括更快的速度、更大的单个文件大小、更多便于排错的错误及成功信息、对 TCP 协议的支持等;NFSv4 提供了有状态的连接,更容易追踪连接状态,增强了安全性。CentOS Linux 7 系统默认使用 NFSv4 提供 nfs 服务,NFS 监听端口为 2049。

14.1.2 安装 NFS 服务器

如前所述,在安装 NFS 服务器时需要同时安装 nfs-utils 和 rpcbind 软件包。可在安装 NFS 服务器之前确认当前系统是否已经安装了相关组件。如图 14.1 所示,表示系统已经安装了 NFS 服务器的相关组件。

```
[root@localhost ~]# rpm -qa | grep nfs-utils
nfs-utils-1.3.0-0.21.el7.x86_64
[root@localhost ~]# rpm -qa | grep rpcbind
rpcbind-0.2.0-32.el7.x86_64
```

图 14.1 NFS 服务器安装成功

若系统上还没有安装 NFS 的相关组件,可以使用如下命令:

```
# yum install nfs-utils rpcbind
```

14.1.3 管理 nfs 服务

NFS 服务器安装成功后,需要启动相应的服务才能做进一步的操作。可以采用 systemctl 命令对其进行管理,常见操作包括启动、停止、重新启动、查看状态、设置自启动等,相关命令依次如下:

```
# systemctl  start    rpcbind      //启动 rpcbind 服务
# systemctl  stop     rpcbind      //停止 rpcbind 服务
# systemctl  restart  rpcbind      //重新启动 rpcbind 服务
# systemctl  status   rpcbind      //查看 rpcbind 服务状态
# systemctl  enable   rpcbind      //设置 rpcbind 服务开机自启动
# systemctl  disable  rpcbind      //禁止 rpcbind 服务开机自启动
# systemctl  start    nfs          //启动 nfs 服务
# systemctl  stop     nfs          //停止 nfs 服务
# systemctl  restart  nfs          //重新启动 nfs 服务
# systemctl  status   nfs          //查看 nfs 服务状态
# systemctl  enable   nfs          //设置 nfs 服务开机自启动
# systemctl  disable  nfs          //禁止 nfs 服务开机自启动
```

14.2 项目二:配置 NFS 服务器

表 14.2 服务框架信息表

IP 地址	角色
192.168.1.254	NFS 服务器
192.168.1.0/24	NFS 客户端
192.168.1.129	NFS 客户端

【项目描述】

管理员准备在已安装好的 NFS 服务器中创建需要共享的目录及对访问对象的控制。共享目录为/var/web,192.168.1.0/24 网段内的所有主机均以只读方式访问 /var/web 目录,192.168.1.129 可以以可读可写的方式访问/var/web 目录。

服务框架信息见表 14.2。

【项目分析】

本项目主要涉及 NFS 服务器中基本的操作，主要包括添加共享账户、创建共享目录、修改权限、设置 NFS 配置文件及重新启动 nfs 服务，然后对 NFS 服务器进行测试。相关知识点见表 14.3。

表 14.3　相关知识点

序号	知识点	详见章节
1	NFS 配置文件	14.2.1 节
2	维护 NFS 服务器的共享	14.2.2 节
3	查看共享目录参数	14.2.3 节
4	NFS 服务器的测试	14.2.4 节

【操作过程】

```
# vim    /etc/exports          //编辑 NFS 配置文件/etc/exports
/var/web 192.168.0.0/24(ro) 192.168.1.10(rw)
                    //对 192.168.0.0/24 网段设置只读共享，对 192.168.1.129 主机设置可读可写共享
# mkdir /var/web              //创建共享目录
# systemctl   restart         //重新启动 nfs 服务
# exportfs -rv                //导出全部共享目录，使修改立刻生效
# cat /var/lib/nfs/etab       //查看共享目录参数
```

14.2.1　NFS 配置文件

nfs 服务使用/etc/exports 配置文件定义需要共享的目录及对访问对象的控制，NFS 服务器在默认的情况下不共享任何目录，管理员需要手动设置共享的目录。

/etc/exports 配置文件的格式为：

```
共享目录    [主机表(参数项)]
```

共享目录：在 NFS 服务器上需要共享给客户端主机的目录路径，此路径为绝对路径。

主机表：可访问 NFS 服务器的主机列表。

参数项：控制共享目录的访问权限和用户映射等，见表 14.4。

表 14.4　/etc/exports 文件常用参数

选　项	解　　释
ro	目录只读
rw	目录可读可写
sync	将数据同步写入内存缓冲区与磁盘中，效率低，但可以保证数据的一致性
async	将数据先保存在内存缓冲区中，必要时才写入磁盘
wdelay	多个用户要写入 NFS 共享目录时，归组写入（默认）
root_squash	将 root 用户及所属组都映射为匿名用户或用户组（默认）
no_ root_squash	不将远程访问的所有普通用户及所属组都映射为匿名用户或用户组（默认）
all_squash	将远程访问的所有普通用户及所属组都映射为匿名用户或用户组
anonuid=<UID>	将远程访问的所有用户都映射为匿名用户，并指定该用户为本地用户(UID=xxx)
anongid=<GID>	将远程访问的所有用户组都映射为匿名用户组

14.2.2 维护 NFS 服务器的共享

exportfs 命令用于维护 NFS 共享目录列表。当修改了/etc/exports 配置文件之后，无须重新启动 nfs 服务，可以使用 exportfs 命令使修改立刻生效。

命令格式：

```
exportfs [-aruv]
```

选项说明：

-a，导出/etc/exports 配置文件中设置的全部共享目录。

-r，重新导出/etc/exports 配置文件中的设置，并同步更新/var/lib/nfs/xtab 文件的内容。

-u，卸载已导出的共享目录。

-v，在显示输出列表的同时显示设定参数。

使用#exportfs -rv 命令使修改即刻生效，执行结果如图 14.2 所示。

```
[root@localhost ~]# exportfs - rv
exporting 192.168.1.129:/var/web
exporting 192.168.1.0/25:/var/web
```

图 14.2　配置文件修改的执行结果

14.2.3 查看共享目录参数

当重新启动 nfs 服务或使用 exportfs 命令重新挂载共享目录之后，可以通过查看/var/lib/nfs/etab 文件来了解共享目录参数的详细情况。如图 14.3 所示。

```
[root@localhost ~]# cat /var/lib/nfs/etab
/var/web        192.168.1.129( rw, sync, wdelay, hide, nocrossmnt, secure, root_squash,
no_all_squash, no_subtree_check, secure_locks, acl, no_pnfs, anonuid=65534, anongid=65
534, sec=sys, rw, secure, root_squash, no_all_squash)
/var/web        192.168.1.0/25( ro, sync, wdelay, hide, nocrossmnt, secure, root_squash
, no_all_squash, no_subtree_check, secure_locks, acl, no_pnfs, anonuid=65534, anongid=6
5534, sec=sys, ro, secure, root_squash, no_all_squash)
```

图 14.3　查看共享目录参数

14.2.4 测试 NFS 服务器

1．查看 NFS 服务器共享目录

客户端可以通过 showmount 命令查看 NFS 服务器共享目录，以便挂载这些共享目录。命令格式：

```
showmount  -e   [<hostname>|<IP>]
```

2．客户端文件系统的挂载与卸载

（1）确认客户端已经启动了 rpcbind 和 nfs 服务，如图 14.4 和图 14.5 所示。

```
[root@localhost ~]# systemctl status rpcbind
● rpcbind.service - RPC bind service
   Loaded: loaded (/usr/lib/systemd/system/rpcbind.service; indirect; vendor pre
set: enabled)
   Active: active (running) since 一 2018- 07- 16 14:37:36 CST; 18min ago
  Process: 49228 ExecStart=/sbin/rpcbind - w ${RPCBIND_ARGS} (code=exited, status
=0/SUCCESS)
 Main PID: 49229 (rpcbind)
   CGroup: /system.slice/rpcbind.service
           └─49229 /sbin/rpcbind - w

7月 16 14:37:36 localhost.localdomain systemd[1]: Starting RPC bind service...
7月 16 14:37:36 localhost.localdomain systemd[1]: Started RPC bind service.
Hint: Some lines were ellipsized, use - l to show in full.
```

图 14.4　rpcbind 服务状态

```
[root@localhost ~]# systemctl status nfs
●nfs-server.service - NFS server and services
   Loaded: loaded (/usr/lib/systemd/system/nfs-server.service; disabled; vendor
preset: disabled)
   Active: active (exited) since 一 2018-07-16 14:43:13 CST; 15min ago
  Process: 49356 ExecStopPost=/usr/sbin/exportfs -f (code=exited, status=0/SUCCE
SS)
  Process: 49353 ExecStopPost=/usr/sbin/exportfs -au (code=exited, status=0/SUCC
ESS)
  Process: 49352 ExecStop=/usr/sbin/rpc.nfsd 0 (code=exited, status=0/SUCCESS)
  Process: 49363 ExecStart=/usr/sbin/rpc.nfsd $RPCNFSDARGS (code=exited, status=
0/SUCCESS)
  Process: 49362 ExecStartPre=/usr/sbin/exportfs -r (code=exited, status=0/SUCCE
SS)
 Main PID: 49363 (code=exited, status=0/SUCCESS)
   CGroup: /system.slice/nfs-server.service

7月 16 14:43:13 localhost.localdomain systemd[1]: Starting NFS server and se...
7月 16 14:43:13 localhost.localdomain systemd[1]: Started NFS server and ser...
Hint: Some lines were ellipsized, use -l to show in full.
```

图 14.5 nfs 服务状态

（2）使用 showmount 查看 NFS 服务器共享目录。

省略主机名或 IP 地址时，显示本机共享的所有目录，如图 14.6 所示。

```
[root@localhost ~]# showmount -e 192.168.1.254
Export list for 192.168.1.254:
/var/web 192.168.1.0/25,192.168.1.129
```

图 14.6 NFS 服务器共享的所有目录

（3）使用 mkdir 命令在客户端建立要挂载的挂载点目录：

```
#mkdir /web
```

（4）使用 mount 命令将远程 NFS 服务器主机直接挂载到本地挂载点目录。

使用 mount 命令挂载 NFS 文件系统的命令格式：

```
#mount  -t  nfs [-o 参数] NFS 服务器地址:/共享目录 /本地挂载点目录
```

项目二将服务器（192.168.1.254）的共享目录挂载到本地/web 的执行结果如图 14.7 所示。

```
[root@localhost /]# mount -t nfs 192.168.1.254:/var/web /web
[root@localhost /]# df -h
文件系统                容量   已用   可用  已用% 挂载点
/dev/sda2                16G   4.5G    11G    31% /
devtmpfs                476M      0   476M    0% /dev
tmpfs                   489M   156K   489M    1% /dev/shm
tmpfs                   489M    20M   470M    4% /run
tmpfs                   489M      0   489M    0% /sys/fs/cgroup
/dev/sda1               190M   129M    48M   74% /boot
.host:/                 932G   254G   679G   28% /mnt/hgfs
tmpfs                    98M    24K    98M    1% /run/user/1000
/dev/sr0                4.1G   4.1G      0  100% /run/media/songyang/CentOS 7 x86_
64
tmpfs                    98M      0    98M    0% /run/user/0
192.168.1.254:/var/web   16G   4.5G    11G   31% /web
```

图 14.7 项目二的执行结果

14.3 常见问题分析

1. 权限问题

很多时候，当在/etc/exports 配置文件中设置共享目录为可读可写时，忘记了修改相应的系统文件及目录权限，从而导致客户端实际挂载使用时无写权限，系统提示信息一般为"Permission denied"，在对配置文件设置写权限后，一定要记住修改相关目录、文件的权限。

另外，默认客户端使用 root 访问 NFS 共享目录并进行读、写操作时，服务器会自动把 root 转换为服务器本机的 nfsobody 账号，这会导致 root 无法进行相应的操作。如果要保留 root 权限，则需要在配置文件中添加 no_root_squash 选项。

2．rpcbind 问题

在没有启动 rpcbind 服务的情况下，启动 nfs 服务时系统会报出 NFS mountd、rpc.rquotad、rpc.nfsd 无法启动的提示，因为这些服务都依赖于 rpcbind 服务，这时就需要先确保 rpcbind 服务启动后再开启 nfs 服务及相关服务进程。通过 rpcinfo-p 命令可以查看基于 RPC 协议的服务是否成功与 rpcbind 通信，并注册信息。

3．兼容性问题

在工作环境中，当客户端需要使用 NFSv3 版本挂载以满足兼容性要求时，则需要使用 nfsvers 选项设置特定的版本信息，并且在/etc/fstab 开机自动挂载文件中也需要进行相应的修改：

```
#mount -o nfsvers=3 192.168.1. 254: /var/web /web
```

/etc/fstab 文件的书写格式为：

```
192.168.1.254:/var/web /web nfs    defaults,nfsvers=3 0
```

4．挂载错误

系统提示"No such file or directory"，说明服务器上没有相应的挂载点目录，应检查确定目录名称是否正确。

5．防火墙错误

系统提示"mount:mount to NFS server'192.168.1.254em Error:No route to host'"，说明 NFS 服务器的默认端口 2049 被防火墙屏蔽，需要修改防火墙规则以开放 2049 端口。

本 章 小 结

本章通过两个项目依次介绍了 NFS 服务器的安装与启动及 NFS 服务器的配置。

在 NFS 服务器的安装与启动中，主要介绍了采用 YUM 方式安装 NFS 服务器的方法；针对 NFS 服务器配置文件/etc/exports，解读常见的参数、选项及配置方法和格式。

在 NFS 服务器的配置中，介绍使用 exportfs 命令维护 NFS 服务器的共享。此外，还介绍了在客户端挂载 NFS 文件系统的方法。

习 题 14

1．选择题

（1）NFS 服务器配置文件是（   ）。

A. exports   B. resolv.conf   C. named.conf   D. export

（2）在/etc/exports 文件中，/data 192.168.1.10 (rw)的含义是（   ）。

A. 主机以可读可写的方式挂载本地导出的/data 目录

B. 主机以只读的方式挂载本地导出的/data 目录

C. 主机不能以只读的方式挂载本地导出的/data 目录

D. 主机不能以可读可写的方式挂载本地导出的/data 目录

（3）在 CentOS Linux 7 中，启动基于 NFSv3 版本的 nfs 服务时，一定要先开启（　　　）服务。

A. portmapper　　　　　　　　B. RPC　　　　　　　　C. rpcbind　　　　　　　　D. portmap

（4）NFSv3 和 NFSv4 中 nfs 服务使用的端口是（　　　）。

A. 111　　　　　　　　　　　　B. 2048　　　　　　　　C. 2049　　　　　　　　D. 20048

2．简答题

（1）简述 NFS 服务器的作用。

（2）简述/etc/exports 文件内容的格式。

上机实践 14

1．在主机 1 下安装 NFS 服务器，对 NFS 服务器进行配置，共享目录为/data，允许主机 2 以可读可写的方式访问主机 1 的/data 目录；启动 nfs 服务；清空主机 1 的 iptables 防火墙的 filter 表中的所有规则；在主机 2 上手动挂载主机 1 的共享目录到/filesystem 上，成功后查看挂载情况。

2．在 Linux 系统中按以下要求配置 NFS 服务器，然后在 NFS 客户端 192.168.0.5 上将共享目录挂载到本地的/mnt/it 目录下。

共享目录：/it。

客户端：192.168.0.5。

导出选项：共享目录具有读权限和写权限。

3．在 NFS 客户端上设置开机自动挂载 NFS 文件系统，将 NFS 服务器上的共享目录以可读可写权限自动挂载到本地的/mnt/it 目录下。

第 15 章 Samba 服务器

许多计算机都是以 Windows 操作系统为基础的，如何使 Windows 访问 Linux 服务器中的共享资源，这是一个比较复杂的过程。使用服务器信息块（Server Message Block，SMB）协议，可以共享文件、磁盘、目录、打印机等资源。Linux 系统中的 Samba 服务器内置 SMB 协议，使用 Samba 服务器实现资源共享，使 Windows 客户端可访问这些共享资源。本章将逐步讲解 Samba 服务器的安装和配置过程，主要包括以下知识点：

● Samba 服务器简介（重点）；
● Samba 服务器的安装方法（重点）；
● Samba 服务器的配置方法（重点，难点）；
● Samba 服务器的测试方法（重点）。

15.1 项目一：Samba 服务器的安装与启动

【项目描述】

某公司经过不断发展，公司的网络环境建设日趋完善，内部网络逐渐增多。为了使员工能方便共享不同操作系统之间的资源，将安装局域网 Samba 服务器，实现 Windows 和 Linux 资源的共享。

【项目分析】

本项目主要完成 Samba 服务器的安装，在设置并加载防火墙的基础上，利用 YUM 工具安装 Samba 服务器。相关知识点见表 15.1。

表 15.1 相关知识点

序号	知识点	详见章节
1	了解 Samba 服务器	15.1.1 节
2	安装 Samba 服务器的过程	15.1.2 节

【操作过程】

```
#firewall-cmd  --permanent  --add-service=samba    //设置防火墙
#firewall-cmd  --reload                            //重新加载防火墙
#yum  install  samba  samba-client                 //安装 Samba 服务器
#systemctl  start  smb.service  nmb.service
```

若服务器启动成功，说明服务器安装一切正常。

15.1.1 Samba 服务器简介

Samba 是在 Linux 和 UNIX 系统上实现 SMB 协议的一个免费软件，由服务器及客户端程序构成。SMB 协议属于客户/服务器协议，在局域网内客户端通过该协议可以访问服务器上的共享文件、打印机及其他资源。通过设置"NetBIOS over TCP/IP"使得 Samba 服务器不仅能与局域网内的主机分享资源，还能与全世界的计算机分享资源。

15.1.2 安装 Samba 服务器

安装 Samba 服务器，可以采用多种方法：使用 RPM 工具安装、使用 YUM 工具安装和源码包安装。初学者建议使用 YUM 工具安装方式，较为熟练的使用者可以采用源码包安装方式。本节采用 YUM 工具安装。

1. 修改防火墙设置

由于防火墙默认策略会阻止远程用户对 Samba 服务器的访问，因此需要先修改防火墙配置，以确保共享服务的正常使用。

```
#firewall-cmd  --permanent  --add-service=samba      //设置防火墙
#firewall-cmd  --reload                              //重新加载防火墙
```

2. 安装 Samba 服务器

可以直接使用 YUM 工具进行安装。具体操作如下：

```
#yum  install  -y  samba  samba-client
```

安装后，启动并查看 Samba 服务器，如图 15.1 所示，其中 NMB 对客户端提供 NetBIOS 服务。

```
[root@localhost ~]# systemctl start smb.service nmb.service
[root@localhost ~]# systemctl status smb.service nmb.service
● smb.service - Samba SMB Daemon
   Loaded: loaded (/usr/lib/systemd/system/smb.service; disabled; vendor preset:
disabled)
   Active: active (running)since Tue 2017-11-28 09:08:09 CST; 10s ago
 Main PID: 11763 (smbd)
   Status: "smbd: ready to serve connections..."
   CGroup: /system.slice/smb.service
           ├─11763 /usr/sbin/smbd
           ├─11764 /usr/sbin/smbd
           ├─11765 /usr/sbin/smbd
           └─11768 /usr/sbin/smbd

Nov 28 09:08:09 localhost.localdomain systemd[1]: Starting Samba SMB Daemon...
Nov 28 09:08:09 localhost.localdomain smbd[11763]: [2017/11/28 09:08:09.45839...
Nov 28 09:08:09 localhost.localdomain systemd[1]: Started Samba SMB Daemon.
Nov 28 09:08:09 localhost.localdomain smbd[11763]:    STATUS=daemon 'smbd' fin...

● nmb.service - Samba NMB Daemon
   Loaded: loaded (/usr/lib/systemd/system/nmb.service; disabled; vendor preset:
disabled)
   Active: active (running)since Tue 2017-11-28 09:08:09 CST; 10s ago
 Main PID: 11761 (nmbd)
   Status: "nmbd: ready to serve connections..."
   CGroup: /system.slice/nmb.service
           └─11761 /usr/sbin/nmbd

Nov 28 09:08:09 localhost.localdomain systemd[1]: Starting Samba NMB Daemon...
Nov 28 09:08:09 localhost.localdomain nmbd[11761]: [2017/11/28 09:08:09.41679...
Nov 28 09:08:09 localhost.localdomain nmbd[11761]:    STATUS=daemon 'nmbd' fin...
Nov 28 09:08:09 localhost.localdomain systemd[1]: Started Samba NMB Daemon.
Hint: Some lines were ellipsized, use -l to show in full.
```

图 15.1　Samba 服务器启动和状态查询

15.2　项目二：Samba 服务器的配置与测试

【项目描述】

安装完 Samba 服务器后，需要进一步配置，将/home/samba 设为共享目录，用于共享信息，实现 Windows 和 Linux 资源的互通。

【项目分析】

配置 Samba 服务器主要包含以下几个步骤：首先需要修改 smb.conf 配置文件，测试配置文件语法的可靠性，之后可新建共享目录和共享文件，并设置 SELinux 中涉及 Samba 服务器的属性，然后新建 Samba 用户并为其设置密码，最后启动 smb 和 nmb 服务。相关知识点见表 15.2。

表 15.2　相关知识点

序号	知识点	详见章节
1	配置 Samba 服务器	15.2.1 节
2	测试 Samba 服务器	15.2.2 节

【操作过程】

```
#vim    /etc/samba/smb.conf              //在配置文件末尾追加如下信息
[common]                                 //共享名称为 common
    comment = Common share               //共享注释
    path = /home/samba                    //指定共享路径
    browseable = yes                      //所有人可见
    guest ok = no                         //拒绝匿名访问
    writable = yes                        //支持写入数据
#testparm                                //测试语法可靠性
#mkdir    /home/samba                     //新建共享目录
#touch    home/samba/samba.txt           //新建共享文件
#setsebool  -P   samba_export_all_ro=1   samba_export_all_rw=1
                                         //修改 SELinux 中涉及 Samba 服务器的布尔值
#getsebool   –a | grep   samba_export    //查询 SELinux 中 Samba 服务器的布尔值
#semanage   fcontext   –at   samba_share_t   "/home/samba（/.*）?"
                                         //为/home/samba 目录增加 samba_share_t 标签
#restorecon   /home/samba                //恢复 SELinux 文件属性
#useradd  -s  /sbin/nologin   smbuser    //新建 Samba 用户
#smbpasswd  -a    smbuser                //为该用户设置密码
#systemctl   restart   smb.service   nmb.service
#systemctl   status   smb.service   nmb.service
```

完成以上设置后，在 Windows 和 Linux 系统上测试 Samba 服务器的可用性，参见 15.2.2 节。

15.2.1　配置 Samba 服务器

1. 配置文件简介

Samba 服务器的默认配置文件是/etc/samba/smb.conf，默认情况下，Samba 已经配置好允许用户通过远程共享访问账号的主目录。此配置文件中的一些选项设置介绍如下。

```
============================Global Settings[全局选项] ============================
[global]
#
workgroup = WORKGROUP
```

```
server string = Samba Server Version %v          //设定注释，%v 表示显示 Samba 的版本号

netbios name = zhi                               //设置 Samba 服务器的 NetBIOS 名称

map to guest = bad user                          //开启匿名访问

# --------------- Logging Options [日志选项]----------------------------

log file = /var/log/samba/log.%m                 //设置日志文件存储位置及名称，宏%m（主机名）

max log size = 50                                //设置 Samba 服务器日志文件的最大容量，单位为 KB

# --------------- Standalone Server Options[独立运行进程] ---------------------

security = share                                 //无须认证即可登录

passdb backend = tdbsam                          //建立安全账号管理数据库

# --------------- Printing Options[打印选项]----------------------------

#        load printers = yes                     //设置是否在启动 Samba 服务器时共享打印机

#        cups options = raw                      //设置通用打印机选项

#============== Share Definitions[共享参数] =======================

[homes]                                          //设置用户宿主目录

        comment = Home Directories               //指定共享目录为主目录

        browseable = no                          //指定该共享是否可以浏览

        writable = yes                           //指定该共享路径是否可写

[printers]                                       //设置打印机宿主目录

        comment = All Printers                   //描述：所有打印机

        path = /var/spool/samba

        browseable = no

        guest ok = no                            //指定该共享是否允许 guest 账号访问

        writable = no

        printable = yes                          //指定是否可打印

[public]

        comment = Public Stuff                   //定义说明信息

        path = /home/samba                       //共享目录路径

        public = yes                             //指定该共享是否允许 guest 账号访问

        writable = yes

        printable = no

        write list = +staff                      //允许写入该共享的用户
```

为了将目录共享给客户端，需要在配置文件/etc/samba/smb.conf 的末尾追加对目录的共享设置，实现快速自定义共享。增加内容如下：

```
[common]                                         //共享名称为 common

    comment = Common share                       //共享注释

    path = /home/samba                           //指定共享路径
```

browseable = yes	//所有人可见
guest ok = no	//拒绝匿名访问
writable = yes	//支持写入数据

2. 测试语法

使用命令 testparm 测试配置文件语法的可靠性。当配置文件的语法出错时，命令将给出提示，需要将错误修改正确后，再次运行 testparm 命令查看配置文件是否正确。配置文件正确的提示信息如图 15.2 所示。

```
[root@localhost ~]# testparm
Load smb config files from /etc/samba/smb.conf
rlimit_max: increasing rlimit_max (1024) to minimum Windows limit (16384)
Processing section "[homes]"
Processing section "[printers]"
Processing section "[print$]"
Loaded services file OK.
Server role: ROLE_STANDALONE

Press enter to see a dump of your service definitions
```

图 15.2　配置文件正确的提示信息

3. 建立共享目录

在/home 目录中新建 samba 目录作为 Samba 服务器的共享目录，并在 samba 目录中新建 samba.txt 文件作为共享文件，同时将共享文件的权限调整为所有用户可读、可写、可执行，从而确保在不同的操作系统中共享此目录中的文件。如图 15.3 所示。

```
[root@localhost ~]# mkdir /home/samba
[root@localhost ~]# chmod  777  /home/samba
[root@localhost ~]# touch  /home/samba/samba.txt
```

图 15.3　建立共享目录

在访问 Samba 共享目录之前，需要停用 SELinux 或设置恰当的布尔值和安全选项，否则 SELinux 会阻止客户端访问共享目录，使用如下命令：

#setsebool -P samba_export_all_ro=1 samba_export_all_rw=1	
	//修改 SELinux 中涉及 Samba 服务器的布尔值
#getsebool –a | grep samba_export	//查询 SELinux 中 Samba 服务器的布尔值
#semanage fcontext –at samba_share_t "/home/samba（/.*）?"	
	//为/home/samba 目录增加 samba_share_t 标签
#restorecon /home/samba	//恢复 SELinux 文件属性

4. 创建访问账号

客户端访问Samba共享时所使用的账号就是服务器的操作系统中真实存在的系统账号。需要注意的是，访问Samba共享的密码必须是独立的Samba密码，不可以使用系统密码，这样即便有人获得了Samba的账号和密码，也不能登录到服务器的操作系统。因此，成功访问Samba服务器还需要使用#smbpasswd命令将系统账号添加到Samba中，并设置对应的密码，CentOS系统自带的Samba软件包安装后，默认会将账号和密码存放在/var/lib/samba/private目录下。

具体操作如图 15.4 所示，首先新建系统用户 smbuser，然后利用 smbpasswd 命令为该用户设置密码，并将该用户添加到 Samba 服务器的账号中。在添加过程中，会提示设置账号对应的密码。

smbpasswd 命令的格式：

smbpasswd [选项] 账号名称

```
[root@localhost ~]# useradd -s /sbin/nologin smbuser
[root@localhost ~]# smbpasswd -a smbuser
New SMB password:
Retype new SMB password:
Added user smbuser.
[root@localhost ~]# systemctl restart smb.service nmb.service
[root@localhost ~]# systemctl status smb.service nmb.service
```

图 15.4 添加用户

选项说明：

-a，添加账号并设置密码。

-x，删除 SMB 账号。

-d，禁用 SMB 账号。

-e，启用 SMB 账号。

利用命令#smbpasswd -a root，将 root 用户添加到 Samba 服务器的账号中。具体操作如图 15.5 所示。

```
[root@localhost ~]# smbpasswd -a root
New SMB password:
Retype new SMB password:
Added user root.
```

图 15.5 添加 root 用户

15.2.2 测试 Samba 服务器

1．Windows 环境测试

假设当前 Linux 系统的 ens33 网卡的 IP 地址是 192.168.65.128。在 Windows 环境下输入 \\192.168.65.128 进行访问，如图 15.6 所示。

图 15.6 Windows 环境测试

2．Linux 环境测试

在 Linux 环境下输入 smbclient -U smbuser //192.168.65.128/common 进行访问，如图 15.7 所示。

```
[root@localhost ~]# smbclient -U root //192.168.65.128/common
Enter root's password:
Domain=[SAMBA] OS=[Windows 6.1] Server=[Samba 4.4.4]
smb: \> ls
  .                                   D        0  Wed Aug 16 11:30:07 2017
  ..                                  D        0  Wed Aug 16 12:39:30 2017
  samba.txt                           N       26  Wed Aug 16 11:30:07 2017

                17811456 blocks of size 1024. 13526348 blocks available
smb: \>
[root@localhost ~]# smbclient -U smbuser //192.168.65.128/common
Enter smbuser's password:
Domain=[SAMBA] OS=[Windows 6.1] Server=[Samba 4.4.4]
smb: \> ls
  .                                   D        0  Wed Aug 16 11:30:07 2017
  ..                                  D        0  Wed Aug 16 12:39:30 2017
  samba.txt                           N       26  Wed Aug 16 11:30:07 2017

                17811456 blocks of size 1024. 13526276 blocks available
smb: \>
```

图 15.7 Linux 环境测试

3．配置只允许个别用户访问

（1）配置 smb.conf

```
[global]
    workgroup = SAMBA                    //设定工作组
    security = user                      //设定访问的安全级别为：需要提供用户名和密码
    passdb backend = tdbsam              //设定用户后台
    printing = cups                      //设定打印机所使用的类型
    printcap name = cups                 //设定打印机的配置文件
    load printers = yes                  //是否在开启服务时共享打印机
    cups options = raw                   //设置打印机模式
[homes]                                  //设置用户宿主目录
    comment = Home Directories           //指定共享目录为主目录
    valid users = smbuser                //指定有效用户
    browseable = No                      //指定该共享是否可以浏览
    read only = No                       //指定该共享路径是否可读
    inheritacls = Yes
[printers]                               //设置打印机宿主目录
    comment = All Printers               //针对所有打印机
    path = /var/tmp                      //设置打印机共享路径
    printable = Yes                      //指定是否可打印
    create mask = 0600                   //指定新建文件的属性
    browseable = No                      //指定该共享是否可以浏览
[print$]                                 //设置打印机驱动目录
    comment = Printer Drivers            //设置打印机驱动
    path = /var/lib/samba/drivers        //设置打印机驱动共享路径
    write list = root                    //设定为只读时，只有此列表内的成员才可写入
    create mask = 0664                   //指定新建文件的属性
    directory mask = 0775                //指定新建目录的属性
[common]                                 //共享名称为 common
    comment = Common share               //共享注释
    path = /home/samba                   //指定共享路径
    browseable = yes                     //所有人可见
    guest ok = no                        //拒绝匿名访问
    writable = yes                       //支持写入数据
[time]                                   //共享名称为 time
    comment = Ashes of Time              //设置共享名称
    path = /home/samba                   //指定共享路径
    valid users = smbuser                //指定有效用户
    write list = smbuser                 //设定为只读时，只有此列表内的成员才可写入
    printable = no                       //指定是否可打印
    create mask = 0755                   //指定新建文件的属性
    directory mask = 0755                //指定新建目录的属性
```

（2）验证

在 Windows 客户端的验证方法如下：在【我的电脑】上单击鼠标右键，选择【映射网络驱动器】，选择【使用其他凭据连接】，如图 15.8 所示。按照提示输入用户名 smbuser 和密码，之后可看到共享的文件。

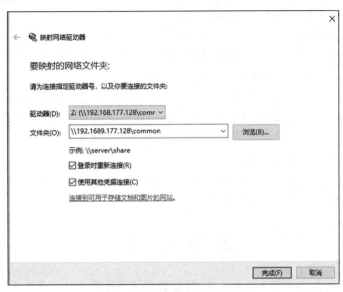

图 15.8　Windows 客户端验证

在 Linux 客户端的验证方法如下：输入#smbclient　-L　192.168.10.128　-U　smbuser 命令进行验证，如图 15.9 所示。

```
[root@localhost ~]# smbclient -L 192.168.65.128 -U smbuser
Enter smbuser's password:
Domain=[SAMBA] OS=[Windows 6.1] Server=[Samba 4.4.4]

        Sharename       Type      Comment
        ---------       ----      -------
        print$          Disk      Printer Drivers
        common          Disk      Common share
        IPC$            IPC       IPC Service (Samba 4.4.4)
        smbuser         Disk      Home Directories
Domain=[SAMBA] OS=[Windows 6.1] Server=[Samba 4.4.4]

        Server          Comment
        ---------       -------
        LOCALHOST       Samba 4.4.4

        Workgroup       Master
        ---------       -------
        SAMBA           LOCALHOST
        WORKGROUP       DESKTOP-U7R2TP4
```

图 15.9　Linux 客户端验证

15.3　常见问题分析

若 Samba 服务器配置有误，在 Linux 客户端验证时会提示错误信息，以下是常见的错误信息及其解决方案。

常见问题 1：NT_STATUS_BAD_NETWORK_NAME

解决方法：若提示该错误信息，则说明输入了错误的共享名称，一般为输入性错误，需要检查客户端请求的共享资源在服务器中是否存在。

常见问题 2：NT_STATUS_LOGIN_FAILURE

解决方法：若提示该错误信息，则说明登录失败，一般是由于账号名称或密码不对，需要检查账号与密码后重试。

常见问题 3：NT_STATUS_ACCESS_DENIED

解决方法：若提示该错误信息，则说明访问被拒绝，权限不足。可能是Samba服务器设置的访问权限不允许客户端访问，也有可能是服务器文件系统的访问权限不允许客户端访问。

常见问题 4：NT_STATUS_HOST_UNREACHABLE

解决方法：若提示该错误信息，则说明客户端无法连接服务器，一般是由于网络故障或防火墙问题，需要检查客户端与服务器的网络连接是否正常。此外，还需要检查防火墙规则是否允许客户端请求。

常见问题 5：Not enough'\'characters in service

解决方法：若提示该错误信息，则说明客户端访问时共享路径输入有误，需要注意//IP和//IP/是不同的，使用//IP/格式访问服务器会报错误。

本 章 小 结

本章通过两个项目详细介绍了 Samba 服务器的安装和配置方法。

在Samba服务器的安装中，介绍了Samba服务器的基本功能与特点，Samba服务器的安装采用YUM工具安装，在安装前需要先修改防火墙的配置。安装后，可利用systemctl命令启动并查看Samba服务器的状态。

在Samba服务器的配置中，介绍了/etc/samba/smb.conf配置文件的修改方法，其中涉及共享注释、共享路径、是否可见、访问权限等内容，可使用testparm命令测试配置文件语法；还介绍了设置SELinux中涉及Samba服务器的修改方法，在新建Samba用户时，需要利用smbpasswd命令将用户添加到Samba服务器的账号中。此外，还介绍了Windows和Linux环境下测试Samba服务器的方法。

习 题 15

1．选择题

（1）Samba 服务器的配置文件是（　　）。

A．smb.conf　　　　　B．resolv.conf　　　　　C．named.conf　　　　D．httpd.conf

（2）启动 Samba 服务器的命令是（　　）。

A．systemctl　start　smb.service　nmb.service

B．systemctl　restart　smb.service　nmb.service

C．systemctl　status　smb.service　nmb.service

D．systemctl　stop　smb.service　nmb.service

（3）在 Samba 服务器的配置过程中，指定共享路径的关键字是（　　）。

A．comment　　　　　B．Path　　　　　　C．browseable　　　　D．writable

（4）在 Samba 服务器的配置过程中，指定所有人可见的关键字是（　　）。

A．comment　　　　　B．Path　　　　　　C．browseable　　　　D．writable

（5）在 Samba 服务器的配置过程中，设置匿名访问的关键字是（　　　）。

A．comment　　　　B．guest ok　　　　C．browseable　　　D．writable

（6）将用户添加到 Samba 服务器的账号的命令是（　　　）。

A．groupadd　　　　B．mkdir　　　　　C．smbpasswd　　　D．useradd

（7）Samba 的两个守护进程的名称是（　　　）。

A．sambad & bossad　　　　　　　　B．smbd & nmbd

C．cifsd & smbd　　　　　　　　　　D．samba & netbios

（8）Samba 服务的默认安全级别是（　　　）。

A．share　　　　　　B．user　　　　　C．server　　　　　D．domain

2．填空题

（1）Samba 服务器的配置文件所在路径是_____。

（2）Samba 软件包安装后，默认会将账号与密码存放在_____目录下。

（3）Samba 服务器的配置文件修改完成后，需要通过_____命令测试语法的可靠性。

3．简答题

（1）简述 Samba 服务器的作用。

（2）简述 smbpasswd 命令的用法。

上机实践 15

1．配置局域网 Samba 服务器，Linux 系统的网卡地址是 192.168.24.65，在/common 目录下创建 Linux.txt，并编辑文件。在 Windows 和 Linux 系统上实现共享文件 Linux.txt。

2．在 Linux 系统中按以下要求配置共享 Samba 服务器，然后在 Windows 系统下访问共享资源。

Samba 服务器所在工作组：workgroup。

Samba 服务器描述信息：Samba Server。

Samba 服务器 NetBIOS 名称：rhel。

Samba 服务器网卡 IP 地址：192.168.0.2。

第16章 时间服务器

随着计算机网络的迅猛发展，网络应用已经非常普遍，众多领域的网络系统，如电力、石化、金融、交通等需要在大范围内保持计算机的时间同步和准确。这就需要在网络中设置一个时间基准。通常，架设一个网络时间协议（Network Time Protocol，NTP）服务器可以解决这个问题。本章将介绍在 CentOS Linux 7 下部署 NTP 服务器的过程，主要知识点如下：

- NTP 的工作过程和工作模式（重点）；
- NTP 服务器安装与启动方法（重点）；
- 配置 NTP 服务器的常用选项（重点、难点）；
- NTP 客户端的配置方法（重点）。

16.1 项目一：NTP 服务器的安装与启动

【项目描述】

某企业设计部门由于设计产品的保密性高，所有计算机均不能连接外网，仅限局域网内连通。为了方便员工校对系统时间，达到时间同步的目的，该部门的信息化管理工作室计划为本部门配置局域网内的 NTP 服务器。

【项目分析】

在配置 NTP 服务器之前，首先需要安装 NTP 服务器，NTP 服务器由 ntpd 服务来管理，可以采用 RPM 方式安装 ntpd 软件包。安装完成后，启动 ntpd 服务，设置自启动状态。相关知识点见表 16.1。

表 16.1 相关知识点

序号	知识点	详见章节
1	了解 NTP 服务器	16.1.1 节~16.1.3 节
2	安装 NTP 服务器的过程	16.1.4 节
3	管理 ntpd 服务	16.1.4 节

【操作过程】

可以在安装光盘中获取 ntp-4.2.6p5-22.el7.centos.x86_64.rpm 软件包。

```
#rpm  -ivh  ntp-4.2.6p5-22.el7.centos.x86_64.rpm        //安装 NTP 服务器
#systemctl  start  ntpd.service                         //开启 ntpd 服务
#systemctl  enable  ntpd.service                        //设置 ntpd 服务自启动
```

16.1.1 NTP 的工作过程

NTP 是用来使计算机时间同步化的一种协议，它可以使计算机与其服务器或时间源同步，以提供高精准度的时间校正。

要通过 NTP 提供准确时间，首先需要有准确的时间源——国际标准时间（Coordinated Universal Time，UTC）。可以通过原子钟、天文台、卫星、Internet 等渠道获得 UTC，然后按 NTP

服务器的等级进行传播。

NTP 的网络体系结构是分层管理的类树形结构，如图 16.1 所示。按照距离外部时间源的远近，将所有服务器归入不同的 Stratum（层）中。Stratum-1 在顶层，由外部 UTC 接入，而 Stratum-2 则从 Stratum-1 获取时间，Stratum-3 从 Stratum-2 获取时间，以此类推。所有这些服务器在逻辑上形成阶梯式的架构，并相互连接，而 Stratum-1 的 NTP 服务器是整个系统的基础，Stratum 层的总数必须限制在 15 层以内。

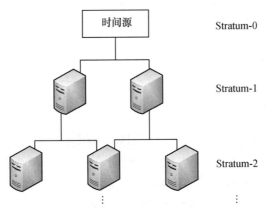

图 16.1　NTP 的网络体系结构

在使用 NTP 服务器进行时间同步时，NTP 客户端发出时间同步请求，与 NTP 服务器交换时间，交换的结果是客户端计算出时间的延迟，调整与 NTP 服务器时间同步。通常，在设置的最初状态，5～10 分钟内进行 6 次交换，时间同步以后，每 10 分钟与 NTP 服务器时间进行一次同步。

16.1.2　NTP 的工作模式

NTP 的工作模式有 3 种。

1. 主/被动对称模式

该模式采用一对一的连接，双方均可同步对方或被对方同步，先发出申请建立连接的一方工作在主动模式下，另一方工作在被动模式下。

2. 客户/服务器模式

该模式采用一对一的连接，该模式与主/被动对称模式的区别是，客户端按服务器的时间进行同步，而服务器不会被客户端同步。

3. 广播模式

该模式采用一对多的连接，不论客户端工作在何种模式下，服务器都主动发出时间信息，客户端根据收到的信息调整时间。

上述 3 种工作模式的时间信息都采用 UDP 协议来传输同步的数据包，每一个数据包内包含最近一次事件的时间信息：上次事件的发送与接收时间、传递现在事件的当地时间，以及此数据包的接收时间。客户端收到上述数据包后，即可计算出时间的偏差量和传递数据包的时间延迟。时间服务器利用一种过滤算法，参照之前 8 个校时数据包计算出时间参考值，判断后续校时数据包的精确性。如果只从一个时间服务器获得校时信息，不能校正通信过程所造成的时间偏差。可同时与多个时间服务器通信校时，利用过滤算法找出相对可靠的时间来源，然后采用它的时间来校时。

16.1.3　选择 NTP 服务器

从 20 世纪 90 年代开始，Internet 中就推出了 NTP 服务器。到现在为止，全世界大约有上百个公共 NTP 服务器。下面列出国际和国内的部分公共 NTP 服务器，供用户安装自己的 NTP 服务器时使用。

time-b.timefreq.bldrdoc.gov：美国国家标准技术研究院。

time-c.timefreq.bldrdoc.gov：美国国家标准技术研究院。

time.buptnet.edu.cn：北京邮电大学。

slb.time.edu.cn：清华大学。

slc.time.edu.cn：北京大学。

sld.time.edu.cn：东南大学。

16.1.4　安装 NTP 服务器

如果局域网中的计算机可以访问 Internet，则只需要安装 NTP 客户端软件，然后通过客户端连接到 Internet 的公共 NTP 服务器，自动修正时间即可。若局域网不能访问 Internet，则需要安装一台 NTP 服务器，从而实现局域网内部时间的统一。

安装 NTP 服务器的流程可分为查询、挂载、安装 3 个步骤，然后启动 ntpd 服务，设置自启动状态。

1．查询

在安装 NTP 服务器之前，需要确认当前系统是否已经安装了版本合适的软件包。如果输出类似如图 16.2 所示的信息，表示系统已经安装了 NTP 服务器。

```
[root@localhost ~]# rpm -q ntp
ntp-4.2.6p5-25.el7.centos.x86_64
```

图 16.2　已安装 NTP 服务器

如果系统未安装 NTP 服务器，则会输出"package ntp is not installed"。

2．挂载

在安装软件包前，首先需要准备好待安装软件的 RPM 软件包。在 CentOS Linux 7 的安装光盘中提供了相关软件包，在安装过程中可以通过挂载光盘的方法寻找到待安装的软件包。

首先将 Linux 安装光盘的映像文件加载到虚拟光驱中，然后使用 mount 命令进行光盘挂载：

```
#mount   /dev/cdrom    /media
```

在挂载目录下面的 Packages 目录中找到 ntp-4.2.6p5-22.el7.centos.x86_64.rpm 软件包，将它复制到其他目录中待安装。

3．安装

采用 rpm 命令进行安装：

```
#rpm   -ivh   ntp-4.2.6p5-22.el7.centos.x86_64.rpm
```

如果没有光盘，无法获取到软件包，则可以通过 yum 命令使用网上资源直接进行安装：

```
#yum   -y   install   ntp
```

4．启动服务

启动 ntpd 服务可以使用 systemctl 命令：

```
#systemctl   start   ntpd.service
```

启动 NTP 服务器后，ntpd 服务就会被运行，监听端口为 123。

5. 设置自启动状态

```
#systemctl  enable  ntpd.service
```

16.2 项目二：NTP 服务器的配置

【项目描述】

成功安装 NTP 服务器后，管理员需要继续配置该 NTP 服务器，设置上级 NTP 服务器为 time-b.timefreq.bldrdoc.gov、time-c.timefreq.bldrdoc.gov、slb.time.edu.cn。为内部网络 192.168.137.0 中各客户端提供网络校时，客户端不能修改 NTP 服务器的时间参数，开启内部递归网络接口。

【项目分析】

该项目中涉及的配置可以通过对 NTP 服务器的主配置文件/etc/ntp.conf 的修改来完成。其中，使用 server 选项完成对上级 NTP 服务器的设置，使用 restrict 选项完成对访问权限的设置，配置完成后可以使用 ntpd -p 命令进行测试。相关知识点见表 16.2。

表 16.2 相关知识点

序号	知识点	详见章节
1	了解配置文件	16.2.1 节、16.2.2 节
2	修改配置文件	16.2.3 节
3	测试 NTP 服务器	16.2.4 节

【操作过程】

```
#cd /etc
#vim  ntp.conf       //修改配置文件
    restrict  default  ignore
    restrict  192.168.137.0 mask  255.255.255.0  nomodify
    server  time-b.timefreq.bldrdoc.gov
    server  time-c.timefreq.bldrdoc.gov
    server  s1b.time.edu.cn
    server  127.0.0.1
    fudge  127.0.0.1    stratum  10
    driftfile  /var/lib/ntp/drift
#vim  ntp/step-tickers
#List  of  servers  used  for  initial  synchronization
192.168.137.202
#systemctl  restart  ntpd.service
#ntpd -p               //测试
```

16.2.1 配置文件

要对 NTP 服务器进行配置，首先要了解以下 4 个文件或目录的作用。

/etc/ntp.conf 文件：主配置文件。

/usr/share/zoneinfo 目录：在该目录中包含各主要时区的时间设置文件。

/etc/sysconfig/clock 文件：主要时区设置文件，保存系统的当前时区。

/etc/localtime 文件：本地时间设置文件。该文件的内容由/etc/sysconfig/clock 文件中的时间决定，具体值与/usr/share/zoneinfo 目录中的某个文件相同。

当配置客户端连接 NTP 服务器时，只需要修改主配置文件即可。

16.2.2 常用配置选项

在 NTP 服务器的主配置文件/etc/ntp.conf 中，主要完成对上级 NTP 服务器地址和权限的设置。

1．server

通过 server 可设置上级 NTP 服务器的 IP 地址，具体格式如下：

```
server   IP 地址或域名   [prefer]
```

IP 地址或域名为上级 NTP 服务器，如果在最后加上关键字 prefer，表示当前 NTP 服务器主要以该主机时间进行校准。

2．restrict

restrict 主要用来设置 NTP 服务器的权限，具体格式如下：

```
restrict   IP 地址   mask   子网掩码   参数
```

其中，IP 地址既可以是 IP 地址，也可以是关键字 default，default 表示所有的 IP 地址。而参数可设置为以下几个。

ignore：关闭所有的 NTP 联机服务。

nomodify：客户端不能更改服务器的时间参数，但是客户端可以通过服务器进行网络校时操作。

notrust：客户端除非通过认证，否则该客户端来源将被视为不信任子网。

noquery：不提供客户端的时间查询。

如果没有参数，则表示该 IP 地址（或子网）没有任何限制。

3．driftfile

使用 driftfile 指定一个文件，该文件记录与上级 NTP 服务器联系时所花费的时间。具体格式如下：

```
driftfile   文件名
```

driftfile 后面的文件名需要包含一个完整的路径和文件名，且不能是链接文件。该文件的权限应该设置为 ntpd 守护进程，具有写权限。

16.2.3 /etc/ntp.conf 配置实例

配置 NTP 服务器，设置上级 NTP 服务器为 time-b.timefreq.bldrdoc.gov、time-c.timefreq.bldrdoc.gov、slb.time.edu.cn。

具体步骤如下。

（1）编辑/etc/ntp.conf 文件的内容如下：

```
1:restrict    default    ignore
2:restrict    192.168.137.0 mask    255.255.255.0    nomodify
3:server    time-b.timefreq.bldrdoc.gov
4:server    time-c.timefreq.bldrdoc.gov
5:server    s1b.time.edu.cn
6:server    127.0.0.1
7:fudge    127.0.0.1    stratum    10
8:driftfile    /var/lib/ntp/drift
```

主配置文件中各行的含义如下：

第 1 行关闭所有的 NTP 联机服务。

第 2 行设置在内部网络 192.168.137.0 中各客户端可进行网络校时，但不能修改 NTP 服务器的时间参数。

第 3～5 行设置了 3 个上级 NTP 服务器。

第 6～7 行开启内部递归网络接口。

第 8 行定义保存与上级 NTP 服务器联系时所花费时间的文件名。

（2）修改 step-tickers 配置文件内容如下：

```
#List of servers used for initial synchronization
192.168.137.202
```

修改该配置文件，就是当 NTP 服务器启动时，会自动与该文件中记录的上层 NTP 服务器进行时间校准。

（3）使用以下命令启动（或重启）ntpd 服务：

```
#systemctl restart ntpd.service
```

至此完成了 NTP 服务器的配置。

NTP 服务器使用的是 UDP 协议，监听端口是 123。若系统开启了防火墙，必须在防火墙中设置对外开放 UDP123 端口或者关闭防火墙。ntpd 服务启动后，还需要一段时间才能进行时间同步，所以在 ntpd 服务刚刚启动时，还不能正常提供时钟服务，通常在 5 分钟以后即可提供时间同步的操作。

16.2.4　监控 NTP 服务器

可以使用 ntpd -p 命令查看网络中的 NTP 服务器，同时显示客户端和每个 NTP 服务器的关系。输入命令#ntpd -p 后，将显示如图 16.3 所示的结果。

```
[root@localhost ~]# ntpq -p
     remote          refid      st t when poll reach   delay   offset  jitter
==============================================================================
193.228.143.24  193.11.166.20   2 u   55m   64     0   0.000    0.000   0.000
202.118.1.81    202.118.1.46    2 u   55m   64     0   0.000    0.000   0.000
213.239.204.119 131.188.3.222   2 u   56m   64     0   0.000    0.000   0.000
108.59.2.24     .STEP.         16 u    -  1024     0   0.000    0.000   0.000
```

图 16.3　网络中 NTP 服务器信息

从图 16.3 中可以看到，ntpd 命令的结果分为 10 列，每一行输出一个上级 NTP 服务器的信息。各列的含义如下。

remote：响应请求的远程 NTP 服务器的 IP 地址或域名。

refid：远程 NTP 服务器使用的上一级 NTP 服务器的 IP 地址或域名。

st：远程 NTP 服务器的级别。由于 NTP 采用层级结构，服务器的级别从高到低可设定为 1~16。

t：本地 NTP 服务器与远程 NTP 服务器的通信方式，常见方式有：u（单播）、b（广播）、l（本地）、m（组播）。

when：上一次成功请求之后到现在的时间（单位为 s）。

poll：本地 NTP 服务器与远程 NTP 服务器同步的时间间隔（单位为 s）。在刚开始运行 NTP 时，poll 值比较小，服务器同步的频率较快，可以尽快调整到正确的时间范围，然后 poll 值会逐渐变大，同步的频率就会相应减小。

reach：这是一个八进制数，用来测试能否和服务器连接，每成功连接一次，其值都会增大。

delay：从本地 NTP 服务器发送同步要求到远程 NTP 服务器的延迟时间。

offset：主机通过 NTP 时钟同步与所同步时间源的时间偏移量，单位为毫秒（ms）。offset 值越接近于 0，主机和 NTP 服务器的时间越接近。

jitter：统计在特定个连接数中 offset 的分布情况。该值的绝对值越小，主机的时间就越精确。

16.3 项目三：NTP 客户端配置

【项目描述】

在局域网中安装设置好 NTP 服务器后，局域网中的客户端就可通过该 NTP 服务器进行时间的同步操作。由于有 Linux 和 Windows 系统两种用户，因此需要分别配置 NTP 客户端。

【项目分析】

客户端的配置分为 Linux 和 Windows 两种最常见的操作系统，在对 Linux 系统做配置时使用字符界面来完成，在对 Windows 系统做配置时采用图形界面。相关知识点见表 16.3。

表 16.3 相关知识点

序号	知识点	详见章节
1	在 Linux 系统中进行时间同步	16.3.1 节
2	在 Windows 系统中进行时间同步	16.3.2 节

【操作过程】

在 Linux 系统中进行时间同步：

```
#rpm -ivh ntpdate-4.2.6p5-22.el7.centos.x86_64.rpm        //安装 ntpdate 软件包
#vim   /var/spool/cron/root(或#crontab -e)                //写周期性同步任务
10 0,8,16 * * *   /usr/sbin/ntpdate 192.168.137.22; /sbin/hwclock -w
```

在 Windows 系统中进行时间同步的详细过程参见 16.3.2 节。

16.3.1 在 Linux 系统中进行时间同步

在 Linux 系统中使用 NTP 服务器进行时间同步的操作之前，需了解硬件时间和系统时间的概念。下面首先介绍这两个概念，再介绍进行时间同步的方法。

1．硬件时间和系统时间

在 Linux 系统中，需要注意两个时间概念：一个称为硬件时间（RTC），另一个称为系统时间（System Clock）。

硬件时间是指嵌在计算机主板上的时钟电路计算的时间，该硬件时钟电路可使计算机关机之后还可以保存时间。在进入计算机的 BIOS 时看到的时间就是硬件时间。

系统时间是操作系统的内核（Kernel）计算的时间。其值是一个从 1970 年 1 月 1 日 00:00:00 时到目前为止的秒数总和。

在 Linux 系统中，系统时间在开机时会和硬件时间同步，之后就各自独立运行。因此，在 Linux 系统中，就有了以下两个命令。

hwclock：用来查看和设置硬件时间。

date：用来查看和设置系统时间。

输入以下命令，可查看计算机的硬件时间和系统时间：

```
#hwclock   --show ;date
```

执行以上命令的结果如图 16.4 所示。

```
[root@localhost ~]# hwclock  --show ; date
Wed 23 Aug 2017 11:11:08 AM CST  -0.868802 seconds
Wed Aug 23 11:11:08 CST 2017
```

图 16.4　查看计算机的硬件时间和系统时间

2. 同步 NTP 服务器时间

在 Linux 系统中使用命令用于 NTP 服务器校时的方式有两种。

（1）直接在防火墙上完成客户端与外部 NTP 服务器同步

首先安装 NTP 服务器，编辑/etc/ntp.conf 文件，将上级 NTP 服务器设置为局域网 NTP 服务器的 IP 地址，内容如下：

server 192.168.137.22

然后执行下面的命令：

#systemctl   enable   ntpd.service

#systemctl   start   ntpd.service

此时 ntpd 服务会以守护进程的方式运行，且会自动同主配置文件中的 NTP 服务器同步时间，不需人工干预。

（2）使用 ntpdate 软件包完成与局域网 NTP 服务器同步

首先执行下面命令完成 ntpdate 软件包的安装（二选一）：

#yum -y install ntpdate

#rpm -ivh ntpdate-4.2.6p5-22.el7.centos.x86_64.rpm

然后添加计划任务，让服务器周期性地与局域网内的 NTP 服务器同步：

#vim   /var/spool/cron/root（或#crontab -e）

在每天的 0 点 10 分、8 点 10 分、16 点 10 分与 NTP 服务器进行同步并写入 BIOS：

10 0,8,16 * * *   /usr/sbin/ntpdate 192.168.137.22; /sbin/hwclock -w

16.3.2　在 Windows 系统中进行时间同步

Windows 系统中与 NTP 服务器进行时间同步也有多种方式，这里只介绍通过图形界面操作的方式。下面以 Windows 7 系统为例说明。

单击任务栏右侧的时间显示，选择【更改日期和时间设置】，打开【日期和时间】对话框。切换到【Internet 时间】选项卡，选择【更改设置】，打开【Internet 时间设置】对话框。在该对话框的【服务器】下拉列表中输入服务器地址 192.168.137.22，如图 16.5 所示。

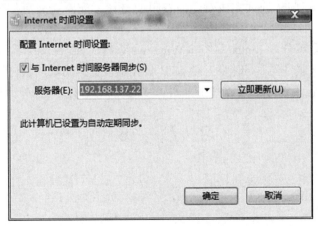

图 16.5　设置 NTP 服务器的 IP 地址

单击【立即更新】按钮，Windows 系统将与 NTP 服务器进行连接，并开始同步，且在图 16.5 下方显示同步的信息，如图 16.6 所示。

单击【确定】按钮，在图 16.7 所示对话框中将显示下次同步的时间和时间同步成功信息。单击【确定】按钮，完成时间的同步操作。

图 16.6　更新时间

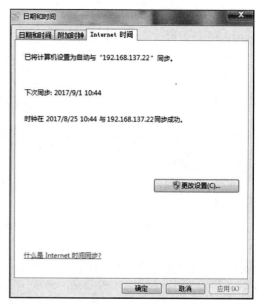

图 16.7　同步成功

若要看到明显的同步效果，在进行同步操作前，可先将系统的时间向前调整 1 小时，经过时间同步后，即可看到时间被恢复。

本 章 小 结

本章通过 3 个项目分别介绍了安装与启动 NTP 服务器的方法、NTP 服务器的配置及 NTP 客户端的配置。

NTP 服务器的安装采用 RPM 软件包安装方式，并选择准确的时间源。

NTP 服务器的配置通过其主配置文件/etc/ntp.conf 完成，使用 server 选项完成对上级 NTP 服务器的设置，使用 restrict 选项完成对访问权限的设置，配置完成后使用 ntpd -p 命令进行测试。

NTP 客户端的配置可分为 Linux 系统和 Windows 系统两种。Linux 系统的客户端配置有两种方法：一是安装 NTP 服务器，同时将上级 NTP 服务器设置为局域网 NTP 服务器的 IP 地址；二是使用 ntpdate 软件包。Windows 系统的配置可以通过相关可视化操作完成。

习　题　16

1. 选择题

（1）NTP 服务器的主配置文件是（　　）。

A．dhcpd.conf　　　　　　B．ntp.conf　　　　　　C．vsftpd.conf　　　　　　D．httpd.conf

（2）启动 NTP 服务器的命令是（　　）。

A. systemctl　restart　ntpd.service　　　　B. systemctl　status　ntpd.service

C. systemctl　stop　ntpd.service　　　　　D. systemctl　start　ntpd.service

（3）在配置 NTP 服务器时，用于配置上级 NTP 服务器的 IP 地址的选项是（　　）。

A. restrict　　　　　　B. driftfile　　　　　C. notrust　　　　　D. server

（4）在配置 NTP 服务器时，用来设置 NTP 服务器权限的选项是（　　）。

A. restrict　　　　　　B. driftfile　　　　　C. notrust　　　　　D. server

2. 简述 NTP 的 3 种工作模式。

上机实践 16

配置 NTP 服务器，设置上级 NTP 服务器为 time.buptnet.edu.cn、slb.time.edu.cn、slc.time.edu.cn。为内部网络 192.168.137.0 中各客户端提供网络校时，客户端不能修改 NTP 服务器的时间参数，开启内部递归网络接口。

参 考 文 献

[1] 丁明一. Linux 运维之道[M]. 2 版. 北京：电子工业出版社，2016.

[2] 老男孩. 跟老男孩学 Linux 运维——Shell 编程实战[M]. 北京：机械工业出版社，2017.

[3] 张敬东. Linux 服务器配置与管理[M]. 北京：清华大学出版社，2016.

[4] 陈祥琳. CentOS Linux 系统运维[M]. 北京：清华大学出版社，2016.

[5] 王亚飞，王刚. CentOS 7 系统管理与运维实战[M]. 北京：清华大学出版社，2016.

[6] 梁如军. Linux 基础及应用教程（基于 CentOS 7）[M]. 2 版. 北京：机械工业出版社，
    2016.

[7] 梁如军，王宇昕，车亚军. Linux 基础及应用教程[M]. 北京：机械工业出版社，2016.

[8] 陈祥琳. CentOS Linux 系统运维[M]. 北京：清华大学出版社，2016.

[9] 刘忆智. Linux 从入门到精通[M]. 2 版. 北京：清华大学出版社，2014.

[10] 余柏山. Linux 系统管理与网络管理[M]. 2 版. 北京：清华大学出版社，2014.

[11] 林天峰，谭志彬. Linux 服务器架设指南[M]. 2 版. 北京：清华大学出版社，2014.

[12] 刘丽霞，邱晓华. Linux 服务范例速查大全[M]. 北京：清华大学出版社，2015.

[13] Ellen Siever, Stephen Figgins, Robert Love. Linux 技术手册[M]. 秦云川，译.北京：
    中国电力出版社，2013.

[14] 於岳. Linux 应用大全基础与管理[M]. 北京：人民邮电出版社，2014.

[15] 刘遄. Linux 就该这么学[M]. 北京：人民邮电出版社，2017.

[16] 张同光，张涛，刘春红，等. Linux 操作系统[M]. 北京：清华大学出版社，2020.

[17] 杨浩. Linux 系统基础与应用实践[M]. 西安：西安电子科技大学出版社，2019.